랩 걸 Lab Girl

LAB GIRL

랩 걸 Lab Girl

나무, 과학 그리고 사랑

호프 자런
Hope Jahren

김희정 옮김

내가 쓰는 모든 글은 어머니께 바치는 것이다.

더 많은 것을 만져보고 배우고,

그들의 이름과 용도를 알아갈수록 나는 더 기쁨에 넘쳤다.

그렇게 얻은 자신감은

내가 세상과 밀접히 관계 맺은 존재라는 느낌을

강하게 만들어갔다.

—

헬렌 켈러

프롤로그

사람들은 바다를 좋아한다. 사람들은 나에게 왜 바다를 연구하지 않느냐고 묻는다. 내가 하와이에 살기 때문에 더 그럴 것이다. 나는 그런 이들에게 바다를 연구하지 않는 이유는 그곳이 외롭고 텅 비었기 때문이라고 대답하곤 한다. 육지에는 바다보다 600배나 되는 생명체가 살고 있다. 사실 그 격차는 주로 식물로 인해 생겨난다. 바다의 평균적인 식물은 약 20일 정도 사는 단세포 생물이다. 육지의 평균적인 식물은 100년 넘게 사는 2톤짜리 나무다. 바다에 사는 식물과 동물의 질량비는 4에 가깝지만, 육지에서는 그 비가 1,000에 달한다. 식물의 개체 수는 믿기 어려울 정도로 많다. 미국 서부의 보호림 안에만도 800억 그루의 나무가 산다. 미국 내 나무와 사람의 비는 200을 훨씬 넘는다. 사람들은 보통 식물에 둘러싸여 살고 있지만, 그것을 잘 보지 못한다. 이 숫자를 알고 난 후 내 눈에는 식물 말고 다른 것이 보이지 않는다.

내 비위를 맞춰준다 셈 치고 잠깐만 창밖을 보자.

무엇이 보이는지? 아마도 사람들이 만들어놓은 것들이 보일 것이다. 거기에는 다른 사람들, 자동차, 건물, 인도 등이 있을 수 있겠다. 단 몇 년 동안의 고안, 설계, 채굴, 벼림, 굴착, 용접, 벽돌쌓기, 창문내기, 메꾸기, 배관, 배선, 페인트칠을 거치면 사람들은 100층짜리 고층 건물을 지어 300미터짜리 그림자를 드리울 수 있다. 정말이지 인상적이다.

이제 다시 창밖을 보자.

초록색이 보이는지? 보았다면 당신은 지금 세상에서 사람들이 만들지 못하는 몇 남지 않은 것들 중 하나를 본 것이다. 당신의 시야에 들어온 그것은 적도 근처에서 4억 년 전에 발명된 물건이다. 운이 좋은 사람은 어쩌면 나무를 봤을지도 모르겠다. 그 나무는 3억 년 전에 고안된 물건이다. 대기 중에서 필요한 물질을 빼내서, 세포 쌓기, 밀랍으로 틈 메꾸기, 배관하기, 페인트 칠하듯 색소 먹이기 등을 하는 작업은 길어야 몇 달 정도면 끝나고 그 결과 이파리라는 거의 완벽한 물질이 만들어진다. 나무에 달린 이파리의 숫자는 우리 머리에 난 머리카락 숫자와 비슷하다. 정말이지 인상적이다.

이제 시선을 이파리 하나에 집중해보자.

사람들은 이파리를 만들 줄은 모르지만, 파괴할 줄은 안다. 지난 10년 동안, 우리는 500억 그루가 넘는 나무를 베었다. 한때 지구 육지의 3분의 1이 숲으로 뒤덮여 있었다. 매 10년마다 우리는 이 숲 전체의 1퍼센트를 파괴하고, 그렇게 파괴한 숲을 다시는 복구하지 못한다. 땅 넓이로 치면 프랑스 전체에 해당하는 크기다. 매 10년마다 프랑스 크기의 숲이 지구에서 사라져갔다. 말하자면 날마다 1조 개도 넘는 이파리들이 영양 공급원으로부터 찢겨나갔다는 이야기다. 그에 대해서는 아무도 관심을 갖지 않는 듯하다. 하지만 우리는 관심을 가져야 한다. 무언가를 돌보고 관심을 갖는 바로 그 기본적인 이유에서 그렇게 해야 한다. 그렇게 하지 않으면 죽지 않아야 할 생명이 죽어가기 때문이다.

누가 죽었다고?

어쩌면 내가 여러분을 설득할 수 있을지도 모르겠다. 나는 엄청나게 많은 이파리들을 들여다보는 것이 직업이다. 그것들을 들여다보고 질문을 한다. 제일 먼저 나는 색을 본다. 정확히 어떤 종류의 초록색인가? 위쪽이 아래쪽과 다른 색인가? 가운데가 가장자리와 다른 색인가? 가장자리는 어떤 상태인가? 부드러운가? 뾰족뾰족한가? 잎에 수분은 얼마나 차 있나? 시들어서 축 처져 있는가? 주름져 있나? 싱싱한가? 잎과 줄기 사이의 각도는? 잎은 얼마나 큰가? 내 손바닥보다 더 큰가? 내 손톱보다 더 작은가? 먹을 수 있는 잎인가? 독소가 들어 있을까? 햇빛은 얼마나 받고 있나? 잎에 비가 얼마나 자주 내리는지? 병들었나? 건강한가? 중요한가? 하찮은 잎인가? 살아 있나? 왜?

이제 독자 여러분도 눈앞에 보이는 잎에 대해 질문을 던져보자.

자, 당신은 이제 과학자다. 사람들은 과학자라고 불리려면 수학을, 혹은 물리나 화학을 잘해야 된다고 말할 것이다. 틀렸다. 그런 말은 뜨개질을 하지 못하면 주부가 되지 못한다거나 라틴어를 모르면 성경을 연구할 수 없다고 말하는 것과 같다. 물론 그런 것을 잘하면 도움이 된다. 하지만 나중에도 공부할 시간은 충분하다. 제일 먼저 할 일은 질문이다. 그런데 여러분은 이미 그렇게 하지 않았는가. 사람들이 생각하는 것만큼 어렵지 않다.

이제 나는 한 과학자로서 다른 과학자에게 이야기를 건네고 싶다.

차례

1부

뿌리와 이파리

1

이 세상에서 계산자만큼 완벽한 물건은 없을 것이다. 연마된 알루미늄을 입술에 대면 느껴지는 서늘함, 그리고 빛과 평행이 되게 들었을 때 각 모서리가 그리는, 신이 만든 가장 완벽한 직각은 또 어떤가. 자를 옆으로 살짝 기울이면 어느 사이에 우아한 변신을 거쳐 순식간에 날을 집어넣을 수 있는 날렵한 쌍날검이 되기도 한다. 나이가 아주 어린 소녀도 밀려들어가는 쪽을 손잡이로 써서 계산자를 휘두를 수 있다. 어릴 적 계산자를 휘두르며 하던 놀이와 그때 들었던 이야기들을 따로 분리해서 기억하지 못한 내 머리엔 아브라함이 연약한 어린 이삭을 희생하기 위해 괴로움에 몸부림치며 계산자를 들어올리는 장면이 새겨져 있다.

나는 아버지의 실험실에서 자랐다. 화학 실험 도구가 늘어서 있는 실험대에 키가 닿지 않을 때는 그 밑에서 놀았고, 키가 큰 다음에는 실험대에서 놀았다. 아버지는 미네소타 시골 한가운데에 있는 전문대학에 자리한 실험실에서 물리학과 지구과학 입문을 42년에 맞먹는 시간 동안 가르쳤다. 아버지는 자신의 실험실을 사랑했고, 나와 오빠들도 그곳을 사랑했다.

콘크리트 블록으로 쌓아올린 벽에는 크림색 반광택 페인트가 두껍게 발려 있었지만, 눈을 감고 정신을 집중해서 벽에 손을 대면 두꺼운 페인트 밑에 있는 시멘트의 질감이 느껴졌다. 나는 벽에 붙은, 고무로 된 검은 웨인스코팅(실내 벽 하단부에 대는 사각 프레임 형태의 장식 패널—옮긴이)은 접착제로 고정한 것이라는 결론을 내렸다. 끝까지 빼면 30미터나 되는 노란 줄자로 전체 길이를 재며 자세히 보았는데도 못자국이 어디에도 없었기 때문이다. 실험실에는 대학생 오빠들이 다섯 명이나 나란히 앉을 수 있는 긴 작업대들이 모두 한 방향으로 놓여 있었다. 까만 작업대 표면은 묘비만큼 차가웠고, 묘비만큼 영원한 뭔가로 만들어진 느낌이었다. 산을 부어도 부식되지 않고, 망치로 내리쳐도 깨지지 않을 것 같은(하지만 실제로 해보는 건 금물!) 그런 물건이었다. 작업대는 그 끝에 올라서도 불안하지 않았고, 돌로 긁어도 자국도 남지 않을 것처럼 튼튼했다(하지만 실제로 해보는 건 금물!).

작업대 위에는 믿기 어려울 정도로 반짝이는 은색 노즐들이 일정한 간격으로 나란히 배치되어 있었고, 있는 힘을 다해야 90도를 돌릴 수 있는 손잡이들이 달려 있었다. '가스'라고 쓰인 노즐에서는 손잡이를 돌려도 아무 일도 일어나지 않았다. 가스관과 연결이 되지 않아서였다. 하지만 '공기'라고 쓰인 손잡이를 돌리면 짜릿한 속도로 공기가 터져 나와 거기다 입을 대보고 싶었다(하지만 실제로 해보는 건 금물!). 실험실 전체는 깨끗하고 개방적이고 텅 빈 느낌이었다. 하지만 서랍마다 자석, 철사, 그리고 무엇인가에 유용하게 쓰일 법한 유리 조각, 쇳조각이 잔뜩 들어 있었다. 그냥 그 물건들이 어디에 쓰일지를 알아내기만 하면 됐다. 문 옆에 있는 장 안에는 pH(수소이온농도지수—옮긴이) 시험지가 있었다. 마술 같은 그 물건은 사실 마술보다 더 좋았다. 수수께끼를 보여주는 데 그치지 않고 풀어주기까지 했으니 말이다. 침방울과 물방울, 혹은 루트비어와 소변은 눈으로 보기엔 비슷해도 이 종이에 떨어뜨리면 색이 달라져서 pH가 다르다는 것을 눈으로 확인할 수 있었다. 하지만 피는 색이 너무 진해서 종이 색이 변하는 걸 알 수 없으니 소용이 없었다(그러니 실제로 해보는 건 별로!).

그런 것들은 애들 장난감이 아니었다. 어른들이 쓰는 아주 진지한 물건들이었다. 하지만 엄청나게 큰 열쇠 꾸러미를 지닌 아버지를 둔 우리는 특별한 아이들이었다. 그래서 아버지랑 함께 실험실에 갈 때면 언제든 그 장비들을 가지고 놀 수가 있었다. 그것들을 다 꺼내달라고 부탁하면 아버지는 절대로, 한 번도 안된다고 거절하지 않으셨다.

어두운 겨울밤 아버지와 내가 공작과 왕처럼 과학관 전체가 우리 것인 양 누비고 다니던 기억이 아직도 생생하다. 아버지와 나는 우리의 성을 둘러보느라 너무 바빠 우리를 기다리는 바깥 왕국에는 관심도 없었다. 아버지가 다음 날 수업을 준비하는 동안 나는 준비된 실험과 시범을 하나하나 거꾸로 되짚어가며 대학생 오빠들이 늘 그렇듯 쉽게 성공하도록 만들기 위해 모든 것을 검토했다. 아버지와 나는 장비들을 꼼꼼히 점검해서 고장 난 곳을 고쳤다. 그리고 아버지는 고장 나기 전에 미리 장비를 뜯어서 어떻게 작동하는지를 보여주고, 어쩔 수 없이 고장이 나면 어떻게 고칠 수 있는지도 가르쳐주셨다. 무엇을 고장 나게 하는 것은 부끄러운 일이 아니지만 그걸 고치지 못하는 건 부끄러운 일이라는 것을 그때 배웠다.

저녁 8시쯤이 되면 우리는 집으로 걸어가기 위해 실험실을 나왔다. 내가 9시에는 잠자리에 들어야 하기 때문이다. 그러나 우리는 아버지가 사용하는 창문도 없는 작은 사무실에 먼저 들렀다. 내가 찰흙으로 만들어드린 연필꽂이 말고는 아무 장식도 없는 방이었다. 거기서 우리는 코트랑 모자, 목도리 등등 엄마가 떠준, 갖가지 따뜻하게 두를 것들을 들고 나왔다. 엄마는 자신이 어렸을 때 제대로 된 걸 가져보지 못했다면서 내게는 온갖 따뜻한 목도리며 장갑을 떠주곤 했다. 겹쳐 신은 양말 위에 튼튼한 겨울 부츠를 낑낑대며 신을 때면 약간 젖은 듯한 털실의 따뜻한 냄새와 아빠가 뭉툭해진 연필을 깎으면서 나는 톱밥 냄새가 섞여 풍겨오곤 했다. 연필을 다 깎은 후 아빠는 커다란 코트 단추를 서둘러 잠그고 사슴 가죽 벙어리 장갑을 낀 다음 나에게 두 귀가 모두 모자에 덮이도록 푹 눌러 썼는지 확인하라고 했다.

항상 제일 마지막까지 건물에 남아 있는 사람이던 아빠는 복도를 두 번 왔다 갔다 하면서 밖으로 통하는 문이 모두 잠겼는지 확인하고, 불을 하나하나 껐다. 그러면 나는 내 뒤를 쫓는 어둠을 피하느라 아빠 뒤를 종종걸음으로 따랐다. 마침내 뒷문까지 온 아빠는 내가 손을 한껏 뻗어 마지막 전등 스위치들을 끌 수 있게 도와준 다음 밖으로 나왔다. 문을 꼭 닫은 다음 잘 잠겼는지 두 번 확인하는 것도 빠뜨리지 않는 일과였다.

추운 바깥에 자신을 가둔 우리는 짐 싣는 곳에 서서 얼어붙은 하늘을 바라봤다. 거기에는 죽음과 같은 우주의 차가움을 뚫고 상상할 수 없을 정도로 뜨거운 불이 몇 년 전에 내뿜은 빛이 있었다. 그 빛을 내뿜은 불은 아직도 은하계 저편에서 타오르고 있을 터였다. 나는 머리 위에서 빛나는 별들에 사람들이 붙인 이름들은 알지 못했다. 그리고 그것들이 무엇인지 묻지는 않았지만 아빠가 별자리 이름을 하나도 빠짐없이 모두 알고, 거기 얽힌 이야기들도 모두 알 것이라는 것을 한 번도 의심해보지 않았다. 아빠와 나는 집까지 가는 3킬로미터 정도 되는 길을 걷는 동안 아무 말도 하지 않는 습관을 오래전부터 지켜오고 있었다. 조용히 함께하는 것이야말로 북유럽의 가족들이 자연스럽게 하는 일이고, 아마도 제일 잘하는 일인지도 모른다.

아빠가 일하던 전문대학은 우리가 살던 작은 마을의 서쪽 끝에 자리 잡고 있었다. 대학 캠퍼스를 포함해도 우리 마을은 한쪽 끝에서 다른 쪽 끝까지 6~7킬로미터 정도밖에 되지 않았다. 오빠와 나는 부모님과 함께 제일 번화가인 메인 스트리트의 남쪽에 있는 커다란 벽돌집에 살았다. 아빠가 1920년대에 자란 곳에서 서쪽으로 네 블록, 엄마가 1930년대에 자란 곳에서 동쪽으로 여덟 블록 떨어진 곳이자, 미니애폴리스에서 160킬로미터 남쪽, 아이오와주 경계선에서 8킬로미터 북쪽으로 떨어진 곳이다.

집으로 가는 길에 태어날 때 나를 받아준 바로 그 의사 선생님이 때때로 면봉으로 목에서 점액을 채취해 인후염 검사를 하는 병원도 지나고, 치약색의 파란 급수탑도 지났다. 마을에서 가장 높은 건축물인 그 급수탑을 지나면, 한때 아빠의 학생이던 사람들이 선생님으로 근무하는 고등학교가 나왔다. 장로교 교회 건물의 처마 밑을 지날 때면 아빠는 고드름을 딸 수 있도록 나를 안아 올려줬다. 그 교회는 아빠, 엄마가 1949년 주일 학교 소풍에서 처음으로 데이트하고, 1953년에 결혼식을 올리고, 1969년에 내가 세례를 받고, 일요일마다 온 가족이 예외 없이 예배드리는 곳이었다. 나는 하키 퍽을 차듯 고드름을 차면서 걸었다. 고드름은 길 양쪽으로 쓸어서 쌓아놓은 눈벽에 부딪히고 튀어나가곤 해서 열 걸음에 한 번 정도 차면 됐다.

사람들이 직접 삽질을 해서 눈을 치워놓은 인도를 따라 걷다 보면 단열처리가 잘된 집들이 보였다. 그 안에는 틀림없이 아빠와 나처럼 조용히 함께 시간을 보내는 가족들이 살고 있었을 것이다. 길가의 집들에는 거의 한 집도 빠짐없이 우리가 아는 누군가가 살고 있었다. 아기 때부터 고등학교를 졸업할 때까지 나는 엄마, 아빠가 어릴 적부터 같이 놀았던 아줌마, 아저씨들의 아들딸들과 함께 자라났다. 우리가 서로 알지 못했을 때를 아무도 기억하지 못할 정도로 오래된 관계이지만 모두들 과묵함을 타고났기에 서로를 아주 잘 알지는 못했다. 열일곱 살이 돼서 대학을 간 후에야 나는 세상이 대부분 내가 잘 모르는 사람들로 이루어져 있다는 것을 알았다.

마을의 저쪽 편 끝에서 지친 괴물이 한숨을 내쉬는 듯한 소리가 들리면 나는 8시 23분인 걸 알았다. 날마다 기차가 공장을 떠나는 시간이었기 때문이다. 북쪽에 있는 세인트 폴에 가서 3만 갤런(약 11만 리터—옮긴이)의 소금물을 담아오기 위해 텅 빈 탱크 화물차들이 일렬로 늘어선 채 서서히 출발을 하는데, 그때 철로 만들어진 커다란 브레이크가 끼이익 소리를 내며 조여졌다가 풀리곤 했다. 아침이면 기차가 돌아오는 소리가 들렸고, 지친 괴물은 다시 한번 한숨을 내쉬면서 바닥이 보이지도 않는 소금 저수지에 짐을 쏟아냈다. 소금은 베이컨을 만드는 그 공장에서 꼭 필요한 것이었다.

기찻길은 남북으로 쭉 뻗어 있어서 우리 마을의 한구석이 잘려나간 것처럼 보였다. 그곳에는 미드웨스트에서 가장 웅장한 도축장이 있었다. 하루에 2만 마리의 동물들을 도축 및 가공 처리하는 곳이었다.

우리 가족은 공장에 직접적으로 고용되지 않은 몇 안 되는 가구였다. 하지만 친척들까지 모두 따지면 그 공장에서 일한 사람은 충분히 많았다. 마을의 거의 모든 사람들과 마찬가지로, 우리 증조 할머니와 할아버지도 1880년경에 시작된 노르웨이 집단 이민의 일부로 미네소타에 왔다. 그리고 마을의 거의 모든 사람들과 마찬가지로 그것이 내가 조상들에 대해 아는 것의 전부였다. 유럽에서의 사정이 좋았더라면 세상에서 제일 추운 곳으로 이주해 돼지 배를 가르는 공장에 들어가지는 않았을 것이라는 생각이 들지만 이민에 얽힌 이야기를 물을 생각을 한 번도 해본 적이 없었다.

나는 친할머니나 외할머니를 만나본 적이 없다. 내가 태어나기 전에 두 분 다 돌아가셨기 때문이다. 할아버지들은 기억이 난다. 내가 네 살, 일곱 살 때 돌아가셨기 때문이다. 하지만 두 할아버지 중 아무도 나에게 직접 말을 건넨 기억이 없다. 아빠는 외아들이었고, 엄마는 아마도 열 명 이상의 형제자매가 있었던 것 같지만 만나본 외삼촌이나 이모는 몇 되지 않는다. 몇 년이 지나도록 외삼촌과 이모들을 만나지 않은 적도 많았다. 그중 몇은 내가 살던 그 작은 마을에서 같이 살았는데도 말이다. 세 오빠들이 자라서 집을 한 명씩 떠나는데도 나는 별로 관심이 없었다. 어차피 서로에게 아무 말도 안 하고 며칠씩 지내기 일쑤였기 때문이다.

북유럽 가족 구성원들 사이의 멀고도 먼 감정적인 거리는 어려서 형성되기 시작해서 날마다 강화된다. 누구에게도 상대방에 대해 아무것도 물어볼 수 없는 문화에서 자라는 것, 상상해본 적이 있는가? '어떻게 지내니?' 하는 일상적인 인사도 아주 개인적인 질문이어서 굳이 대답하지 않아도 되는 것으로 간주되는 문화 말이다. 나 자신을 괴롭히는 문제를 무슨 일이 있어도 다른 사람에게 말하지 않는 훈련을 받는 동시에 다른 사람의 문제는 그 사람이 먼저 말을 꺼낼 때까지 절대 입에 올리지 않고 기다려야 한다고 배우는 문화 말이다. 완전히 고립된 공간에서 식량을 비롯한 자원이 점점 고갈되어가는 길고도 어두운 겨울을 지나면서, 불필요하게 서로를 죽이는 일을 피하기 위해 침묵을 지켜야 했던 옛 바이킹 생존 전략의 흔적인지도 모른다.

어릴 적에 나는 온 세상이 모두 우리처럼 살 것이라고 생각했다. 그래서 다른 주로 이사를 해서, 내가 그토록 오랫동안 갈구했던 따뜻함과 애정을 아무렇지도 않게 쉽게 나누는 사람들을 만나면서 무척 혼란스러웠다. 그때 나는 사람들이 서로를 알아서 말하지 않는 것이 아니라 서로를 모르는 탓에 말하지 않는 세상에서 사는 법을 다시 배워야만 했다.

아빠와 내가 4번가(아빠는 그 거리를 켄우드 가라고 불렀다. 어릴 적인 1920년대, 그러니까 거리에 숫자가 매겨지기 훨씬 전에 거리 이름을 익힌 아빠는 새 시스템을 끝까지 받아들이지 않았다)를 건널 즈음에는 커다란 우리 벽돌집의 문이 보이기 시작했다. 그 집은 엄마가 어릴 적부터 살고 싶어 했던 집이었고, 결혼한 후 우리 부모님은 18년 동안 돈을 모아서 그 집을 샀다. 빠른 속도로 걸었지만(아빠와 속도를 맞추는 것은 늘 힘들었다) 손가락이 꽁꽁 얼어붙어서 녹을 때 아플 것을 나는 미리 알고 있었다. 영하 몇 도 이하로 내려가면 세상에서 가장 두꺼운 장갑을 껴도 손이 어는 것을 막을 수는 없다. 그즈음이 되면 나는 집에 거의 다 와서 기뻤다. 아빠는 쇠로 된 무거운 문고리를 돌리고 어깨로 떡갈나무 현관문을 밀쳐 열었다. 그리고 우리는 집 안으로, 지금까지와는 또다른 차가움 속으로 걸어 들어갔다.

나는 현관에 주저앉아 부츠를 힘들여 벗어던지고, 허물을 벗듯 코트와 스웨터들을 훌훌 벗었다. 아빠가 난방이 들어오는 옷장에 우리 옷을 걸었다. 다음 날 아침, 학교에 갈 시간이 되면 다시 따뜻하고 뽀송뽀송해진 옷들이 나를 기다릴 것이다. 엄마가 식기세척기를 비우는 소리가 들렸다. 식기바구니에 버터나이프들을 던져넣고 문을 쾅 닫는 소리도 들렸다. 엄마는 항상 화가 나 있었는데, 나는 왜 그런지 전혀 알 수가 없었다. 아이들 특유의 자기 중심적인 세계관을 가졌던 나는 내가 한 행동이나 말 때문에 엄마가 화가 난 것이라고 확신했다. 나는 속으로 앞으로는 말을 더 조심하자고 맹세하곤 했다.

나는 2층에 올라가서 잠옷으로 갈아입고 보살펴주는 사람 없이 혼자서 잠자리에 들었다. 내 침실은 얼어붙은 연못이 있는 남쪽을 향해 있었다. 토요일이면 나는 하루 종일 그 연못에서 스케이트를 탈 것이다. 하지만 그러려면 날씨가 많이 따뜻해져야 한다. 카펫은 흐린 파란색이었고 벽지는 거기 어울리는 물결무늬였다. 방은 원래 쌍둥이 자매에 맞게 설계돼서 거기엔 두 개의 붙박이 책상과 두 개의 붙박이 화장대가 있었다. 잠이 잘 안 오는 밤이면 창턱에 설치된 의자에 앉아 창에 서린 깃털 모양의 서리를 손가락으로 더듬으면서 쌍둥이 자매가 앉아 있어야 할 옆 창턱 의자를 보지 않으려고 애썼다.

어린 시절의 기억들이 그토록 춥고 어두웠던 것도 무리가 아닌 것이, 내 고향은 1년 중 9개월 동안 눈이 쌓여 있던 곳이었다. 겨울로 잠수했다가 다시 거기서 빠져나오는 것 자체가 우리 삶의 추동력이 된 리듬이었다. 어릴 적 나는 이 세상 모든 사람들이 누구나 여름 세상이 죽는 것을 목격하면서 수없는 얼음의 시련을 견뎌낸 지혜로 언젠가 여름이 다시 부활할 것을 확신하며 살아갈 거라고 믿었다.

9월에 첫눈이 내리고 나면 온 세상은 바로 겨울로 치달아

12월의 넘쳐 나는 하얀 눈산으로 절정을 이루고, 깊이 얼어붙은 2월의 공허함이 이어지다가 허허벌판 같은 거대하고 미끄러운, 4월의 살을 에는 진눈깨비로 변화하는 것을 매년 지켜봤다. 만성절날 입는 복장도, 부활절에 입는 드레스도 모두 눈 올 때 입는 옷 안에 입을 수 있도록 만들어졌고, 크리스마스에는 털옷과 벨벳옷 그리고 그 위에 모직옷을 따뜻하게 덧입었다. 내가 생생하게 기억하는 유일한 여름 활동은 엄마와 정원을 돌보는 것이었다.

미네소타의 봄은 어느 날 갑자기 얼어붙어 있던 땅이 햇빛에 더는 버티질 못하고 안에서부터 녹아내리면서 하루아침에 시작된다. 봄이 시작된 첫날, 땅을 파보면 진한 초콜릿 케이크 같은 흙이 너무도 쉽게 덩어리째 들어올려지고 그사이로 통통한 분홍 지렁이가 꾸물거리고 기어나왔다가 기쁜 몸짓으로 다시 구멍으로 몸을 던지는 것을 볼 수 있다. 미네소타 남부의 흙에는 진흙이 전혀 섞여 있지 않다. 이 지역 전체에 퍼진, 석회암 지대 위를 덮은 윤택한 토양은 가끔 빙하에 쫓기는 것을 제외하면 폭신한 검은 담요처럼 수십만 년 동안 그 자리를 덮고 있었다. 흙은 꽃집에서 사는, 퇴비를 많이 넣은 영양토보다 더 비옥했다. 미네소타의 정원에서는 무엇이든 잘 자랐다. 물을 줄 필요도, 비료를 줄 필요도 없었다. 비와 지렁이들이 필요한 것을 모두 공급했다. 하지만 식물이 자랄 수 있는 기간이 짧기 때문에 어영부영할 여유가 없었다.

엄마가 정원에서 원하는 것은 두 가지, 바로 효율성과 생산성이었다. 엄마는 튼튼하고 혼자 잘 자라는 근대나 대홍 같은 식물을 좋아하셨다. 풍성하게 잘 자라서 계속 수확해도 거기에 맞서듯 더 수확량이 좋아지는 그런 것들 말이다. 엄마는 상추를 보살피거나 토마토 가지를 쳐주는 데 필요한 시간이나 참을성이 없었고, 대신 혼자서 자신이 필요한 일을 땅속에서 스스로 해결하는 무나 당근을 선호했다. 엄마는 꽃을 고를 때마저도 강인함이 기준이었다. 골프공 크기의 몽우리에서 양배추만큼이나 큰 분홍색 꽃을 흐드러지게 피워내는 작약, 가죽 같은 질감의 참나리, 그리고 통통하고 수염이 난 붓꽃들은 해마다 봄이 되면 어김없이 구근에서 싹을 틔워 꽃을 피웠다.

해마다 5월제(유럽 각지에서 5월 1일에 하는 봄 축제—옮긴이) 날이 되면 엄마와 나는 땅에 씨를 하나하나 심었고, 일주일 후 싹을 틔우지 못한 것들을 파내고 새 씨앗을 다시 심었다. 6월 말이 되면 모든 작물이 왕성하게 자라고 주변이 모두 초록빛으로 둘러싸여서, 그렇지 않은 시절을 상상조차 할 수 없게 되곤 했다. 7월이 되면 이 모든 식물들이 흘리는 땀으로 공기가 가득 차서 그 습기 때문에 공중을 가로지르는 전선들이 윙윙거렸다.

우리 정원에 대한 가장 선명한 기억은 그곳에서 맡은 향기나 본 모습이 아니라 거기서 들은 소리였다. 환청이라 하는 사람도 있겠지만 미국 중서부 지역에서는 정말로 식물이 자라는 소리를 들을 수 있다. 절정기에는 옥수수가 날마다 하루에 1인치(약 2.5센티미터—옮긴이)씩 자라고, 그 빠른 성장에 맞추기 위해 여러 겹의 껍질이 조금씩 움직인다. 바람이 불지 않는 조용한 8월에 옥수수밭 한가운데 서 있으면 그렇게 움직이는 껍질들이 계속해서 부스럭거리는 소리를 들을 수가 있다. 엄마와 정원 흙을 파면서 나는 이 꽃에서 저 꽃으로 비틀거리며 뭔가를 찾아다니는 게으른 벌들의 웅웅거리는 소리, 우리 집 새모이함을 흘보느라 짹짹거리는 홍관조들 소리, 흙을 파는 우리가 내는 모종삽 소리, 그리고 매일 정오에 권위 있게 울리는 공장의 호각 소리 등에 귀를 기울이곤 했다.

엄마는 모든 일에 옳은 방법과 잘못하는 방법이 있고, 잘못하면 다시 해야 한다고 믿었다. 몇 번 반복하면 더 좋다고. 엄마는 셔츠에 단추를 달 때 그 단추의 사용 빈도에 따라 얼마나 튼튼하게 혹은 느슨하게 바느질해야 하는지를 알았다. 월요일에 딱총나무 열매를 어떻게 따야 하는지, 화요일엔 하루 종일 그 열매들을 끓여야 한다는 것과 수요일에 오래된 양철 체에 밭을 때 어떻게 해야 줄기 때문에 체가 막히지 않는지도 알았다. 모든 가능성에 대해 두 발짝 앞서 생각하는 엄마는 절대 망설임이 없었고, 그래서 나는 엄마가 할 줄 모르는 일은 이 세상에 하나도 없다고 결론 지었다.

사실 엄마가 할 줄 아는 일들, 그리고 해오던 일들 대부분은 대공황이 끝나고, 전쟁으로 인한 물자 부족 현상도 더는 없고, 포드 대통령이 악몽은 끝났다고 안심시키느라 바빴던 그즈음에는 할 필요가 없는 일들이었다. 엄마의 인생 자체가 빈곤을 딛고 스스로 어느 정도 부를 성취한 자수성가의 이야기이기 때문에, 자식들도 자신의 전통을 이어받을 자격을 갖추기 위해서는 계속 투쟁해야 한다고 생각하고, 절대 오지 않을 투쟁에 준비시키기 위해 우리를 강인하게 키웠다.

엄마를 볼 때마다 내 눈앞에 있는 그 세련된 말투의 잘 차려 입은 여성이 한때 더럽고 굶주리고 겁에 질린 아이였다는 것을 믿을 수 없었다. 엄마의 과거를 드러내는 것은 손뿐이었다. 지금 엄마가 영위하는 라이프스타일과는 어울리지 않는 강인한 손이었다. 우리 마당의 작물을 해치고도 손 닿는 곳까지 다가오는 바보 같은 토끼는 언제라도 잡아서 추호의 망설임도 없이 목을 비틀 수 있는 손이었다.

말을 많이 하지 않는 어른들 사이에서 자라나면 그 사람들이 어쩌다 하는 말은 지울 수 없는 기억이 된다. 어렸을 때 우리 엄마는 모어 카운티에서 가장 가난하고 가장 영리한 소녀였다. 고등학교 졸업반이었을 때 엄마는 제9회 웨스팅하우스 주최 전국 과학 영재 대회에서 선외 가작상을 받았다. 그것은 시골에서 자란 여학생으로서는 흔치 않은 일이었고, 진짜 상은 아니었지만 뛰어난 동년배와 어깨를 나란히 하는 사건이었다. 1950년에 엄마와 함께 선외 가작상을 받은 사람 중에는 후에 노벨 물리학상을 수상한 셸던 글래쇼, 수학 부문에서 가장 큰 영예로 여겨지는 필즈상을 1966년 수상한 폴 코헨이 있었다.

불행히도 선외 가작상의 부상은 엄마가 원했던 대학 장학금이 아니라, 미네소타 과학 아카데미의 명예 주니어 회원 자격을 1년간 누리는 것이었다. 이에 굴하지 않고 엄마는 미니애폴리스로 가서 고학으로 미네소타 대학교에서 화학을 공부하기 시작했다. 그러나 얼마 지나지 않아 등록금을 벌 만큼 베이비시터 일을 하려면 오후에 열리는 기나긴 실험 수업에 참여할 시간이 없다는 것을 깨달았다. 1951년 당시 대학은 남성들, 주로 돈이 있는 남성들, 적어도 어느 가정의 베이비시터가 아닌 다른 돈벌이가 있는 남성들을 위한 곳이었다. 엄마는 고향으로 돌아와 아빠와 결혼을 했고, 네 아이를 낳은 후 20년을 자녀 양육에 전념했다. 막내가 유치원에 갈 무렵, 학사 학위를 따겠다는 집념을 불태우며 엄마는 미네소타 대학교에 다시 등록했다. 엄마는 통신 과정밖에 선택할 수 없었기 때문에 영문학을 택했다. 내 일과의 대부분을 엄마와 함께 보내야 했기 때문에 나는 자연스럽게 엄마 공부에 참여했다.

우리는 함께 초서Geoffrey Chaucer(14세기 영국의 시인—옮긴이)를 읽었고, 나는 중세영어사전을 찾아가며 엄마를 도왔다. 어느 겨울은 《천로역정》을 이 잡듯 훑으며 거기에 나오는 상징을 하나하나 레시피 카드에 적었고, 우리가 적은 카드가 책보다 더 두껍게 쌓여가는 것을 보며 기뻐했다. 엄마는 헤어롤을 머리카락에 감으면서 칼 샌드버그의 시를 녹음한 테이프를 반복하며 들었고, 같은 시를 매번 다르게 듣는 방법을 내게도 가르쳐줬다. 수잔 손택을 발견한 다음 엄마는 내게 의미 자체마저도 계획된 개념이라는 사실을 설명해줬고 나는 이해한 척하면서 고개를 끄덕이는 방법을 배웠다.

엄마는 책을 읽는 것도 일종의 노동이며, 각 문단마다 분투해야 한다고 가르쳤고, 나는 그런 식으로 어려운 책을 흡수하는 법을 배웠다. 그러나 유치원을 시작한 지 얼마 되지 않아서부터 나는 어려운 책을 읽는 것이 문제를 일으킬 수 있다는 것도 배웠다. 나는 반 아이들보다 수준이 높은 책을 읽고, '상냥하게' 말하고 행동하지 않는다는 이유로 불이익을 당했다. 왜 늘 여자 선생님들을 두려워하는 동시에 좋아했는지 모르지만 나는 긍정적이든 부정적이든 선생님들의 주의를 끊임없이 끌고 싶어했다. 몸집은 작지만 결의에 찬 소녀였던 나는 나의 일부만을 사람들에게 보여주는 법을 배우면서도 나의 본질을 배반하지 않기 위한 혼란스럽고 불안정한 길을 걸었다.

집에 오면 나는 여전히 엄마와 함께 정원을 가꾸고 책을 읽었지만, 우리가 하고 있지 않는 일이 뭔가 있다는 걸 막연히 감지했다. 우리는 평범한 엄마와 딸들이 자연스럽게 하는 애정 어린 행동들을 하지 않았다. 하지만 나는 그것이 무엇인지 확실히 알지 못했는데, 엄마도 그랬던 것 같다. 엄마와 나는 아마 각자의 고집스러운 방식으로 서로를 사랑했던 것 같기는 하지만 확실치는 않다. 아마 한 번도 노골적으로 그런 이야기를 해본 적이 없었기 때문인 것 같다. 엄마와 딸로 산다는 것은 뭔지 모를 원인으로 늘 실패로 끝나고 마는 실험을 하는 느낌이었다.

다섯 살 때 나는 내가 남자아이가 아니라는 것을 깨달았다. 내가 무엇인지는 잘 몰랐지만 그게 무엇이든 남자아이보다는 못한 건 확실했다. 나보다 각각 5년, 10년, 15년 위인 오빠들은 우리가 실험실에서 하는 놀이를 바깥 세상에서도 할 수 있다는 것을 목격했다. 보이스카우트에서 오빠들은 모형차 경주를 했고, 로켓을 만들어 발사하는 놀이도 했다. 학교 기술 시간에 오빠들은 벽에 걸거나 천장에 매달 정도로 커다랗고 강력한 도구들을 사용했다. 칼 세이건이나 미스터 스팍, 닥터 후, 프로페서 등을 보면서도 배경으로 등장하는 간호사 채플이나 매리 앤에 대해서는 아무도 이야기하지 않았다(미스터 스팍과 간호사 채플은 드라마 〈스타트렉〉, 프로페서와 매리 앤은 시트콤 〈길리건의 섬〉에 나오는 등장인물—옮긴이). 나는 아빠의 실험실로 더 깊이 숨어들었다. 그곳은 내가 가장 자유롭게 기계의 세계를 탐험할 수 있는 곳이었다.

어떻게 보면 이해가 됐다. 아빠를 가장 닮은 아이는 바로 나였다. 적어도 나는 그렇게 생각했다. 아빠랑 내가 다른 점은 겉모습뿐이었다. 아빠는 과학자처럼 생겼다. 키가 크고 창백하고 깨끗하게 면도한 얼굴에, 카키색 바지와 흰 셔츠를 수척할 정도로 마른 몸에 입고 뿔테 안경을 쓰고, 목에는 목젖이 툭 튀어나왔다. 다섯 살 때 나는 비록 내가 어린 여자아이로 변장을 하고는 있지만 진짜 내 모습은 딱 아빠와 같다고 생각했다.

여자아이인 척하는 동안 나는 솜씨 좋게 몸단장을 하고 다른 여자아이들과 누가 누구를 좋아하고 그렇지 않으면 어떻게 되는 것인지에 관해 수다를 떨었다. 줄넘기를 몇 시간이고 할 수 있었고, 내 옷을 스스로 꿰맬 수도 있었으며 누구든 먹고 싶다고 하는 것을 완전히 처음부터 모두 내 손으로, 그것도 세 가지 다른 방법으로 요리해낼 수 있었다. 그러나 늦은 저녁이 되면 나는 아빠와 함께 실험실로 향했다. 건물들은 텅 비어 있었지만 모두 환하게 불이 켜져 있었다. 거기서 나는 어린 여자아이에서 과학자로 변신했다. 피터 파커가 스파이더맨으로 변신하는 것처럼. 내 경우는 반대 방향의 변신이긴 했지만.

아빠와 같아지기를 절실히 원하기는 했지만 나는 동시에 내가 극복할 수 없는 큰 산과 같은 엄마의 연장이어야 한다는 것도 알고 있었다. 엄마가 당연히 누릴 자격이 있고, 누렸어야 했던 삶을 현실로 만들 수 있는 두 번째 기회가 바로 나였다. 나는 고등학교를 1년 일찍 졸업하고 미네소타 대학교에 장학금을 받고 진학했다. 엄마, 아빠, 그리고 오빠 모두가 다닌 대학이었다.

대학 생활은 문학 전공으로 시작했지만 얼마 가지 않아 나는 과학이야말로 진정으로 내가 속한 분야라는 것을 깨달았다. 너무도 대조적인 두 분야를 비교해보면 내가 어느 쪽에 더 가까운 사람인지가 한층 분명해졌다. 과학 수업 시간에는 앉아서 이야기만 하는 대신 실제로 무엇인가를 했다. 손을 써서 그 일을 했고, 거의 날마다 분명한 결과로 보상받을 수 있었다. 실험실에서 하는 실험들은 매번 완벽한 결과를 내도록 미리 고안되어 있었고, 할 때마다 우아하리만치 모든 게 잘 돌아갔다. 실험을 많이 하면 할수록, 더 큰 기계와 더 신기한 화학 약품을 사용하도록 허락을 받았다.

과학 강의들은 아직은 해결이 가능한 사회문제를 다뤘다. 이제는 더이상 사용되지도 않는 정치 체제, 그것을 제안한 사람이나 반대한 사람이나 모두 내가 태어나기도 전에 죽어버린 그런 정치 체제를 이야기하는 강의들이 아니었다. 과학에서는 애초에 고대 서적에 쓰여 있던 내용을 다시 쓴 책들을 분석하기 위해 쓰여진 책에 관해서 이야기하지 않았다. 과학에서는 지금 무슨 일이 일어나고 있는지, 미래에는 무슨 일이 일어날 가능성이 있는지를 이야기했다. 지금까지 나를 가르친 모든 선생님들이 귀찮아하고 골칫거리라고 생각했던 나의 특징들(무엇이든 집요하게 물고 늘어지고 모든 것을 지나치게 하는 성향)은 과학 교수들이 원하는 바로 그 특성이었다. 과학 교수들은 내가 여자아이였음에도 나를 받아들였고, 내가 이미 의심하던 사실들을 재차 확인해줬다. 바로 내 진정한 잠재력은 내 과거나 현재의 상황보다 투쟁을 마다하지 않는 내 의욕에 있다는 사실 말이다. 다시 한번 나는 아빠의 실험실에서처럼 원하는 만큼 모든 장난감을 가지고 놀 수 있는, 안전함을 느낄 수 있는 환경을 만난 것이다.

사람은 식물과 같다. 빛을 향해 자라난다는 의미에서 말이다. 과학을 선택한 것은 과학이 내가 필요로 하는 것을 줄 수 있었기 때문이다. 가장 기본적인 의미의 집, 다시 말해 안전함을 느끼는 장소를 내게 제공해준 것이 과학이었다.

성장한다는 것은 누구에게나 길고도 고통스러운 과정이다. 내가 확실히 안 유일한 사실은 언젠가 내 실험실을 갖게 된다는 것뿐이었다. 왜냐하면 아빠도 아빠의 실험실을 가지고 있었기 때문이다. 우리 작은 마을에서 아빠는 그냥 과학자가 아니었다. 아빠는 마을 유일의 과학자였다. 그리고 과학자라는 것은 단순한 직업이 아니라 아빠의 정체성이자 신분이었다. 과학자가 되고자 하는 내 욕망의 근본은 깊은 본능에 토대를 두고 있었고, 그 이상도 이하도 아니었다. 한 번도 살아 있는 여성 과학자에 대한 이야기를 들어본 적도 없고, 그런 사람을 만나본 적도, 심지어 텔레비전에서 본 적도 없었다.

여성 과학자로서 나는 여전히 그다지 평범하지 않다. 하지만 내 마음은 한 번도 다른 것이었던 적이 없다. 지금까지 나는 세 개의 실험실을 처음부터 시작해서 완성했다. 세 개의 빈 방에 온기와 생명을 불어넣었고, 각 실험실은 그 전 것보다 더 크고 좋았다. 현재 내가 있는 실험실은 거의 완벽하다. 상쾌한 하와이에 자리 잡은 실험실은 하늘에 자주 무지개가 걸리고, 하와이 무궁화가 1년 내내 만개한 가운데 자리 잡은 웅장한 건물 안에 있다. 이렇게 거의 완벽한 실험실에서 일하고 있지만 나는 앞으로도 늘 새로운 실험실을 만들고 더 많이 원할 것을 알고 있다. 내 실험실은 대학 청사진에 표시된 'T309'호실이 아니라 '자런 실험실'이고, 어디에 자리하든 언제나 그렇게 불릴 것이다. 내 집이기 때문에 내 이름을 담을 것이다.

내 실험실은 불이 항상 켜진 곳이다. 그 방에는 창문이 없지만 창문이 필요하지 않다. 모든 것이 자체적으로 조달되는 자급자족 시스템을 갖춘 곳이기 때문이다. 그 자체가 하나의 우주를 이루고 있다. 내 실험실은 굉장히 개인적이고 익숙한 곳으로, 서로 잘 아는 소수의 사람들이 살고 있다. 내 실험실은 손으로 하는 일에 모든 정신을 집중해서 뭔가를 해내는 곳이다. 내 실험실은 내가 움직이고, 서고, 걷고, 앉고, 물건을 가져오고, 나르고, 오르고, 기는 곳이다. 내 실험실은 잠을 이루지 못해도 괜찮은 곳이다. 자는 것 말고도 할 일이 많은 세상이기 때문이다. 내 실험실은 내가 상처받고 다치면 문제가 되는 곳이다. 나 자신을 보호하기 위한 경고문이 붙어 있고, 규칙이 정해져 있다. 장갑을 끼고, 보호 안경을 쓰고, 발가락을 감싼 신발을 신어서 위험한 실수로부터 나를 방어하는 곳이다. 내 실험실은 내가 필요한 것보다 가진 것이 훨씬 많은 곳이다. 서랍들은 언젠가 필요할지 모르는 물건들로 가득하다. 내 실험실의 모든 물건들은(그것이 아무리 작고 못생겼어도) 존재 이유가 있다. 아직 그 용도를 아무도 알지 못할지라도.

내 실험실은 내가 하지 않은 일에 대한 죄책감이 내가 해내고 있는 일들로 대체되는 곳이다. 부모님께 전화하지 않은 것, 아직 납부하지 못한 신용카드 고지서, 씻지 않고 쌓아둔 접시들, 면도하지 않은 다리 같은 것들은 숭고한 발견을 위해 실험실에서 하는 작업들과 비교하면 사소하기 그지없는 일이 된다. 내 실험실은 아직 내 안에 있는 어린이가 모습을 드러내는 곳이다. 그곳은 내가 가장 친한 친구와 노는 곳이다. 내 실험실에서는 웃음을 터뜨리고 말도 안되는 짓을 할 수도 있다. 그곳에서는 1억 년 된 돌을 분석하기 위해 밤을 새워 일할 수도 있다. 아침이 되기 전에 그 돌이 무엇으로 이루어졌는지 알아내야만 하기 때문이다. 어른이 되면서 나에게 밀어닥친 그 모든 어리둥절하고 달갑지 않은 일들(세금 신고, 자동차 보험, 자궁경부암 검사 등)은 실험실 문을 열고 들어가는 순간 아무 상관도 없어진다. 전화가 없는 그곳에선 아무도 내게 전화하지 않아도 마음 상하지 않는다. 문은 항상 잠겨 있고, 열쇠를 가진 사람은 모두 아는 사람들이다. 바깥 세상이 실험실로 들어올 수 없기 때문에 실험실은 내가 진짜 나일 수 있는 장소가 되었다.

내 실험실은 교회와 같다. 그곳에서 내가 믿는 것이 무엇인지를 알아내곤 하기 때문이다. 내가 들어갈 때 나를 반기는 기계음은 교회로 신도들을 이끄는 찬송가와 같다. 그곳에서 대충 누구를 보게 될지, 그들이 대충 어떻게 행동할지 나는 안다. 그곳에는 침묵이 있고, 음악이 있다. 그곳에서는 언제 친구들을 반갑게 맞이하고, 언제 그 친구들이 각자 생각에 잠길 수 있도록 가만히 놔둬야 하는지를 나는 안다. 내가 따르는 의식들이 있고, 그중 어떤 것은 이해하고 어떤 것은 이해하지 못한 채 따른다. 그곳에서는 나 자신이 최선의 나로 고양되어 나의 임무를 해내기 위해 노력한다. 내 실험실은 교회와 마찬가지로 성스러운 날에 가는 곳이다. 세상 모든 곳이 문을 닫는 휴일에도 내 실험실은 열려 있다. 내 실험실은 도피처이자 망명처이다. 그곳은 직업상 전투를 벌이다가 후퇴해서 몸을 쉬는 곳이자, 내 상처를 돌아보고 갑옷을 보수하는 곳이다. 그리고 교회와 마찬가지로, 그 안에서 자라난 내가 진정으로 떠날 수 있는 곳이 아니다.

실험실은 내가 글을 쓰는 곳이기도 하다. 나는 극소수의 사람들만 읽을 수 있고, 거의 아무도 말로는 하지 않는 언어를 사용해서 다섯 사람이 10년 동안 한 연구를 여섯 장의 인쇄물로 정제해 표현할 수 있는 드문 글을 쓰는 데 아주 익숙해졌다. 그런 글들은 작업의 상세한 내용을 레이저메스만큼 정확하게 서술하지만, 동시에 그 매끄러운 아름다움이란 실제 사람이 입으면 훨씬 덜 완벽해 보일, 옷의 아름다움을 극도로 돋보이게 할 늘씬한 마네킹의 것, 일종의 기교다. 논문들은 하나하나 훈장처럼 획득한 주석들도, 대학원생이 나처럼 살지 않겠다고 코웃음을 치며 갑자기 일을 그만둔 후 몇 달에 걸쳐 고생고생하며 다시 만든 데이터도 내보이지 않는다. 현실이라 믿기지 않는 장례식에 참석하기 위해 슬픔에 마비된 채 비행기를 타고 가면서 다섯 시간 걸려 겨우 쓴 문단 하나도. 프린터에서 나와 아직 식지도 않은 초안을 우리 아기가 크레용과 애플소스로 범벅을 만든 일도.

내 논문에는 잘 자라준 식물들과, 순조롭게 끝난 실험들, 예상에서 어긋나지 않고 나와준 데이터가 담겨 있다. 그러나 곰팡이와 절망 속에 썩어버린 정원들, 무슨 짓을 해도 안정되지 않던 전기 신호들, 절대 밝힐 수 없는 비도덕적인 방법으로 밤늦게 급하게 확보한 프린터 잉크 이야기에 대해서는 입을 다물 수밖에 없다. 재앙을 거치지 않고 성공할 수 있는 길이 있다면 누군가가 이미 그 길을 걸어 다시 그 경험을 할 필요가 없도록 만들었기 때문이라는 사실을 나는 너무 잘 알고 있다. 하지만 내가 어떻게 몸과 마음을 모두 쏟아부으며 과학을 하는지 말할 수 있는 저널은 아직 어디에도 없다.

아침 8시는 어김없이 닥쳐온다. 화학 약품들을 다시 채워넣고, 월급을 정산하고, 비행기표를 사야 할 때가 다시 온 것이다. 그래서 나는 목에 차오르는 고통과 자부심, 후회, 두려움, 사랑, 갈구를 내뱉지 못하고 삼키며 책상에 코를 박고 또 하나의 과학 논문을 완성한다. 20년을 실험실에서 일하는 동안 내 안에서는 두 가지 이야기가 자라났다. 내가 써야 하는 이야기와 내가 쓰고 싶은 이야기.

과학은 자기 가치에 대해 너무도 확신이 강해 아무것도 버리지 못한다. 아빠와 아빠의 계량자도 예외가 아니어서 고향집 지하실에는 '표준 직선 계산자(25cm) 30ct' 라는 라벨이 붙은 상자가 있다. 상자에는 30개의 계산자가 들어 있다. 학생들이 각자 하나씩 계산자를 사용하는 것이 중요하기 때문이다(과학자들은 많은 일을 하지만 장비를 나눠 쓰지 않는다). 이 오래된 계산자들은 다시는 유용하게 쓰이지 않을 것이다. 계산기며 데스크톱 컴퓨터에 차례차례 밀리다가 이제는 스마트폰에 밀려서 완전히 구식이 되고 말았기 때문이다. 상자에는 내용물이 무엇인지를 표시하는 라벨만 붙어 있고, 그게 누구의 것인지는 써 있지 않다. 나는 그 상자를 보면서 아빠가 거기 내 이름을 써줬으면 하는 설명할 수 없는 갈망에 휩싸이곤 했다. 하지만 그 계산자들은 누구의 것도 아니었다. 그냥 존재했다. 그리고 결코 내 것인 적이 없었다.

* * *

2009년에 나는 마흔이 되었다. 교수로 일한 지 14년이 되는 해였고, 우리가 사용하던 질량분석계와 함께 작동할 수 있는 기계를 성공적으로 제작해서 동위원소 화학 연구에 상당한 돌파구를 마련한 해이기도 했다.

아마도 집에 80킬로 나가는 사람과 85킬로 나가는 사람의 차이를 알 수 있는 체중계가 있는 사람들이 많을 것이다. 내 실험실에는 중성자 열두 개를 가진 원자와 열세 개를 가진 원자의 차이를 알 수 있는 과학 저울이 있다. 사실 나는 그런 저울을 두 개나 가지고 있다. 질량분석계라고 부르는 이 저울들은 하나에 50만 달러 정도 한다. 대학 당국에서 그 저울을 사줄 때는 그것들을 가지고 아주 대단하고, 전에는 불가능했던 일들을 해내서 대학의 명성을 높여야 한다는 그다지 암묵적이지 않은 이해가 바닥에 깔려 있었다.

대략적으로 비용 편익을 분석해보니 대학이 내게 투자한 돈의 본전을 모두 뽑으려면 내가 죽어 땅에 묻힐 때까지 매년 약 네 건의 아주 대단하고, 그전까지는 불가능했던 일들을 해내야만 한다. 계산을 더 복잡하게 만드는 것은 다른 모든 것(화학 약품, 비커, 메모지, 질량분석계를 닦을 걸레 등등)을 사는 돈은 내가 구두 혹은 서면으로 연방 정부나 민간 후원자에게 연구 기금을 신청해서 따내야 한다는 사실이다. 이렇게 과학 연구에 들어가는 돈은 전국적으로 급속도로 줄어들고 있다. 사실 가장 스트레스 쌓이는 것은 이 부분이 아니다. 실험실에서 일하는 모든 사람의 월급(내 월급을 제외하고)은 모두 이와 같은 방법으로 마련해야 한다. 과학을 위해 모든 것을 희생하고 일주일에 80시간씩 일하는 직원에게 6개월 정도 일자리를 보장하는 것 이상을 약속해줄 수 있으면 정말 좋겠다. 하지만 그런 세상은 이공계 연구원이 사는 세상이 아니다. 이 글을 읽고 있는 독자 중 우리를 지원해줄 의향이 있다면 내게 전화 한 통 해주시기를. 미안하지만 이 문장을 안 넣을 수가 없었다.

2009년은 우리 연구팀이 사제 폭탄이 터질 때 나오는 아산화질소를 식별할 수 있는 기계를 고안하고 만들기 시작한 지 3년째 되는 해였다. 일단 그 기계가 작동하기 시작하면 그것을 질량 분석계 앞쪽에 매달아서 측정할 예정이었다. 우리는 그 기계가 테러 현장에서 화학물을 분석하는 새로운 방법을 제공할 것이라 기대했다. 어떤 물질의 중성자 수는 일종의 지문 역할을 하기 때문이다. 우리 팀은 폭발 후 남은 화학적 지문을 그 폭발물이 만들어진 표면, 예를 들어 부엌 싱크대 같은 곳에서 채취한 물질의 화학적 지문과 비교해서 폭탄의 제조 장소를 확인하도록 할 계획이었다.

우리 팀은 이 아이디어를 2007년에 미국 국립 과학 재단에 '파는' 데 성공했다. 아프가니스탄에 주둔하는 연합군 병력의 희생자 중 절반 이상이 사제 폭탄에 의한 것이라는 보도가 나온 직후였다. 사실 연구 기금을 확보한 정도에 그친 것이 아니라 내가 그때까지 본 연구 기금의 액수 뒤에 0이 하나 더 붙은 액수를 따냈다. 나는 식물의 성장을 연구하고 싶었다. 하지만 돈은 늘 지식을 위한 과학이 아닌 전쟁을 위한 과학에 몰렸다. 나는 일주일에 40시간은 폭발물 프로젝트에 전념하고 또다른 40시간은 곁가지로 진행하는 식물학 실험에 바치겠다는 기만적인 계획을 세웠다.

이 계획으로 인해 우리는 모두 엄청나게 과로해야 했고, 모든 과학 프로젝트에 있기 마련인 후퇴와 작은 실패들에 대해 더욱 참을성이 없어지고 절박해졌다. 우리가 다루던 화학적 반응은 극도로 다루기 힘들고 어려운 것이었다. 폭발 잔여물에서 질소를 추출하는 것은 대체로 쉬웠지만 산소 원자가 붙어 있는 질소(아산화질소)를 변이시키는 것은 우리가 생각했던 것보다 훨씬 까다로웠고, 변이 과정에서 중성자를 추적하는 데 어려움을 겪었다. 우리가 어떤 물질을 분석하든 그것을 질량분석계에 부착하면 측정값이 항상 같게 나왔다. 미칠 노릇이었다. 마치 어떤 사람한테 초록 불과 빨간 불을 구별하라고 하는데 무슨 불을 켜든 계속 초록 불이라고만 대답하는 격이었다.

엉망진창으로 얽힌 주제를 포기하고 새로운 주제로 새롭게 시작해야 하는 시점은 언제쯤일까? 음… 그런 건 절대 없다. 나처럼 고집 센 과학자에겐 말이다. 우리는 속도를 늦추고 더 주의를 기울여 실험하기 시작했다. 덜 민감한 실험에서라면 문제가 없었을 수준의 사소한 부주의로 인한 부정확성을 배제할 수 있기를 바라면서 말이다. 그렇게 작업을 시작하면서부터는 실험실에서 두 시간 작업하면 될 것이라고 예측했던 실험을 완수하는 데 4일이 걸렸고, 완벽하게 완수하는 데는 8일이 걸렸다. 게다가 이 모든 실험실 작업을 날마다 수백 개의 식물에 물과 비료를 주고, 변화를 기록하는 일을 하는 중간중간에 해내야 했다.

나는 우리가 마침내 폭발물 분석기와 질량분석계에서 동일한 결과를 얻은 그 밤을 영원히 잊지 못할 것이다. 사실 내 인생에 그런 밤이 그때뿐은 아니었지만 그날 밤부터 폭발물 분석기는 우리가 예측했던 것과 같은 표준값을 내기 시작했다. 일요일 밤이었다. 닥쳐오는 월요일의 위협이 느껴지기 시작할 즈음이니 아주 늦은 밤이었다. 다른 때와 마찬가지로 나는 예산 걱정을 하고 있었다. 프로젝트 마감일이 가까워지고 있었기 때문에 실험실의 자금이 떨어질 정확한 날짜까지 예측할 수 있었다. 사무실에 앉아서 화학 약품의 가격을 살피고, 10센트짜리 동전에 마법을 걸어 1달러 지폐로 바꾸려고 애를 써봤지만 파산을 몇 달 더 미루는 것 외에는 별 도리가 없어 보였다.

그때 문이 열리고 실험실 파트너인 빌이 뛰어 들어왔다. 그는 부서진 의자에 털썩 주저앉은 후에 종이 몇 장을 책상에 던졌다. "오케이, 이제 말할 준비가 됐어. 저 빌어먹을 기계가 드디어 작동하기 시작했어. 제대로 말이야!"

나는 그가 건넨 판독 결과를 훑어보기 시작했다. 서로 다른 가스 표본이 모두 이제는 이전과는 다른, 정확한 값을 보이고 있다는 것을 보고도 나는 그다지 놀라지 않았다. 보통 나는 빌보다 훨씬 먼저 성공을 선언하곤 했다. 빌은 늘 나보다 한 번 더 확인을 하고, 한 번 더 눈금을 읽은 다음에야 실패를 정복했다고 선언하는 사람이었다.

빌과 나는 다시 한번 해내고야 말았다는 만족감에 서로를 바라보며 싱긋 웃었다. 그 프로젝트는 우리가 일하는 전형적인 방식을 따른 것이었다. 내가 몽상에 가까운 계획을 세운 다음 있는 대로 윤색을 해서, 그 몽상을 가능과 불가능의 경계선 즈음으로 끌어내리고, 정부 기관에 그 아이디어를 광고해서 팔아 끌어들인 돈으로 필요한 장비를 구입한 다음 빌의 책상에 모든 것을 던진다. 그러면 거기서부터 빌은 첫 번째, 두 번째, 그리고 세 번째 모형을 만든다. 그 일을 해내는 내내 아이디어가 실현 불가능한 몽상에 불과하다고 불평하는 것은 물론이다. 다섯 번 정도 실패를 거듭한 끝에 나온 모형이 가능성을 보이기 시작하고, 일곱 번째 시도가 작동을 시작하면(파란 셔츠를 입고 동쪽을 향하는 말도 안 되는 짓을 할 때만 작동의 기미를 보인다 하더라도) 우리는 성공의 냄새에 유혹되곤 한다.

그 단계부터 우리는 한동안 낮에는 나, 밤에는 빌 이렇게 줄곧 작업을 이어가며 계속 트위터, 문자, 페이스북 등으로 모든 데이터 측정값을 서로에게 보고하기를 거듭한다. 가내수공업으로 만들어낸 그 물건이 할머니의 싱거 재봉틀만큼 정확하고 믿을 만하게 작동할 때까지 그런 날들은 계속된다. 빌이 다시 한 번 (혹은 두 번, 어떨 때는 세 번) 확인하고 나면 그제야 우리 작업은 완성된다. 모든 역사를 왜곡해서 최종 보고서를 쓰는 것은 내가 할 일이다. 보고서에서는 우리 창조물이 태어나고 성장해서 제대로 작동하기까지 얼마나 모든 일이 쉽고 순조롭게 진행되었는지, 그리고 그 프로젝트를 후원한 것이 얼마나 좋은 투자였는지를 낱낱이 헤아린다. 새로운 회계 연도가 시작되면 우리는 그 일을 처음부터 다시 시작한다. 더 야심 찬 목표를 세우고, 검소하게 아끼면 목표 절반 정도까지 도달할 수 있는 정도의 예산이라도 따내기 위해 애를 쓴다.

책임감 있게 만들고, 정직하게 해석한 확정적인 데이터 세트보다 세상에서 더 순수한 것은 없다. 그러나 새로운 데이터 세트를 만들어낼 때마다 빌과 나는 영화 〈우리에게 내일은 없다〉에 나오는 보니와 클라이드처럼 또 한 번의 완전범죄에 성공한 느낌을 가지곤 했다. "온 세상에 또 한 방 먹였다!"

그날 밤 나는 하늘을 향해 주먹을 휘둘렀다. 그러고는 뻣뻣한 머리를 손으로 한 번 쓸어 넘겼다. 대학원 때부터 생긴 이 버릇은 어쩐지 뇌에 신선한 산소를 주물러 넣는 것 같은 느낌을 준다. "있잖아, 우리 둘 다 이렇게 밤을 새우기엔 이제 너무 늙었어." 시계를 흘낏 보니 집에 있는 어린 아들이 잠자리에 든 지 몇 시간이 지난 시간이었다.

"근데 기계 이름은 뭐라고 지을까?" 성공에 힘을 얻은 빌은 재미있는 축약어를 생각해내는 브레인스토밍을 하고 싶어 했다.

"'니켈을 촉매로 한 불균형 반응'이라는 개념이니까 '촉매작용을 하다catalyze'라는 단어에서 CAT을 가져올 수는 있을 것 같아."

세상의 어느 작가도 과학자들만큼 단어 몇 개를 두고 머리를 쥐어짜지는 않을 것이다. 용어가 가장 중요하다. 우리는 이미 받아들여진 이름으로 물질이나 현상을 식별하고, 보편적으로 합의된 용어를 사용해서 그 물질이나 현상을 묘사하고, 자기만의 방식으로 연구한 다음 배우는 데 몇 년씩 걸리는 암호를 사용해서 연구에 관해 글을 쓴다. 자신이 한 일을 논문으로 쓰면서 우리는 '가정'을 하지 절대 '추측'하지 않고, '결론'을 내리지 절대 그냥 '결정'하지 않는다. '의미가 있다'는 단어는 너무나 모호해서 쓸모없을 정도지만, 거기에 '커다란' 이라는 단어를 앞에 붙이면 50만 달러의 연구 기금을 끌어올 수도 있다.

새로운 생물의 종이나, 새로운 무기물, 새로운 소립자, 새로운 분자, 혹은 새로운 은하계에 이름을 붙일 수 있는 권리는 어느 과학자든 바라 마지않는 가장 높은 명예이자, 위대한 임무이다. 각각의 과학 분야는 이름 짓는 관습에 적용되는 엄격한 규칙과 전통을 가지고 있다. 지금 막 발견한 새로운 것에 대해 알고 있는 것과, 자신이 살고 있는 세상에 대한 지식을 총동원한 다음 지금까지의 기억 속에서 자신을 미소 짓게 하는 것이 무엇인지 가려내서 현대적이면서도 영구한 이미지를 암시하는 표현을 생각해내면 마침내 그 소중한 대상에 세례명을 붙일 수 있다. 그러고는 이 서투르게 이름 짓는 결과의 작은 부분이라도 앞으로 영원히 변치 않고 받아들여질지 모른다는 가망 없는 염원을 한다. 그러나 그날 밤, 내 머리는 거의 뇌사 상태여서 이런 말잔치를 벌일 기력이 없었다. 집에 가서 자고 싶을 뿐이었다.

"'세금 납부자들의 48만 달러'라고 부를 수도 있지. 저 빌어먹을 물건을 만드는 데 들어간 액수야." 나는 아무리 고문을 해도 수입과 지출이 잘 맞지 않는, 순종적이지 못한 예산표를 날카롭게 째려보며 말했다. 이제 프로젝트도 끝났는데 누구한테 가서 애걸복걸해야 연구 자금을 더 따낼 수 있을지 막연했다. 전해에 이미 평소 우리 연구실을 후원하는 기부처의 기부금을 최대한으로 끌어다 쓴 상황이었고, 자금을 대주던 정부 부처들도 모두 예산이 줄어들고 있었다. 과학자로 일하는 것이 너무도 좋았지만, 이 정도 일을 했으면 쉬워졌어야 할 일들이 여전히 어려운 일들로 남아 있다는 사실에 지쳤다는 걸 인정해야 했다.

빌은 잠시 나를 바라보다가 자기 다리를 두 손으로 툭 치고는 일어서면서 말했다. "이름 붙일 필요 없어. 네 성을 붙이면 되지. 그렇게 하면 돼." 눈이 마주친 순간, 우리가 함께 일해온 지난 15년간의 역사가 메아리처럼 두 사람 사이에 울려 퍼졌다. 나는 고개를 끄덕여서 알았다는 표시를 했다. 고맙다는 마음을 표하기 위한 적절한 말을 아직 찾지 못하고 있는데 그는 몸을 돌려서 내 사무실에서 걸어나갔다.

빌은 내가 약한 부분에 강하다. 그래서 우리는 함께할 때 완전하다. 우리 둘은 각각 필요한 것의 절반은 바깥 세상에서 얻고 나머지 절반은 서로에게서 얻는다. 나는 속으로 그의 월급을 올리고 실험실을 계속 운영할 수 있는 자금을 무슨 수를 써서라도 찾겠다고 맹세했다. 노력하면 될 것이다. 나란히 자리한 두 실험실에서 우리는 각각 라디오를 켜서 서로 다른 방송국에 주파수를 맞추고 다시 일을 시작했다. 다시 한번 서로에게 우리가 혼자가 아니라는 사실을 일깨워준 채로.

2

대부분의 사람들과 마찬가지로 나도 어릴 적을 생각하면 기억나는 나무가 하나 있다. 모질고 긴 겨울 내내 도전적인 초록색을 자랑하며 우뚝 서 있던 푸른 빛이 도는 은청가문비*Picea pungens*였다. 그 나무의 바늘 같은 잎들은 하얀 눈과 잿빛 하늘에 화가 나기라도 한 듯 날카로웠다. 내 속에서 키워가던 금욕주의적 성향의 롤모델로도 완벽했다. 여름에는 그 나무를 껴안고, 오르고, 이야기를 나누며, 그 나무가 나를 잘 알고, 그 아래 있으면 내가 투명인간이라는 상상을 했다. 개미들이 시든 나뭇잎을 들고 왔다 갔다 하는 것을 보면서 그것들이 곤충들 지옥에 빠지는 저주를 받은 것은 아닐까 생각하기도 했다. 나이가 들면서 나는 그 나무가 사실은 나에게 관심이 없다는 것을 깨달았고, 물과 공기로 자신이 필요한 음식을 만드는 존재라는 것을 배웠다. 내가 나무를 오른다 해도 나무가 눈치 채지 못할 만큼의, 고작해야 작은 미동밖에 되지 않을 것이며 요새를 만들기 위해 가지를 잡아당긴다 해도 나무에게는 머리에서 머리카락을 하나 뽑는 정도에 불과하다는 것도 알게 됐다. 그럼에도 그후로도 몇 년 동안 나는 매일 밤 그 나무에서 3미터밖에 떨어지지 않은 곳에서 작은 유리창문 하나를 사이에 두고 잠이 들었다. 그러다가 대학에 진학했고, 고향과 어린 시절을 남겨두고 기나긴 여정을 떠났다.

그후 나는 그 나무도 어린이였던 적이 있었다는 것을 깨달았다. 커서 내 나무가 될 배아는 땅에서 몇 년을 숨어 지냈을 것이다. 너무 오래 기다려도 위험하고 씨앗 바깥으로 너무 빨리 나와도 위험했다. 아주 작은 실수만 저질러도 제일 강한 이파리조차 며칠 사이에 썩혀버릴 수 있는, 잘못을 허락하지 않는 바깥세상의 소용돌이에 단번에 휩쓸려 들어가 죽음을 면치 못할 것이기 때문이다. 나무는 미래를 전혀 염두에 두지 않고 처음 10년은 엄청난 성장을 거듭했을 것이다. 10세에서 20세 사이에 나무는 크기가 두 배로 자랐지만 그런 키에 따라오는 도전과 책임에는 그다지 잘 준비되지 않았을 것이다. 또 또래와의 경쟁에서 뒤쳐지지 않으려고 애썼을 것이며 가끔은 대담하게 햇빛이 가득 드는 자리를 차지하기도 했을 것이다. 자라는 데에만 완전히 집중하는 이 시기에는 열매를 맺지는 못하지만 거기 필요한 호르몬의 분비가 시작된다. 다른 십 대들과 마찬가지로 내 나무도 그 해를 그렇게 보냈다. 봄에는 엄청나게 키가 크고, 여름에는 새로운 잎을 만들고, 가을에는 뿌리를 뻗고, 내키지 않지만 따분한 겨울의 느린 리듬에 자신을 맞췄을 것이다.

십 대의 관점에서 볼 때 어른 나무들은 바보 같으면서도 무한한 미래를 의미했다. 50년, 80년, 어쩌면 100년을 쓰러지지 않기 위해 애를 쓰는 존재, 날마다 아침이 되면 전날 떨어진 바늘잎을 대신할 새잎을 만들고, 밤에는 효소 분비를 중지하는 것으로 일과를 끝내는 존재. 땅 밑 새로운 영역을 정복한 후 갑작스레 영양소가 쏟아져 들어오는 일은 이제 더이상 없고, 지난겨울에 새로 난 틈으로 믿음직하고 오래된 곧은 뿌리가 살짝 세력을 늘리는 일밖에 일어나지 않는다. 어른 나무는 매년 허리가 조금 더 두꺼워지는 것 말고는 수십 년이 흐르도록 별다른 변화가 없다. 가지에는 어렵사리 얻은 영양소가 늘 배고픈 젊은 세대의 코앞에 자린고비의 굴비처럼 걸려 있다. 물이 풍부하고, 토양이 깊고 풍요로운 곳, 그리고 가장 중요한 요소인 햇빛 가득한 좋은 동네에 사는 나무들은 타고난 잠재력을 백분 발휘한다. 그와 대조적으로 조건이 나쁜 동네에 사는 나무들은 좋은 동네 나무들보다 키는 반도 못 크고, 쑥쑥 크는 십 대 시절도 없이 생명을 부지하는 데 집중하면서 운이 좋은 나무들이 자라는 속도의 절반도 안 되는 속도로 자란다.

내 나무는 팔십 몇 년을 살아오면서 아마도 몇 번 아팠을 것이다. 나무를 은신처와 식량 공급원으로 이용하려고 공격을 멈추지 않는 동물과 곤충 들 때문이다. 물리적으로 도망갈 수 없으니 나무는 뾰족한 가시와 독이 있고 먹을 수 없는 나무 진으로 무장해서 그들의 공격을 예방한다. 가장 위험한 것은 썩어가는 식물 조직에 갈 데 없이 덮여서 취약한 상태로 있어야 하는 뿌리다. 방어 장치를 유지하는 비용은 내 나무가 더 희망찬 용도로 사용하기 위해 모아놓았던 저금에서 나올 수밖에 없다. 진액 한 방울을 흘릴 때마다 씨앗 하나가 열리지 못하고, 가시 하나를 만들 때마다 이파리 하나를 만들지 못한다.

2013년에 내 나무는 치명적인 실수를 범했다. 겨울이 다 지나갔다고 추측한 내 나무는 가지를 뻗고 여름에 대비해서 새 바늘잎들을 무성하게 만들어냈다. 그러나 그해 5월은 예년에 비해 너무도 추웠고 때아닌 봄 눈보라가 몰아닥친 후 어느 주말에 엄청난 폭설이 쏟아졌다. 침엽수는 많은 양의 눈을 감당할 수 있지만 새로 난 이파리의 무게까지 더해진 상태로는 무리였다. 처음에는 휘기만 했던 가지들이 결국 부러져버리면서 키 크고 헐벗은 본체만 남았다. 부모님은 내 나무를 베고 뿌리를 뽑아 안락사를 시켰다. 몇 달이 지난 후 전화로 그 소식을 들었을 때 나는 눈부신 햇빛을 받고 서 있었다. 내가 사는 곳은 1년 내내 눈이 오지 않는, 집에서 6,400킬로미터도 넘게 떨어진 곳이었다. 나는 나무가 살아 있는 생명이라는 것을 완전히 이해하자마자 부고를 듣게 된 아이러니에 대해 생각했다. 그러나 이야기는 아이러니 이상이었다. 내 은청가문비는 생존하는 데 그치지 않았다. 내 나무는 삶을 살고 있었다. 내 삶과 비슷하면서도 다른. 나무의 삶이 거치는 중요한 고비를 모두 넘겼고, 최고의 시간을 누렸고, 시간에 따라 변화했다.

시간은 나, 내 나무에 대한 나의 눈, 그리고 내 나무가 자신을 보는 눈에 대한 나의 눈을 변화시켰다. 과학은 나에게 모든 것이 처음 추측하는 것보다 복잡하다는 것, 그리고 무엇을 발견하는 데서 행복을 느끼는 것이야말로 아름다운 인생을 위한 레시피라는 것을 가르쳐줬다. 과학은 또 한때 벌어졌거나 존재했지만 이제 존재하지 않는 모든 중요한 것을 주의 깊게 적어두는 것이야말로 망각에 대한 유일한 방어라는 것도 가르쳐줬다. 나보다 더 오래 살았어야 했지만 그렇게 하지 못한 내 나무도 그중 하나이다.

3

씨앗은 어떻게 기다려야 하는지 안다. 대부분의 씨앗은 자라기 시작하기 전 적어도 1년은 기다린다. 체리 씨앗은 아무 문제없이 100년을 기다리기도 한다. 각각의 씨앗이 정확히 무엇을 기다리는지는 그 씨앗만이 안다. 씨앗이 성장할 수 있는 유일무이한 기회, 그 기회를 타고 깊은 물속으로 뛰어들듯 싹을 틔우려면 그 씨앗이 기다리고 있던 온도와 수분, 빛의 적절한 조합과 다른 많은 조건이 맞아떨어졌다는 신호가 있어야 한다.

기다리는 동안에도 씨앗은 살아 있다. 300년 동안 우뚝 선 떡갈나무가 살아 있듯 그 아래 떨어져 있는 도토리도 모두 살아 있다. 씨앗도, 나이 든 떡갈나무도 자라지 않고 있다. 둘 다 기다리고 있다. 그러나 그 둘의 기다림은 다르다. 씨앗은 번성하기를 기다리지만 나무는 죽기를 기다린다. 숲에 들어간 사람들은 대부분 인간으로서는 도달할 수 없는 높이로 자란 큰 나무들을 올려다볼 것이다. 그러나 발아래를 내려다보는 사람은 드물다. 발자국 하나마다 수백 개의 씨앗이 살아서 기다리고 있는데도 말이다. 그들은 모두 그다지 가망은 없지만 희망을 버리지 않고 절대 오지 않을지도 모르는 그 기회를 기다린다. 그 씨앗 중 절반 이상은 모두 자기가 기다리던 신호가 오기 전에 죽고 말 것이고, 조건이 나쁜 해에는 모두 죽을 수도 있다. 이 모든 죽음은 이렇다 할 흔적을 남기지 않는다. 머리 위로 우뚝 솟은 자작나무 한 그루당 매년 적어도 25만 개의 씨앗을 만들어내기 때문이다. 이제 숲에 가면 잊지 말자. 눈에 보이는 나무가 한 그루라면 땅속에서 언젠가는 자신의 본모습을 드러내기를 열망하며 기다리는 나무가 100그루 이상 살아 숨 쉬고 있다는 사실을.

야자열매는 우리 머리통만큼이나 큰 씨앗이다. 아프리카 해안에서 출발해 대서양 전체를 둥둥 뜬 채로 건너 카리브 해안에 뿌리내릴 수도 있다. 반대로 난초의 씨앗은 조그맣다. 난초 씨앗 100만 개를 모아도 종이 클립 하나 무게밖에 되지 않는다. 크거나 작거나 대부분의 씨앗은 사실 기다리고 있는 배아의 식량이다. 배아는 세포 수백 개를 모아놓은 것에 불과하지만 뿌리와 싹이 이미 형성되어 있는, 식물의 청사진이다.

씨앗 안의 배아는 자라기 시작하면 일단 허리를 굽히고 기다리던 자세를 곧게 펴서 오래전부터 기다려온 형태를 정식으로 띠기 시작한다. 복숭아씨, 혹은 참깨씨나 겨자씨, 호두씨 등을 둘러싼 딱딱한 껍질은 대체로 이런 팽창을 방지하려고 존재한다. 실험실에서는 이 딱딱한 껍질을 긁어내고 물을 조금만 부어도 거의 대부분의 씨앗이 자라난다. 지난 몇 년 동안 내가 껍질을 깬 씨앗만 수천 개가 넘지만 그다음 날 거기서 나온 초록을 보면 언제나 감탄을 금치 못한다. 그토록 어려운 일이 약간의 도움으로 그토록 쉬워진 것이다. 적절한 장소에서 적절한 조건을 만나면 몸을 펼치고 원래 되려고 의도했던 그 존재가 마침내 될 수 있는 것이다. 연꽃*Nelumbo nucifera* 씨앗의 껍질을 열고 배아를 성장시킨 과학자들은 그 껍질을 보존했다. 그 껍질을 방사성 탄소 연대법으로 측정한 과학자들은 그 연밥이 중국의 토탄 늪에서 2,000년을 기다려왔다는 것을 깨달았다. 인간의 왕조가 흥망성쇠를 거듭하는 동안 이 작은 씨앗은 미래에 대한 희망을 버리지 않고 고집스럽게 버틴 것이다. 그러다가 어느 날 그 작은 식물의 열망이 어느 실험실 안에서 활짝 피었다. 그 연꽃은 지금 어디 있을까.

모든 시작은 기다림의 끝이다. 우리는 모두 단 한 번의 기회를 만난다. 우리는 모두 한 사람 한 사람 불가능하면서도 필연적인 존재들이다. 모든 우거진 나무의 시작은 기다림을 포기하지 않은 씨앗이었다.

4

주입식 수업 중의 실험이 아닌 진짜 실험을 처음으로 한 것은 열아홉 살 때였다. 돈 때문에 한 일이었다.

미니애폴리스 시에 있는 미네소타 대학교 학부 시절 나는 직업이 열 개쯤 됐었다. 학교를 다니는 4년 내내 학기 중에는 일주일에 20시간, 방학 때는 그보다 더 많이 일해서 장학금으로는 부족한 학비와 생활비를 벌었다. 대학 출판부의 교정 일, 농학과 학과장 비서, 원거리 수업용 녹화 카메라 담당, 실험실의 깔유리 닦기 등 닥치는 대로 일했다. 수영 강습이며 도서관 서적 배달도 했고 노스럽 오디토리엄에서 부자들을 좌석으로 안내하는 일도 했다. 하지만 그 어떤 일도 병원 약국에서 일했던 시간과는 비교할 수 없다.

화학 수업을 같이 듣던 친구 하나가 자기가 일하는 대학 병원에 난 일자리에 나를 추천했다. 보수도 괜찮고, 여덟 시간 근무를 연달아 하면 두 번째는 일한 시간의 반을 더 쳐준다고 했다. 담당자는 나를 소개받자마자 고용했고, 경력은 거들떠도 안 본 점이 마음에 걸리긴 했지만 나는 곧 하늘색 병원 근무복 두 벌의 자랑스러운 소유주가 되어 있었다.

다음 날 수업 후, 3시부터 11시까지 근무하기 위해 오후 2시 30분에 그곳에 도착했다. 내가 일할 곳은 병원 지하실로, 병원 전체 환자의 약을 보관, 분류, 추적하는 약국 본부가 있는 곳이었다. 그 자체가 독립적인 거대한 시설이어서 자체 안내데스크와 배달 물품을 싣고 내리는 곳, 서로 다른 온도를 유지하는 저

온실을 포함한 여러 개의 저장실도 갖추고 있었다. 중심에는 창고만큼 큰 개방형 실험실이 있었고 거기서는 사람들이 병원 전체에서 행하는 더 복잡한 치료들에 필요한 맞춤 약품들을 혼합하고 있었다. 부국장은 정맥주사용 진통제를 간호실에 배달하는 일이 내 첫 임무라고 설명했다.

당시에는 의사가 필요한 약을 종이 처방전에 쓰면 그것을 누군가가 직접 병원 약국에 전달해야 했다. 약국 실험실에서는 처방전에 따라 축 처진 수액주머니에 소량의 정제된 진통제를 주사하고 곧바로 두꺼운 서류더미로 감싼다. 서류에는 그 진통제 수액이 최종 담당자에게 전달되는 동안 거친 모든 병원 근무자의 서명과 전달 시간이 기록되어야 한다. 수액의 내용과 정확한 용량을 약사 자격증을 소지한 약사가 재차 확인한 후, 나 같은 배달 직원이 서류에 서명한다. 그리고 병원 다른 쪽에 있는 간호실에 가서 환자를 담당하는 간호사에게 직접 전달하면 그 간호사는 같은 서류에 서명을 하고 환자에게 수액을 투여한다.

수액을 전달한 배달 담당자는 그 간호국의 발송 서류함에 의사 처방전이 또 있는지를 확인하고, 있으면 약국에 전달해야 한다. 긴박해 보이는 일련의 과정이 내 서명이 들어가야만 진행된다는 사실에 나는 희열을 느꼈고, 덕분에 다양한 환상을 즐길 수 있었다. 환상 속의 나는 사람들의 고통을 덜어주고, 영혼을 구하고, 내 주변 모든 이들의 인간적 위엄을 보존했다. 과학에서 A학점을 한 번이라도 맞아본 모든 소녀들과 마찬가지로, 나 역시 의과대학에 진학해보라는 권유를 받았다. 나는 혹시 정말 좋은 조건의 장학금을 받을 수 있지 않을까 하는 헛된 희망을 가지고 의과대학 지망을 생각해보기 시작했다.

대부분의 배달은 약국과 호스피스 병동 사이를 오가는 것이었지만 그 일을 하면서 나는 병원 안에서 안 가본 곳 없이 갈 수 있었고, 간호실마다 서로 다른 각각의 독특한 질서를 익혔다. 나는 서명을 받고 한 번 서로 힐끗 보는 것 말고는 인간적인 접촉이 전혀 없이 오랜 시간 근무하는 데 서서히 익숙해졌다. 주변에 사람들이 늘 많았고, 항상 환하게 불이 켜져 있었고, 기계들은 24시간 웅웅거리며 돌아갔지만, 그런 분주함은 숨소리만큼 너무도 일상적이고 당연해서 내 고립의 껍질을 뚫고 침투하지 못했다.

나는 또 내가 겉으로는 일상적인 업무를 수행하는 동안에도 잠재의식 속에서는 다른 일을 할 수 있다는 것을 발견했다. 취업 면접을 하면서 나는 주요 실험실에서 테크니션들이 부지런히 움직이며 주사기에 약을 채워 주사를 하고, 실험관을 들여다보고, 멸균 튜브들의 포장을 벗기는 것을 부러운 듯 바라봤다. 그 약들이 어떤 작용을 하느냐는 내 질문에 약사는 "대부분 부정맥 치료제, 심장마비heart attack 계통 약"을 준비하는 거라고 설명했다.

다음 날 아침 나는 영문과 담당 교수님께 내가 쓸 학기말 논문의 주제가 "《데이비드 코퍼필드》(찰스 디킨스의 소설—옮긴이)에서 '마음heart'이라는 단어의 사용과 의미"가 될 것이라고 말했다. 그렇게 선언한 후 느꼈던 흥분감은 책의 페이지를 뒤지며 단어들을 기록하기 시작하면서 급속히 사그라들었다. '마음' '마음속' '마음에서 우러나오는'을 비롯한 '마음' 관련 단어들이 작품의 첫 열 장章에서만 수백 번이 넘게 등장했기 때문이다. 나는 가장 의미 있는 것들만 골라서 논문을 작성하기로 마음먹었다.

하지만 이 접근법은 38장에서 다음과 같은 문장을 발견하면서 역효과를 낳고 말았다. "내가 말로 표현할 수 없는 것은, 마음속 가장 깊은 곳에 내가 심지어 죽음의 사신에게까지 시기심을 품고 있었다는 사실이다." 생각하고 또 해봤지만 아무런 결론도 내릴 수가 없었다. 마침내 오후 2시, 일하러 갈 시간이 되었다.

그날 밤 병원 근무 중, 나는 호스피스 병동에 아마 10~20번쯤 드나들었고, 내 눈과 손은 필요한 임무를 수행해냈다. 밤이 깊어지면서, 머릿속 깊은 곳에서 한 가지 생각이 떠올랐다. 죽음의 사신이 병들고 약한 몸들과 그들의 사랑하는 사람들을 끌고 마지막 어려운 길을 가는 동안 병원에서 일하는 우리는 그 뒤를 따라가는 임무를 수행하고 돈을 받는다는 생각 말이다. 미리 지정된 중간역에 도착한 여행팀을 맞아 여행에 필요한 물품들을 성실하게 챙겨주는 것이 내 일이었다. 지친 그 여행팀이 지평선 너머로 사라지고 나면 우리는 몸을 돌려 금방 또 도착할 또 하나의 고통에 휩싸인 가족을 맞을 준비를 했다.

의사들, 간호사들 그리고 나는 울지 않았다. 혼란에 빠진 남편과, 충격에 휩싸인 딸들이 우리 몫의 눈물까지 충분히 흘려줬기 때문이다. 죽음의 위대한 힘 앞에서 속수무책으로 무력한 상태로 우리는 약국에서 고개를 숙이고, 눈물 주머니에 20밀리리터의 구원을 주사하고, 축복 위에 축복을 또 불어넣은 다음 그것을 아기처럼 조심스럽게 안고 호스피스에게 가져다 제물처럼 경건히 바친다. 무기력해진 혈관으로 약물이 흘러들면, 가족들은 혹시나 하는 마음에 환자에게 다가오고, 고통의 바다에서 한 컵 정도의 통증이 덜어진다. 병원 근무가 끝나면 나는 집에 가서 엄청난 양의 논문을 쓸 수 있었다. 반면 일을 하러 가기 전에는 몇 시간이고 컴퓨터 앞에 앉아 있어도 아무 성과가 없기 일쑤였다. 책에서 어려운 부분을 발견하면 그것을 외웠다가 병원에 있는 동안 내 잠재의식이 그 의미를 풀어내도록 했다.

병원에서 근무하는 사람은 모두 여덟 시간 일하는 동안 20분씩 세 번을 쉬도록 되어 있었다. 하지만 배달 담당자들은 예상 밖으로 일이 바빠지더라도 휴식을 취하는 사람이 한 명 이상이 되지 않도록 서로 휴식 시간을 조절하도록 되어 있었다. 이 정책 덕분에 나만의 생각을 좇는 데에 있어 시간과 한계를 조절하는 능력을 기를 수밖에 없었고, 생각 속에 깊이 잠겨 있다가 거기서 얼른 빠져나오는 기술도 점점 좋아졌다. 나는 마치 반쯤 찬 양동이에 든 물을 이쪽저쪽으로 젓듯, 별 생각 없이 손만 움직이기를 몇 시간이고 계속하다가 20분 동안 생각하고, 금방 다시 손만 움직이는 일을 하는 패턴을 반복하는 데 능숙해졌다.

휴식 시간이 되면 나는 병원 건물들 사이에 자리한 조그마한 정원으로 나가 햇빛과 여과되지 않은 공기를 즐겼다. 어느 날 아침 나는 다리를 높이 올린 채 잔디에 누워 상체로 피를 보내려고 노력하면서 땅에 떨어진 담배 꽁초를 세고 있었다. "이른 아침의 햇살은 비스듬히 비치면서 박공지붕과 격자창문을 황금빛으로 물들였고, 그 오래된 평화의 빛이 내 마음마저 움직이는 듯했다." 그렇게 책의 52장에 나오는 부분을 암송하고 있는데 정원 저편 벽 뒤에서 직속상관이 얼굴을 내밀고 내게 들어오라고 손짓했다. 혹시 그사이 시간이 많이 흐른 것을 의식하지 못하고 휴식 시간을 넘긴 것은 아닌가 하고 깜짝 놀랐지만 시계를 보니 아직 5분이나 남아 있었다. 약국 실험실에 돌아간 나를 직속상관과 약사가 진지한 표정으로 보았다. "규제 약물을 가지고 나갈 때 왜 앞문으로 나가지 않아요?" 둘 중 하나가 물었다.

"뒤쪽 계단을 이용하기 때문이에요."

"하지만 그 계단을 통하면 호스피스 타워로 가는 구름다리로 갈 수가 없잖아요."

"카페테리아 배달구를 이용하면 가능해요."

"엘리베이터를 안 탄다고요?" 약학박사가 혼란스러운 표정으로 물었다.

"그게 지름길이에요. 그리고 그렇게 가면 기다릴 필요가 없어요." 내가 대답했다. "정말 그렇게 가는 게 빨라요. 시간을 재봤거든요. 그리고, 정말로… 위층에서 누군가가 심하게 아파하면서 약을 기다리고 있는 거잖아요. 그렇지 않나요?" 두 사람은 눈동자를 한 번 굴리고는 다시 일하기 시작했다.

내가 그 루트를 이용하게 된 것이 시간을 절약하기 위해서라는 것은 부분적으로만 사실이었다. 그 시절의 나는 몸에 흐르던 끝없는 에너지를 태워야 했다. 그 에너지는 때로 불길처럼 나를 덮쳐 한 번에 여러 날씩 잠을 못 이루고 밤을 새우게 만들었다. 병원 일을 하면서 나는 갈 곳이 생겼고, 완수할 임무가 있었고, 저만치 달아나버리는 내 생각들에 고삐를 채우는 데 도움이 되는 반복적인 일을 할 수 있었다.

오후 근무 시간이 끝나갈 무렵이면 늘 아파서 출근을 못하는 배달 담당자들이 전화로 자신의 부재를 보고했고, 어차피 잠을 못 잘 것 같은 날이면 나는 밤 근무도 자처했다. 시간이 흐른 후 나는 잠은 오지 않더라도 적어도 피곤은 해져서 집으로 향했다. 혼자 밤을 새우지 않아도 됐고, 보수까지 더 받으니 일석이조였다. "해변의 조개껍데기들과 조약돌들은… 내 마음을 차분하게 진정시켰다." 나는 10장에 나오는 문장을 되뇌었다. 거기다 더해 나는 뭔가 중요한 일을 하고 있는 것이다(혹은 그렇다고 나 자신을 설득시켰다).

내 배달 루트를 설명한 지 한 달쯤 지났을 때 내가 약국으로 들어가자 약사가 어딘가로 고개를 돌리며 소리쳤다. "리디아, 여기요." 그러고는 다시 나를 보며 설명했다. "리디아가 수액 주머니에 주사약 주입하는 법을 알려줄 거예요." 배달 담당으로서의 내 경력은 그렇게 끝이 났다. 리디아는 앉아 있던 자리에서 일어나 상관을 한 번 곁눈으로 봤다. 내 승진을 축하하는 표정은 전혀 아니었지만, 리디아의 훈련을 거쳐야 눈부신 급여 인상이라는 고지를 점령할 수 있었다.

"이쪽으로 와서 앉아!" 리디아가 걸걸한 목소리로 외쳤다. 나를 환영한다기보다는 약사의 신경을 거슬리게 하는 데 더 무게를 둔 발언인 듯했다. 나는 흥분하기 시작했다. 20장의 한 부분을 인용하자면 "내 심장은 새로운 즐거움에 대한 희망으로 두근거렸다". 약물이 주입된 수액 주머니를 배달하는 대신 내가 그걸 만들어서 누군가에게 건네 확인을 받고 배달시키게 된 것이다. 나는 작업대에 앉아 의자를 몸에 맞춰 정확히 조절하는 자신을 상상했다. 중요한 몸짓으로 약물 진열장으로 오가며 돈 많은 여자가 네일 케어를 받기 전에 자기가 원하는 색깔의 매니큐어를 정확히 고르듯 필요한 약병을 정확히 고르는 내 모습을 상상했다. 나는 자리에 앉아 자세를 바르게 하고, 어깨를 편 다음, 차분하지만 신속하게 마법의 약물을 만들어내는 내 모습을 상상했다. 누군가의 목숨이 달려 있는 문제 아닌가.

"자, 이걸로 머리를 뒤로 바짝 묶어." 내 얼굴 앞에 노란 고

무줄을 들이밀면서 그렇게 말하는 리디아의 목소리가 백일몽을 깨웠다. "화장 안 한 얼굴에 익숙해져야 할 거야. 내가 항상 이렇게 못생겨 보이는 이유를 알겠지?" 그녀는 비웃는 듯한 웃음을 띠며 말했다. 풀어헤친 머리, 매니큐어, 장신구 등은 약국에서 허용되지 않았다. 오염될 수 있는 표면이 더 많아지기 때문이다. 그래서 나도 병원 직원들에게서 볼 수 있는 '자연스러운' 복장을 하기 시작했다. 그 습관은 지금까지도 유지하고 있다.

직원들은 아르바이트 학생들과 전문 테크니션들로 반반씩 나눌 수 있었지만 나는 어느 쪽에도 속하지 않았다. 학생들과 마찬가지로 수업을 받고 시험걱정을 해야 했지만, 테크니션들과 마찬가지로 일을 너무 많이 했다. 어딘가 있을 곳이 필요했기 때문이다. 리디아는 소위 '종신 복역수'였다. 누구에게 물어도 리디아는 자기가 일을 시작하기 전부터 있었다고 했다. 내가 배낭을 사물함에 집어넣는 사이 리디아는 저장실에 있는 약물들의 차이를 나에게 가르쳐주겠다고 감독 약사에게 통고했다. 약물들은 화학 공식에 따라 가지런히 선반에 배열되어 있었다. 그녀가 저장실을 지나쳐 정원으로 나를 데리고 나갈 때 나는 조금밖에 놀라지 않았다.

리디아는 두 가지로 유명했다. 휴식 시간과 운전이었다. 그녀는 여덟 시간의 교대근무 중 허락된 휴식 시간 90분을 모두 근무를 시작하자마자 몰아서 사용했고, 여덟 시간을 한가하게 보낼 경우에 피울 수 있는 담배 세 갑을 모두 그 휴식 시간에 피웠다. 60분 만에 담배 60개비를 피운다는 것은 보통 집중력을 필요로 하는 일이 아니다. 그 작은 정원에서 리디아가 어디 있는지 찾는 건 쉬웠지만 그녀는 늘 누군가와 대화를 나눌 정도로 한가해 보이지 않았다. 휴식 시간이 끝난 후 근무에 들어가면 리디아는 엄청나게 생산성이 높고 기민하게 일하지만 약 다섯 시간쯤 지나고 나면 사람들은 그녀를 슬슬 피하기 시작한다. 조금이라도 비위를 상하게 했다간 엄청난 폭발을 감수해야 하기 때문이다. 근무 시간이 20여 분 정도 남은 때부터는 약사들조차 뻣뻣한 자세로 시계를 쳐다보면서 떨리는 주먹에 멸균 주사를 움켜쥐고 앉아 있는 그녀를 피한다.

그녀의 평소 태도를 고려하면 의외지만 리디아는 자신과 비슷한 밤시간에 근무를 마치는 여직원들을 집까지 태워주겠다고 고집하곤 했다. 이런 전략적인 관대함에 대한 설명은 오직 "빌어먹을 강간범들"에 관한 앞뒤가 맞지 않는 중얼거림뿐이었다. 영하 20도의 추위를 견딜 수 있는 옷을 입은 채 병원 근처를 밤 11시까지 맴돌다가 피곤에 전 간호학과 학생들이 자신의 사냥터에 걸어 들어오기를 기다리는 강간범을 상상하기는 힘들었지만, 그 지역의 1월 날씨는 집에 태워다주겠다는 제안을 거절할 수 있는 종류의 것이 아니었다.

리디아의 차인 동시에 간접흡연 가스실을 겸한 그 공간에서 석방되고 나면 집에 들어가기 전 복도에서 작업복 탈의부터 해야 한다. 그러지 않으면 아파트 전체가 일주일 동안 석탄광부협회 휴게실 같은 냄새로 진동한다. 리디아는 차에서 내린 사람이 집에 들어가서 현관 불을 한 번 껐다가 켜기 전까지는 절대 그 자리를 뜨지 않았다. "고자로 만들어줘야 할 놈이 혹시 기다리고 있으면 불을 몇 번 깜빡거려." 그녀는 우리에게 엄마처럼 당부하곤 했다. "그녀는 엄마를 대신하지는 않았다. 누구도 그렇게 할 수는 없었다. 하지만 그녀는 내 가슴의 빈 자리에 들어섰고, 그곳을 채웠다." 나는 4장의 한 부분을 기억하고 혼자 미소 지었다.

내가 약국 실험실에 배치되자마자 정원으로 간 리디아와 나는 야외 테이블과 함께 놓여 있는 철제 의자에 앉았다. 그녀는 윈스턴 라이트 담뱃갑을 양말목에서 꺼내 손바닥에 세 번 내리쳤다. 그러고는 내게 평화의 상징처럼 담뱃갑을 밀고 나서 시멘트에 심겨 고생하는 자작나무 가지에 쇠사슬로 묶인 공용 라이터로 불을 켰다. 그녀는 발을 테이블 위에 올리고 눈을 감은 채 담배를 길게 빨았다. 나는 담배를 피우지 않았지만 그녀의 담뱃갑에서 담배를 모두 꺼냈다가 다시 집어넣기를 반복하면서 앉아 있었다.

내 눈에 리디아는 완전 할머니였으니 아마도 35세 정도 되었을 것이다. 그녀의 행동으로 보아 그 35년 중 적어도 34년은 고생했을 거라고 나는 추측했다. 그리고 아마 연애운도 없었을 것이라는 결론도 내렸다. 혹 운이 좋아 결혼했더라도 아침에 학교에 보낸 아이들이 집에 올 때까지 종일 큰 머그잔으로 술을 들이켤 것 같은 전형적인 인상이었기 때문이다. 책의 36장은 나보다도 훨씬 이 느낌을 잘 표현하고 있었다. "그녀는 뭔가 사나운 존재 같은 느낌을 줬다. 긴 사슬을 끌고 너무도 많이 걸어서, 이미 다져진 길을 계속 걷고 또 걸어 심장까지 지쳐버린 그런 존재 말이다."

놀랍게도 리디아는 나에 관해 궁금해했고, 어디 출신인지 물었다. 고향 마을 이름을 대자 그녀는 말했다. "아, 들어본 적 있어. 큰 돼지 잡는 공장 있는 동네 맞지? 맙소사, 너 완전 지옥에서 탈출했구나." 나는 그냥 어깨를 으쓱해 보였고 그녀는 말을 이었다. "음, 그보다 더 나쁜 곳은 딱 한 군데밖에 없어. 그건 바로 저 북쪽에 있는 내가 자란 얼어붙은 지옥이야." 리디아는 아직 연기가 나는 꽁초를 땅에 던지고는 손목시계를 힐끗 본 다음 새 담배에 불을 붙였다.

우리는 그렇게 5분 정도 침묵 속에 앉아 있었다. 그러다가 마침내 그녀가 숨을 푹 내쉰 다음 말했다. "들어갈 준비 됐어?" 나는 대답 대신 어깨를 으쓱해 보였고, 우리는 동시에 일어섰다. "내가 하는 대로만 하면 돼, 알겠지? 천천히 할 테니까. 괜찮을 거야." 그녀가 말했다. 그리고 그것으로 약학에 관한 내 공식적인 훈련은 끝났다. 나는 여전히 엄청나게 아픈 사람의 핏줄에 주사할 멸균 상태의 약품을 어떻게 조합할지 확실히 알지 못했지만 일을 하면서 배우게 될 것이라고 추측했다.

리디아 옆자리에 앉아서 그녀가 하는 대로 조심스럽게 따라 하는 것은 멸균 주사약 제조법을 배우기에 나쁘지 않은 방법이었다. 그 일은 무언가를 만든다기보다는 손으로 춤추는 것과 비슷했기 때문이다. 야외가 됐든 실내가 됐든 우리가 접하는 공기 중에는 보통 때는 몸속에 들어와도 아무 문제도 일으키지 않을 미생물들로 가득하다. 뇌나 심장처럼 진짜로 맛있는 부분에는 접근할 수 없기 때문이다. 외부에 노출된 우리 피부는 두껍고, 빈틈이 없고, 눈, 코, 입, 귀처럼 피부가 열린 부분은 내부에 이런 미생물들이 들어가지 못하도록 점액과 왁스의 보호를 받는다.

이것은 동시에 모든 병원의 모든 주삿바늘이 운 좋은 박테리아에게 로또 복권이 될 수 있다는 의미이다. 주사액과 함께 몸속에 주입되는 충격에서 회복하고 나면 핏줄을 타고 즐겁게 여행하다가 예를 들어 신장과 같은 조용한 막다른 골목에 정박할 기회를 잡을 수 있다. 명당에 자리 잡은 박테리아는 번식을 하고, 동시에 풍부한 독극물도 생산해낸다. 내부 기관 가까이에서 만들어지는 이런 독극물에 대처하기란 훨씬 더 힘들다. 박테리아는 위험 요인 중 하나일 뿐이다. 바이러스와 효모균도 이와 비슷한 파괴 능력이 있기 때문이다. 주삿바늘을 멸균 상태로 유지하는 것이야말로 이런 공격을 막는 현대의학의 가장 큰 방어 수단이다.

간호사가 근육 주사를 놓거나, 피를 뽑을 때 바늘은 피부에 들어갔다 나오면서 짧은 시간 동안 비교적 작은 구멍을 내고, 그 후 피부가 구멍을 닫으면서 다른 것들이 들어오지 못하게 막는 방화벽을 몇 단계로 설치한다. 주사를 놓는 사람은 멸균을 시킨 후 감염을 막는 플라스틱 뚜껑을 씌운, 끝이 날카로운 주사기를 써서 박테리아가 몸속에 들어가는 것을 방지한다. 주사를 놓기 전에는 맞을 부위에 알코올(이소프로판올)을 문질러 피부의 가장 바깥 층에 혹시라도 묻어 있을지 모르는 박테리아를 제거해 주삿바늘과 함께 해로운 유기체가 몸속으로 진입하는 것을 막는다.

혈관 주사는 다르다. 간호사는 피부를 소독하고, 주삿바늘을 꽂은 다음 몇 시간이고 그대로 둔다. 말하자면 주삿바늘과 주사관, 그리고 주사액을 담은 주머니 모두가 환자 핏줄의 연장이고, 주머니에 든 용액이 환자 혈액의 일부가 되는 것이다. 약주머니를 환자의 머리보다 높은 위치에 둬서 혈액이 주머니 속으로 들어가지 않고, 주머니 속의 약이 몸속으로 들어가도록 한다. 그리고 의사가 필요하다고 생각하면 펌프를 사용해서 약물이 몸속으로 더 쉽게 들어가도록 하기도 한다. 약주머니 속에 든 내용물 전체가 환자의 혈액과 섞이고, 두 액체가 섞인 후 필요하지 않게 되어 남은 용액은 배수함, 즉 환자의 방광으로 모여서 배출된다.

이런 구조에서는 박테리아가 활동할 수 있는 영역이 훨씬 넓어진다. 감염을 일으킬 수 있는 부위가 주삿바늘 끝에만 국한되는 것이 아니라 주사약 자체는 말할 것도 없고, 약주머니와 주사관 안쪽 표면 전체로 확장돼서, 주사만 사용하는 것에 비해 100배 이상이 된다. 혈관 주사에 사용되는 기구 전체가 멸균 상태로 유지돼야 하는 것은 물론, 약물이 혼합되고, 첨가되는 과정에서 기구의 어느 부분도 접촉하는 것, 심지어 그 이전 과정인 약품의 화학적 요소들이 합성되고 저장되는 과정 모두 멸균 상태여야 한다는 의미이다.

혈관 주사의 장점은 의사가 환자의 몸속에 약품을 신속하게, 그리고 상당한 기간 동안 주입할 수 있다는 점이다. 심장마비가 오면 우리 뇌는 어찌어찌 삼킨 약이 위를 거치고 장을 거쳐 심장까지 도달해서 심장이 피를 보내주기를 바라며 기다릴 여유가 없다. 그렇다면 환자의 몸무게와 증상에 맞도록 조합된 활성 약물을 1리터의 수액에 섞어 넣으면서 동시에 모든 것을 멸균 상태로 유지하려면 어찌 해야 할까? 만일 응급실이나 중환자실에서 필요한 수액이라면 10분 이내에 모든 준비를 마쳐야 한다. 그럴 때 잠을 못 이루는 십 대 견습생이 줄담배 피워대는 여자 바텐더에게 일을 배우며 지하실에서 행동개시 준비를 하고 기다린다는 사실은 그야말로 환자에게 행운이 아닐 수 없다.

* * *

가장 첫 번째로 할 일은 깨끗한 작업 공간을 만드는 것이다. 머릿속에서 시각적으로 상상하기는 힘들지만 사람의 머리카락

지름의 300분의 1정도 되는 구멍들로 이루어진 망으로 공기를 통과시키면 박테리아, 효모를 비롯한 미생물들을 제거할 수 있다. 혈관 주사로 투여할 약을 준비할 때 나는 망을 통과한 공기가 나를 향해 불어오는 벽 앞에 앉아야 한다. 나와 그 벽 사이에는 멸균 상태의 공간이 만들어지기 때문에 거기서 기구를 열고, 약품을 준비하고, 다시 밀봉하는 작업을 할 수 있다는 의미가 된다.

장갑을 낀 뒤 제일 먼저 해야 할 일은 이소프로판올 분무제로 작업대 전체를 씻는 일이다. 작업대, 장갑 낀 손 할 것 없이 엄청난 양의 이소프로판올을 반복해서 분무하고 휴지로 거듭 닦아낸다. 모든 표면은 이소프로판올로 젖어 축축하지만 얼마 가지 않아 멸균 공기가 모든 것을 말려버린다. 그 와중에 이소프로판올을 흠뻑 담은 바람이 얼굴로 직접 불어대기는 하지만 말이다.

나는 텔레타이프 카운터로 가서 가로세로 5센티미터 정도 되는 처방전 스티커를 고른다. 거기에는 환자의 이름, 성별, 위치, 그리고 필요한 약의 조합들을 의미하는 코드가 적혀 있다. 나는 밀봉된 수액 주머니를 하나 고른다. 포장된 돼지고기 모양과 감촉을 가진 그 수액은 '수액 펌프질' 테크니션들이 식염수 혹은 링거액을 1리터씩 채워 준비해둔 것들이다. 링거액은 식염수에 설탕물을 약간 섞은 것으로 1882년 시드니 링거라는 사람이 이 액체에 죽은 개구리의 심장을 반복해서 담그면 심장이 다시 뛴다는 것을 발견한 뒤 널리 사용되기 시작했다. 처방전을 읽으면서 나는 수액 주머니 하나를 골라 스티커 뒤에 붙은 종이를 떼고 주머니의 위쪽에 붙인다. 스티커는 주머니를 걸고 환자에게 주사액을 주입할 때 글씨가 제대로 보이도록 거꾸로 붙여야 한다.

나는 주머니를 가지고 약품 저장 테이블로 가서 필요한 고

농도 약품들을 고르고, 자주 쓰기 때문에 늘 가지고 있는 약품들도 보충한다. 이 약들은 고무 뚜껑이 달린 작은 병에 담긴 채 내용물을 빨리 알아차리도록 하기 위해 색깔 코드로 분류되고, 뚜껑 주변이 알루미늄으로 밀봉되어 있다. 유리와 쇠로 된 그 병들은 밤낮없이 밝은 조명이 내리 쬐는 실험실 선반에서 반짝반짝 빛난다. 보석처럼 빛나는 그 병들 중 일부는 영웅적인 인간 기부자의 몸 혹은 불운한 동물의 몸에서 추출된 액체 단백질 농축액 미량이 들어 있는, 그야말로 소중한 것들이다. 반짝거리는 작은 병들 안에는 가차없이 몸을 헤집는 종양의 전진을 잠시나마 저지해서 환자가 하루 혹은 일주일의 시간을 벌어 수많은 나쁜 기억을 지우고 중요한 작별 인사를 할 기회가 담겨 있었다. 적어도 나는 일을 하면서 그렇게 상상했다.

작업대로 돌아가 필요한 물건들을 작업대 앞쪽에 일렬로 나란히 세운다. 약을 주사할 수액 주머니를 왼쪽에 놓는데, 이때 주삿바늘이 들어갈 부분이 멸균 바람이 불어오는 방향으로 놓이도록 주의를 기울여야 한다. 거꾸로 붙여진 스티커는 내 방향에서는 바로 읽을 수 있도록 놓여 있다. 나는 주머니에 주사할 순서대로 약품을 띄엄띄엄 세워 정렬한다. 각 약병 옆에는 스티커에 나온 용량에 맞는 주사기를 놓는다. 그런 다음 왼쪽부터 오른쪽까지 스티커에 있는 단어와 약병에 있는 단어를 비교하며 하나하나 다시 점검한다. 전체 이름을 다 읽으면 시간 낭비가 많기 때문에 각 단어의 첫 세 글자만 확인한다.

그러고는 숨을 한 번 크게 쉰 다음 알코올 솜 한 뭉치를 집어 든다. 찢어서 여는 포장지 안에 약간 접혀진 채 들어 있는, 내 취향에 딱 맞는 솜들이다. 손이 떨리지 않게 마음을 안정시킨 다음 수액 주머니로 손을 뻗어 내가 서 있는 쪽 반대 방향으로 놓인 주삿바늘 주입구의 봉인을 뗀다. 그러고는 알코올 솜 포장지를 열고 주삿바늘이 들어갈, 고무로 된 입구를 닦는다. 이때 내 손이 그 부분과 멸균 바람이 부는 벽 사이를 지나가지 않아야 한다. 그런 다음 주입할 첫 약병을 새 알코올 솜을 사용해 같은 방법으로 닦는다.

왼손으로 작은 약병을 거꾸로 뒤집는 동안 오른손으로는 주사기의 뚜껑을 연다. 모든 물건은 놓치지 않도록 쥐어야 하지만 그것들을 성스러운 빛으로부터 가리면 안 되기라도 하듯 내 손가락은 물건의 뒤쪽에 머물러야만 한다. 처방전 스티커에 명시된 정확한 양의 약을 주삿바늘로 뽑아낼 때 밀리미터 단위도 틀리지 않도록 눈이 액체 눈금과 평행을 이루도록 주의해야 한다. 왼손의 근육을 이용해서 약병을 들어올려 주삿바늘에서 빼내는 동시에 오른손에서 힘을 빼서 주사기가 약병과 분리되는 순간 약이 바늘 끝에서 한 방울이라도 흐르지 않도록 해야 한다.

약병을 조심스럽게 내려놓고 주삿바늘을 내 반대편으로 놓인 수액주머니의 주입구에 찔러 넣는다. 주삿바늘을 위로 올려 빼고 나면 그 바늘은 쓸모가 없어진다. 주사기의 밀대를 지금 막 주사한 용량 위치로 다시 움직인 다음 작업대 밖에 있는 빈 트레이에 놓는다. 방금 주사한 약병을 조심스럽게 봉인한 다음 사용한 주사기 오른편에 놓는다. 처방전에 나온 약은 모두 이 과정을 반복해서 수액 주머니에 주입한다. 그런 다음 조심스럽게 플라스틱 뚜껑으로 수액 주머니를 재밀봉하고, 같은 트레이에 주삿바늘의 반대편을 향하도록 놓는다.

그런 다음 장갑을 벗고, 펜을 들고 주머니에 붙은 스티커 한

귀퉁이에 내 약자를 적어넣고, 무언지 모를 책임을 일부 나눠 가진다. 그 트레이를 선임 약사 앞에 놓인 트레이에 놓는다. 그는 모든 스티커, 주사기, 약병을 하나하나 꼼꼼히 재확인해서 처방과 내용물이 틀리지 않는지 확인한다. 실수가 발견되면 수액 주머니를 폐기처분하고, 처방전을 다시 인쇄해서 서둘러 약을 준비한다. 그럴 때면 종신 복역수들이 나선다.

그날이 내가 실험실에서 보내는 첫날이든 아니든 아무도 상관하지 않는다. 연습도 없다. 단지 일을 제대로 처리했는지 못했는지만이 중요하다. 약국에서는 텔레타이프에서 누군가가 더 간단한 처방전만 계속 골라가지 못하게 하고, 각 약병의 내용물을 모두 사용한 다음 새 병을 여는지 확인하기 위해 일하는 동안 끝없이 모니터링을 한다. 그리고 작은 실수로도 누군가가 죽을 수 있다는 사실을 끊임없이 상기시킨다. 필요한 시간에 맞춰 준비할 수 있는 수액의 양은 늘 처방전 수에 턱없이 못 미치기 때문에 우리는 항상 허덕였다. 병가를 내는 사람이 많을수록, 실험실에서 일하는 사람 수가 적을수록, 더 빨리 일해야 하고 더 허덕여야만 했다.

이 끔찍하고 비효율적인 시스템이 제대로 작동하지 않고 있다는 사실과 우리가 범죄자나 기계가 아니라는 걸 주장할 시간조차 없었다. 그저 우리밖에 의지할 데가 없는, 또다른 무리의 일에 지친 사람들이 보내는 끊임없는 처방전들이 있을 뿐이었다.

병원에서 일하면서 배운 것은 이 세상에 두 종류의 사람만이 있다는 사실이었다. 아픈 사람과 아프지 않은 사람. 아프지 않은 사람은 입을 다물고 도와야 한다. 25년이 지난 후에도 나는 그 시각이 잘못된 세계관이라고 부정하지 못하고 있다.

* * *

작업대 앞에서 리디아는 정말이지 위대했다. 어쩌면 같은 일을 일주일에 60시간씩 20년 동안 계속한 것도 그 이유의 일부일지도 모른다. 그녀가 분류하고, 소독하고, 주사하는 것을 보고 있자면 중력에 반하는 동작을 해내는 발레리나를 보는 느낌이었다. 민첩하게 움직이는 리디아의 손을 보면서 나는 7장에 나오는 부분을 상기했다. "아마추어에게만 가능한 가벼운 손놀림으로, 아무런 설명서도 없이(내가 보기에 그의 머릿속에는 모든 것이 들어 있는 듯했다)." 첫날 나는 그녀가 적어도 20개의 수액을 준비하는 것을 지켜봤다. 어떨 때는 눈을 감고도 하는 듯했지만 실수는 한 번도 없었다. 나는 리디아가 모종의 최면 상태에서 일하는 거라고 확신했다. 그녀의 뇌에 충분한 양의 산소가 공급되는 것이 전혀 가능하지 않아 보였기 때문이다. 작업 과정에서 가장 큰 실수는 멸균된 공간에서 재채기를 하거나 체액을 흩뿌리는 것이다. 평소에는 숨을 내쉬는 행위 자체가 기침에 가까운 리디아가 약품을 주입하는 동안에는 호흡을 거의 슈퍼맨처럼 조절했다.

첫날 작업을 시작한 지 한두 시간 만에 단순한 전해질 용액 몇 개를 성공적으로 준비하고 나자, 내 상관은 좀더 복잡한 처방전을 처리하라고 종용하기 시작했다. 일이 밀리고 있었기 때문이다. '벤조 백benzo bag'이라는 비교적 단순한 처방전을 시도했지만 안정제를 주입한 다음 갑자기 겁이 덜컥 났다. 만일 내가 생각한 것보다 약이 더 들어갔다면 환자가 예상치 못한 영구적 안정 상태로 들어가버릴 수도 있다는 생각이 들었기 때문이었다. 우리에 갇힌 동물처럼 겁이 난 나는 순간적으로 아무 일도 없는 것처럼 슬쩍 넘어가버릴까 생각했다. 하지만 금방 정신을 차리고 보니 그 생각이 얼마나 미친 짓이었는지 깨달았다. 나는 주머니를 들고 싱크대로 가서 칼로 갈라 내용물을 모두 하수구로 흘려보냈다. 약사가 나를 흘겨보고 있었다. 리디아에게 돌아간 나는 잠시 휴식 시간을 갖자고 제안했다.

정원에 나가서 나는 털어놨다. "이 일을 할 수 있을 것 같지가 않아요. 지금까지 무슨 일을 하면서 이렇게 스트레스를 받아본 적이 없어요."

리디아가 킥킥 웃었다. "이 일을 너무 심각하게 생각하는구나. 이게 뇌수술 하는 게 아니란 걸 잊지 마."

"알아요, 뇌수술실은 5층이라는 거." 나도 심부름꾼들이 하루에도 적어도 다섯 번씩은 서로 하는 농담으로 대답했다. "하지만 전혀 소질이 없는 일이면 어떡해요?" 나는 끙끙거리며 말을 이었다. "뭘 제대로 했는지 안 했는지 기억도 못할 때가 많아요."

리디아는 주변을 한번 살핀 다음 내게 몸을 기울이고 말했다. "잘 들어. 멸균에 대해 해줄 말이 있어." 그녀는 다시 몸을 펴고 작은 목소리로 말을 이었다. "주삿바늘을 핥거나 하는 이상한 짓을 해도 된다는 이야기는 아니야. 손에 뭐가 묻은 채로 일을 하면 환자가 죽을 수도 있겠지. 근데 그 환자들은 어차피 죽게 되어 있어." 뭐라 대답할 말이 없었다. 그리고 리디아는 설명해야 할 일은 모두 설명했다고 생각하는 듯했다. 그래서 우리는 그녀가 담배를 피우는 동안 아무 말도 없이 나란히 앉아 있었다.

조금 후에 나는 관자놀이를 누르며 말했다. "아이고, 머리 아파라. 리디아, 그렇게 맨날 알코올을 들이마시고도 우리 폐가 성할까요?"

리디아는 입에 담배를 문 채로 나를 봤다. 그 표정을 보니 내가 구제불가능할 정도로 멍청하다는 그녀의 생각을 완전히 증명한 듯했다. 그녀는 담배를 길게 빨아들인 다음 연기를 내뿜으며 대답했다. "네가 보기엔 어떤 것 같아?"

휴식을 마치고 돌아가자마자 나는 몸을 사리지 않기로 작정을 하고 복잡한 화학 요법 처방전을 집어 들었다. 실험실에서 지내는 첫날을 완전히 헛되이 보낼 수는 없다는 결의에 가득 찼다. 처방전에 따라 정확히 수액을 준비한 후 자랑스러워하고 있는 나에게 격노한 약사가 다가와서 내 얼굴 바로 앞에 아주 귀중한 인터페론이 든 작은 약병을 들이댔다.

"네가 지금 막 이 병 전체를 못 쓰게 만들었어!" 그녀는 분노에 가득 찬 목소리로 꾸짖었다. 몇 분 전에 내가 이 귀중한 면역력 증강제를 주사한 다음 봉인하지 않은 채 작업대에서 그 병을 치웠기 때문에 병에 남아 있던 약품은 오염돼서 다시 사용할 수 없게 된 것이다. 그 작은 실수로 적어도 천 달러어치는 되는 약품이 못 쓰게 됐고, 골치 아픈 서류 작성이 산더미처럼 생기고 말았다. 어릴 적 수업시간에 급우들과 다른 페이지를 읽다가 나 때문에 늘 골치 아파하고 지친 선생님한테 들켰던 적이 있는데, 그 이후로 경험해보지 못한 부끄러움을 느꼈다. 내 머릿속 책 7장의 주인공이 된 나는 "부끄러움으로 붉어진 얼굴과 후회로 무거워진 심장으로 그를 바라봤다".

기회를 포착한 리디아가 끼어들어 뚜껑이 열리기 직전이 된 약사에게 말했다. "얘는 휴식이 필요해요. 하루 종일 한 번도 안 쉬었어요. 자, 가자. 나가자." 리디아와 나는 다시 그 교대시간에 벌써 몇 번째인지도 모를 휴식을 취하기 위해 실험실을 나섰다.

정원으로 간 나는 주저앉아 두 손으로 머리를 감쌌다. “여기서 해고되면 뭘 해야 할지 모르겠어요.” 눈물이 나오려는 것을 참으려니 딸꾹질이 나왔다.

“해고된다고?” 리디아가 깔깔 웃었다. “맙소사, 걱정 마! 이 지옥 같은 데서 해고당하는 사람을 본 적이 없어. 아직 몰랐니? 여기는 해고되기 전에 사람들이 스스로 그만두는 곳이야.”

“난 그만둘 수 없어요.” 그래도 나는 걱정이 돼서 털어놨다. “돈이 필요하거든요.”

리디아는 담배에 불을 붙이고 깊이 연기를 들이켜며 나를 바라봤다. “그래.” 그녀가 슬픈 표정으로 말했다. “너랑 나 같은 사람들은 그만둘 수가 없는 사람들이지.” 그리고 내게 내민 윈스턴 라이츠 담뱃갑을 나는 그날 여섯 번째 거절했다.

그날 밤 리디아의 차를 얻어 타고 집에 가면서 나는 약국에서 아무 말 없이 조용히 일을 하는 그 긴 시간 동안 무슨 생각을 하는지 물었다.

그녀는 잠시 생각에 잠겼다가 대답했다. “전남편 생각.”

“한번 맞춰볼까요?” 나는 용기를 내봤다. “감옥에 있어요?”

“가고 싶어 하지.” 그녀가 코웃음을 치며 말했다. “그 망할 놈, 지금 아이오와에 살아.”

미네소타 주를 두고 하는 농담만큼이나 오래된 그 농담에 우리는 차에 앉아 소리 내어 웃었다. 내 머릿속에 7장의 한 대목이 맴돌았다. “딱하기 짝이 없는 작은 개 같은 우리, 잿빛처럼 창백한 얼굴로, 심장은 발끝까지 떨어진 채로 웃음을 터뜨린다.”

약국으로 처방전이 몰려드는 속도가 좀 느려지고, 앉아 있는 것이 지겨워지면 나는 혈액은행으로 가서 응급실에 보낼 혈액이 있는지 묻곤 한다. 모든 관계자들이 혈액형과 양을 반복적으로 확인하는 것을 기다리며 서성거릴 기회가 많아서 에너지를 태울 수 있는 좋은 기회다.

카운터에서 3시부터 11시까지 일하는 종신수는 클로드였다. 리디아만큼 고대인은 아니지만 스물여덟이라는 원숙한 나이이니 나에게는 노인네와 같았다. 클로드는 정말로 흥미로운 사람이었다. 내가 아는 사람들 중 유일하게 감옥에 갔던 경력이 있는 동시에 내가 아는 사람들 중 가장 악의 없는 사람이었기 때문이다. 힘든 인생을 살아서 나이보다 늙어 보였지만 그것 때문에 한이 맺힌 것 같지도 않았다. 아마도 한곳에 깊이 오래도록 집중할 수가 없어서 그런 것 아닌가 하고 추측했다. 혈액은행 카운터 근무는 단연 병원에서 가장 쉬운 일이었고, 클로드는 그 사실에 대해 약간 혼란스러운 긍지를 가지고 나에게 뽐내곤 했다.

클로드는 자신이 기억할 일은 딱 세 가지라고 설명했다. 혈액을 해동하고, 확인하고, 버리는 것. 클로드는 근무를 시작하자마자 냉동실에서 벽돌처럼 딱딱하게 얼어붙은 혈액 주머니들이 높이 쌓인 궤짝들을 수레에 싣고 나와 영상 5도의 해동실로 옮겨 그것들을 녹인다. 혈액은 헌혈을 받아 처리된 후 바로 냉동 저장되기 때문에 사용하려면 서서히 해동되어야 한다. 클로드의 수레에 실려 냉동실에서 나온 혈액들은 교대근무 3회가 지난 후에 사용될 것이다. 해동실에 혈액을 옮긴 후 클로드가 하는 일은 카운터를 약 일곱 시간 정도 지키면서 혈액 요청서를 가지고 누군가가 오기를 기다리는 것이다. 혈액을 내보내는 서류에 서명하기 전 클로드는 혈액 주머니에 적힌 혈액형과 요청서에 적힌 혈액형을 확인, 또 확인해야 한다. 어떨 때는 수술실에 전화를 해서 재확인하기도 한다. 그는 내게 "적어도 네 가지에서 여섯 가지"의 서로 다른 혈액형이 있어서 잘못된 혈액을 보내면 "누군가가 죽기 때문에 완전히 그 혈액을 낭비해버릴 위험"이 있다고 설명했다. 나는 누군가의 죽음과 혈액의 낭비가 클로드의 마음속에서 분리되지 않고 있다는 사실에 마음이 불편했다.

클로드가 혈장이 담긴 누르스름하고 축 처진 주머니를 세 개씩 한꺼번에 탁 소리를 내면서 놓을 때면 고향의 메인 스트리트에 늘어선 정육점을 연상하지 않을 수가 없었다. 특히 엄마가 주문한 부위를 큰 소리를 내면서 나우어 씨가 잘라주면 그것을 들고 집으로 돌아가서 가족의 저녁 식사 준비를 돕던 것이 생각났다. 근무 시간이 끝나갈 무렵, 해동해놓고 사용하지 않은 혈액 주머니들을 버리는 것도 클로드의 임무다. 위험 물질 폐기구에 버려진 수십 리터의 혈액 주머니들은 거기서 하루 동안 모인 다른 의료 폐기물과 함께 소각된다. 정말 아깝다는 생각이 들었다. 나는 시민들이 좋은 마음으로 무리해가면서 기부한 혈액을 한아름씩 들고 나가 쓰레기장에 버리는 것을 보니 정말 마음이 안 좋다고 말했다.

"너무 마음 아파하지 마." 클로드는 진심으로 내 마음을 위로하고 싶은 듯 말했다. "대부분 과자 얻어먹으려고 헌혈하는 불량배의 피야."

혈액은행에서 일하는 남자들은 약국의 배당 담당자들에게 치근덕거리는 것으로 악명이 높았다. 그래서 클로드가 나한테 관심을 보이기 시작했을 때 특별히 기분이 좋지는 않았다. "구급차 몇 대가 한꺼번에 들어오는 소리가 들려서 네가 내려오지 않을까 기다렸어." 혈액 요청서를 가지고 간 내게 어느 날 그가 말했다. 나는 그런 상황에 대비해서 머릿속에 상세히 그려놓은 상상의 미대생 남자친구를 언급하지 않을 수가 없었다.

"남자친구가 있는데 왜 여기서 일을 해?" 클로드가 물었다. 그제서야 나는 남녀 간의 관계에 대한 그의 이해가 나보다 훨씬 깊다는 사실을 어렴풋이 깨달았다. 나는 미대생들은 정말 멋지게 생기고, 1941년 올스타전 타석에 선 테드 윌리엄스의 사진을 연상시키는 고뇌에 찬 표정을 하고 있긴 하지만 대부분 돈이 한 푼도 없다고 변명을 늘어놨다.

"아, 그러니까 그 사람 대마초 살 돈을 네가 대야 하는구나." 클로드가 냉소적으로 한 말인지 아닌지 나는 판단할 수가 없었고, 상상 속 남자친구를 변호할 마땅한 대꾸도 생각이 나지 않았기 때문에 아무 말도 하지 않았다.

나는 밤 11시부터 아침 7시까지의 근무를 자청하고 특히 화요일과 목요일 아침에는 항상 일하려고 노력했다. 정신과 병동에 '기절 주머니'를 한 수레 만들어서 배달하기 위해서다. 기절 주머니는 식염수에 드로페리돌이라는 이름의 안정제를 섞어서 만든 혈관 주사로 '전기 경련 요법electroconvulsive therapy(의료관계자들은 'ECT'라고 부르고 일반인들에게는 '충격 요법'으로 잘못 알려져 있다)'을 하는 동안 마취제로 사용된다. 환자들은 일주일에 두 번씩 아침 일찍 준비하고 이동침대에 누워 전기 요법을 받기 위해 복도에 줄지어 기다린다. 그러고는 한 명씩 조용한 방으로 실려가 의사와 간호사들이 바이탈 사인(호흡, 체온, 심장박동 등의 측정치—옮긴이)을 모니터링하면서 머리 한쪽에 전기 자극을 가하는 치료를 받는다. 치료 기간 내내 환자는 내가 가져다 준 마취제에 흠뻑 젖어 있다.

따라서 수요일과 금요일은 병동의 분위기가 훨씬 좋다. 몸만 살아 있지 죽은 것이나 다름없다고 여겨졌던 환자들이 일상복을 입고 앉아 있는 경우도 많다. 어떤 사람은 잠시나마 나와 눈을 맞추기도 했다. 그와 대조적으로 일요일과 월요일은 정신과 병동 최악의 날들이다. 환자들이 몸을 앞뒤로 반복적으로 흔들고 앉아 있거나, 침대에 누운 채로 몸을 긁어대거나 신음하는 동안 엄청나게 능력 있지만 아무런 도움을 주지 못하는 간호사들이 그들을 돌본다.

이중 잠금장치가 되어 있는 정신병동에 처음 들어갔을 때 나는 겁이 났다. 그런 곳에서는 사악한 기운이 언제든지 나를 공격할지도 모른다는 근거 없는 생각이 들었기 때문이다. 그러나 일단 들어가보니 그곳은 내가 본 곳 중에서 가장 천천히 움직이는 곳이었고, 거기 있는 환자들은 절대 치유될 것 같지 않은 상처 속에서 시간이 멈춰버렸다는 것 말고는 우리와 다른 점이 없다는 사실을 깨달았다. 정신과 병동의 고통은 너무도 진해서 그곳을 방문하는 사람은 여름날의 습기 찬 공기에서 숨 쉴 때처럼 그 고통을 들이마시는 느낌을 갖게 된다. 나는 얼마 되지 않아 정말 어려운 일은 환자들로부터 나를 보호하는 것이 아니라 그들을 향해 점점 커져가는 나의 무관심으로부터 나 자신을 보호하는 것이라는 사실을 깨달았다. 처음 읽을 때는 수수께끼 같던 59장의 그 문장은 이제 내게 일상적인 것이 되었다. "그들은 안으로 향해 있었다. 자신의 심장을 갉아먹어야 하지만, 자신의 심장은 절대 포만감을 주지 못했다."

병원 실험실에서 몇 달을 일한 후 나는 수액을 준비하는 데 굉장히 능숙해져서 리디아에 맞먹는 속도를 내기 시작했고 때로 그녀를 능가하기까지 했다. 결국 담당 약사의 재확인 과정에서 실수가 발견되는 일이 없어졌고, 얼마 가지 않아 자신감은 따분함으로 변했다. 나는 약품들을 정렬시키는 방법부터 텔레타이프로 걸어가는 걸음 수에 이르기까지 모든 일에서 시간을 절약하는 방법을 개발하는 것으로 따분함을 달랬다. 각 처방전에 쓰인 이름을 자세히 보다가 날마다 같은 수액을 필요로 하는 많이 아픈 환자들의 이름을 외우게 됐다. 그리고 조산된 아기들에게 줄 복잡한 약들을 희석해서 만드는 조그마한 수액 주머니들도 만들기 시작했다. 그 주머니들엔 이름 대신 "존스 씨 아기, 남아" 혹은 "스미스 씨 아기, 여아" 등 엄마의 이름과 아기의 성별로만 표시되어 있었다.

간혹 '처방전 폐기서'를 받기도 했다. 사용 빈도가 훨씬 낮은 두 번째 텔레타이프에서 인쇄되어 나오는 종이들은 약을 필요로 했던 환자가 사망했으므로 수액이 더는 필요하지 않다는 소식을 약국에 알리는 기능을 한다. 약사가 내 어깨를 툭 치면서 '처방전 폐기서'를 건네면 나는 일어서서 싱크대로 걸어가 만들고 있던 수액 주머니를 칼로 찢어서 내용물을 '폐기'한다. 그러고는 자리로 돌아오는 길에 새로운 처방전을 하나 들고 온다. 하루는 날마다 습관적으로 챙기던 처방전 주인의 화학요법용 수액 주머니를 준비하고 있는데 '처방전 폐기서'가 왔다. 나는 하던 일을 멈추고 주변을 살펴봤다. 나 혼자라도 뭔가 간단하나마 고인의 명복을 비는 의식을 치러야 할 것 같다고 생각했지만 누가 상관이나 하겠는가?

세상에서 가장 중요한 일을 하고 있다고 생각했던 내 믿음은 날마다 매시간 끊임없이 위층으로 이어지는 노새 행렬을 만들어내는 사슬에 묶인 약국 노예로 영원히 일하는 것이 얼마나 의미 없는지를 곱씹는 쪽으로 서서히 변하고 있었다. 이렇게 비관적인 시각으로 보면 병원은 아픈 사람을 가둬두고 그 사람이 죽거나 나을 때까지 계속 약을 주입하는 곳일 뿐 그 이상도 이하도 아니었다. 나는 누구도 치료할 수가 없었다. 정해진 레시피에 따라 행동한 다음 어떤 일이 벌어지는지를 기다릴 뿐이었다.

병원 일에 대한 환멸감이 극에 달했을 때 교수님들 중 한 분이 자신의 실험실에서 근로학생으로 장기간 근무하지 않겠느냐고 제안했다. 졸업할 때까지 필요한 돈이 보장된 자리였다. 그래서 나는 병원 일을 그만두고, 남의 생명을 구하는 일도 포기했다. 그 대신 나는 내 삶을 구하기 위해 연구실에서 일하기 시작했다. 학교를 그만두고 고향에 돌아가 남자에게 구속되는 삶을 살게 되지 않을까 하는 두려움으로부터 나 자신을 구하기 위해 일했다. 시골 마을 결혼식을 거쳐 아이들을 낳고, 내 꿈을 펼치지 못한 실망감을 아이들에게 쏟아내면서 아이들의 미움을 받는 운명에서 나를 구하기 위해. 그런 길을 걷는 대신 나는 진정한 성인이 되기 위한 길고도 외로운 여정을 거치기로 결심했다. 약속의 땅은 존재하지 않지만 종착지는 지금 이곳보다는 더 나은 곳일 것이라는 개척자들의 굳은 신념을 가지고 말이다.

병원의 인적자원실에 사직서를 제출한 바로 그날, 나는 리디아와 함께 휴식 시간을 보냈다. 그녀는 담배를 피우면서 내게 절대 쉐보레 차를 사지 말라고 조언했다. 여성 운전자가 믿고 운전하기에 적합하지 않은 차라고 했다. 그녀는 늘 포드를 고집하는데 지금까지 자기를 완전히 엿 먹인 포드 차는 만나본 적이 없다고 덧붙였다. 나는 리디아에게 보수가 더 나은 일을 구했기 때문에 약국을 그만두겠다고 말했다. 약국에서 일한 지 6개월이 채 되지 않았지만 그 삶이 어떤 것인지 직시하기 시작했다, 리디아가 내게 첫날부터 이야기했던 대로 그곳은 지옥이라는 사실을 나도 깨달았다고도 말했다.

나는 지금 내가 가는 실험실보다 더 큰 실험실을 가지게 될 날이 올 것이라는 거창한 예언을 하면서 나만큼 일에 진지하지 않은 사람은 고용하지 않을 것이라고 덧붙였다. 나는 10장에서 따온 구절로 자만심 넘치는 작은 웅변의 절정을 장식했다. "이제 다른 어떤 곳보다 내 집에서 더 나은 마음으로 일하게 될 것"이라고, 그것은 언젠가는 꼭 일어날 일이라고 말했다.

그녀가 내 말을 들었다는 것을 알고 있었다. 그래서 리디아가 대꾸하는 대신 고개를 돌리고 담배 연기를 길게 빨아들이는 것을 보고 놀랐다. 잠시 후 그녀는 담뱃재를 한 번 털고는 다시 차에 대해 이야기하기 시작했다. 내가 그만둔다는 말을 하기 직전에 하던 말을 그대로 이어갔다. 둘이 함께 밤 11시에 근무가 끝난 후 나는 잠시 기다리다가 혼자 집으로 걸어가기 시작했다.

아주 맑은 밤이었고, 몹시 추웠다. 걸음마다 발에 밟히는 눈에서 뽀드득 소리가 났다. 몇 블록을 걸어가고 있는데 리디아의 차가 쌩 하고 지나갔고, 그 순간 새로운 종류의 외로움이 마음을 찔렀다. "오래된 불행한 상실 혹은 무언가의 부재가 내 심장에 자리 잡고 있었다는 것을 깨달았다"라는 44장의 구절이 떠올랐다. 하나밖에 들어오지 않은 리디아의 후미등이 다리를 건너 멀어지는 것을 보면서 나는 불어오는 찬바람에 머리를 숙이고 홀로 집으로 향했다.

5

첫 뿌리가 감수하는 위험만큼 더 두려운 것은 없다. 운이 좋은 뿌리는 결국 물을 찾겠지만 첫 뿌리의 첫 임무는 닻을 내리는 것이다. 닻을 내려 떡잎을 한곳에 고정시키는 순간부터 그때까지 누리던 수동적인 이동 생활에 영원히 종지부를 찍게 된다. 일단 첫 뿌리를 뻗고 나면 그 식물은 덜 추운 곳으로, 덜 건조한 곳으로, 덜 위험한 곳으로 옮길 희망(그 희망이 아무리 미약한 것이었다 할지라도)을 포기해야 한다. 서리와 가뭄과 굶주린 입이 찾아와도 그로부터 도망갈 가능성 없이 모든 것을 직면해야 한다. 그 작은 뿌리는 자기가 앉아 있는 그 장소에 몇 년, 수십 년, 혹은 수백 년의 미래에 어떤 일이 생길지 점칠 기회를 딱 한 번 가진다. 뿌리는 그 순간의 빛과 습도를 감지하고 자기 속에 내재된 프로그램으로 정보를 점검한 다음 글자 그대로 몸을 던져 뛰어든다.

종피(씨의 껍질)에서 첫 배축(식물의 배胚에서 중심축을 이루는 부분—옮긴이) 세포가 자라나는 순간 모든 것을 건 도박이 시작된다. 싹이 자라기 전에 뿌리가 먼저 내리기 시작하기 때문에 엽록소에서 양분을 만들어내기까지는 며칠, 때로는 몇 주를 기다려야 한다. 뿌리를 내리는 작업은 씨 안에 들어 있던 마지막 양분을 모두 소진시킨다. 모든 것을 건 도박이고, 거기서 실패한다는 것은 죽음을 의미한다. 성공할 확률은 100만분의 1도 되지 않는다.

그러나 도박이 성공하면 수확도 엄청나게 크다. 뿌리가 필요한 것을 찾게 되면 부피가 커져서 주근主根이라고 부르는 곧은 뿌리로 자란다. 커지면서 기반암을 쪼개는 힘까지도 발휘하는 주근은 식물 전체의 닻 역할을 할 뿐 아니라 몇 년에 걸쳐 내내 하루에 몇 갤런(1갤런은 약 3.79리터—옮긴이)의 물을 빨아들인다. 지금까지 인간이 발명해낸 어떤 기계적 펌프보다 훨씬 더 효율적이다. 주근은 곁뿌리를 내보내 옆에 서 있는 다른 식물들의 뿌리와 얽혀서 위험 신호를 주고받는다. 시냅스를 통해 정보를 주고받는 뉴런과 비슷하다고 보면 된다. 이 뿌리 시스템 즉 근계의 표면적을 모두 합하면 이파리 면적을 모두 합한 것의 100배가 넘는 경우가 많다. 땅 위의 모든 것, 정말이지 모든 것을 제거해도 멀쩡한 뿌리 하나만 있으면 대부분의 식물들은 비웃듯 다시 자라난다. 그리고 그런 회생은 한두 번에 그치지 않고 계속해서 반복된다.

가장 깊이 뿌리를 내리는 것들은 대담한 아카시아나무(아카시아속)들이다. 수에즈 운하를 위해 처음 땅을 파기 시작했을 때 보잘것없는 작은 아카시아나무의 가시 많은 뿌리가 땅 밑 12미터, 40피트, 30미터까지 뻗은 것이 발견되었다고 토머스Thomas(2000), 스킨Skene(2006), 레이븐Raven(2005)은 각각 보고한다. 이 식물학 교과서의 저자들이 수에즈 운하 건설 일화를 책에 담은 이유는 나무들의 수압상승기 기능을 가르치기 위한 것인 듯하지만 나는 그런 것들을 배운 대신 어둡고 축축한 거짓 기억만 갖게 됐다.

내 머릿속에는 1860년, 누더기를 걸친 사람들이 땅을 30미터도 넘게 파내려가다가 살아 있는 뿌리를 만나는 장면이 떠오른다. 그들은 악취가 가득한 땅속 공기에 숨을 헐떡이며 이 뿌리가 땅 위의 살아 있는 나무와 연결되어 있을지도 모른다는 믿을 수 없는 사실을 서서히 깨닫는다. 사실 그날 믿을 수 없는 사실을 경험한 것은 그 사람들만이 아닐 것이다. 땅 위에 선 아카시아나무도 지금까지 자신의 뿌리를 감싸고 있던 바위가 없어지고 갑자기 공기 중에 노출되었다는 사실에 깜짝 놀랐을 것이다. 그 충격으로 엄청나게 분비된 호르몬은 처음에는 뿌리 주변에 국한되다가 이내 나무의 모든 세포를 흠뻑 적셨을 것이다.

지중해와 홍해를 잇는, 그때까지 선례가 없던 인공 물길을 만들기 위해 흙과 바위를 옮기던 사람들은 자기 나름대로의 선례 없는 길을 이미 만들어놓은 용감한 식물을 발견했다. 그들은 긴 세월 동안 물을 찾는 노력에서 아무 성과 없는 실패를 거듭하다가 드디어 엄청난 성공을 거둔 아카시아나무가 흙과 바위를 움직였다는 사실을 발견한 것이다.

내가 상상하는 1860년 그 땅밑에서는 사람들이 이 놀라운 발견에 서로 축하하고, 뿌리 주변에 모여들어 사진을 찍는다. 그리고 나는 그들이 그 뿌리를 반으로 동강내는 장면을 상상한다.

6

과학자들은 능력이 닿는 한 자기 학생들을 돌본다. 내가 연구실에서 진심으로 흥미를 보이며 일하는 것을 본 학부 교수님들은 박사 과정을 밟으라고 조언했다. 나는 들어본 중 가장 유명한 대학들에 입학 신청을 했고, 만일 합격하면 박사 과정에 등록해 있는 동안 수업료는 물론 아껴 쓰면 집세와 식비를 충당할 수 있는 수당까지 받을 수 있다는 생각에 엄청나게 행복했다. 과학, 공학 분야의 박사 과정은 대부분 이런 식으로 운영된다. 공부하려는 학위 논문의 주제가 연방 정부가 자금을 대는 프로젝트에 도움이 된다면, 공부하면서 생계를 유지할 수 있는 정도의 생활비가 지급된다. 미네소타 대학교 학부를 우등 졸업한 다음 날 나는 레이크 가의 구세군 자선가게에 겨울 옷가지를 모두 기증하고 하이어워사 대로를 지나 미니애폴리스-세인트 폴 국제 공항으로 가서 샌프란시스코로 향하는 비행기에 몸을 실었다. 버클리 대학교에 도착한 나는 빌을 만났다. 만났다기보다 한눈에 그를 알아봤다.

1994년 여름, 석박사 조교가 된 나는 현장학습단을 이끌고 캘리포니아의 센트럴 밸리를 끝없이 누비는 듯한 경험을 했다. 보통 사람은 자신이 떨어뜨린 물건을 다시 줍느라 한 20초 정도 발 주변을 살피는 경우가 아니라면 그 이상 흙을 들여다보는 것을 상상하지 못할 것이다. 그러나 내가 맡은 학생들은 그런 보통 사람들이 아니었다. 우리는 다섯 개에서 일곱 개의 구덩이를 파고 그 안을 몇 시간이고 들여다보다가 텐트를 치고 잠을 자고,

다음 날 다른 곳으로 이동해서 똑같은 짓을 반복하기를 날마다, 6주 내내 계속했다. 각 구덩이의 특징은 모두 복잡한 분류학의 주제가 됐고, 학생들은 자연자원보존청Natural Resources Conservation Services에서 개발한 공식 기준을 사용해 식물의 뿌리가 만들어낸 작은 균열을 모두 개별적으로 기록하는 데 완전히 익숙해졌다.

흥미로운 도랑을 만나면 학생들은 600페이지에 달하는 《토양 분류학 기호》라는 책을 참조한다. 그 책은 전화번호부처럼 생긴 유용한 안내서이지만 그보다 훨씬 재미가 없다. 위치타 어딘가(실은 확실치 않지만)에서 정부가 임명한 농학자들이 이 '기호들'이 마치 고대 아람어라도 되는 양 시대에 따라 변천한 분류 기호들을 끊임없이 기록하고 재해석하는 일을 한다. 1997년 개정판에는 새로 개정판을 내지 않을 수 없도록 한 국제저활성점토위원회International Committee on Low Activity Clays의 쾌거를 상세히 설명하는 감동적인 서문이 실려 있다. 그러나 동시에 과습수분상국제위원회International Committee on Moisture Regimes에서 진행하고 있는 연구를 감안하면 1999년이 되기 전에 또 한 번의 전반적인 수정 작업이 불가피할 것이 명백하기 때문에 이 개정판은 비상시에만 사용해야 할 것이라는 경고도 함께 들어 있다. 그러나 1994년에 땅을 파고 있던 우리는 1983년판을 사용해서 어린이와 같은 무지 속에서 땀을 흘리고 있었다. 얼마 가지 않아 국제관개배수위원회International Committee on Irrigation and Drainage가 폭탄선언을 할 예정이었지만 우리는 그런 것은 예상조차 하지 못했다.

우리는 함께 땅을 판 10여 명의 학생들과 함께 비좁은 구덩이에 들어가 수업을 했다. 커리큘럼은 학생들을 정부 농학자, 공무원, 국립공원 관리인 등등 실용적 토지 관리직의 비밀스러운 세상에 발을 들여놓는 걸 돕도록 고안되어 있었다. 토양 기록 작업의 드라마틱한 절정은 '모범적인 토양 사용 관행'을 정하는 과정인데, 학생들은 각 토지가 '주거 구조물' '상업 구조물' '하부 구조물' 중 어느 용도에 가장 적합한지를 정하고, 자신의 결정을 '자세히 설명'하도록 종용받는다. 구덩이에 머리를 박고 그 안만 들여다본 지 4주째에 접어들 즈음이 되면 그런 땅에는 정화조도 너무 고급스러운 물건이라 느낄 정도가 된다. 그러다 보면 머릿속에서 끝없이 펼쳐진 포장된 주차장이 그려지면서 그런 풍경에 호감이 느껴지기 시작한다. 어쩌면 미국의 일부 지역이 지금처럼 된 것은 바로 이런 수업의 영향이 아니었나 싶기도 하다.

일주일쯤 지났을 때 나는 학부생 중 한 명이 늘 사람들이 모인 데서 몇 미터 떨어진 곳에 외따로 남아 혼자 구덩이를 판다는 사실을 깨달았다. 조니 캐시의 젊었을 때 모습을 닮은 그 학생은 40도 가까운 더운 날에도 청바지와 가죽 잠바를 늘 입고 다녔다. 이 수업의 담당교수는 내 논문 지도교수이기도 했기 때문에 그의 조교인 나의 역할은 앞에 나서서 하는 일보다 뒤에서 심부름하는 일이 대부분이었다. 나는 이 구덩이에서 저 구덩이로 옮겨다니며 학생들의 진척도를 확인하고 질문에 대답하는 일을 주로 했다. 출석부를 보고 아닐 것 같은 이름을 배제한 끝에 나는 그 학생의 이름이 빌이라는 결론을 내렸다. 나는 그쪽으로 걸어가서 혼자 작업하고 있는 그에게 말을 걸었다. "안녕하세요? 질문 같은 건 없어요?"

올려다보지도 않은 채 빌은 도움을 거절하면서 말했다. "아니요, 괜찮아요." 나는 거기 잠시 서 있다가 다른 그룹이 어떻게 하고 있는지 보고, 진척상황을 확인하고 몇몇 질문에 대답을 했다.

한 30분쯤 흐른 후에 나는 빌이 두 번째 구덩이를 파고 있다는 것을 알아차렸다. 그가 처음에 판 구덩이는 조심스럽게 다시 메워지고 깔끔하게 표면까지 잘 다듬어져 있었다. 그의 클립보드를 보니 꼼꼼히 토양 분석이 되어 있었고, 페이지의 오른쪽 하단에 차선책들이 따로 정리되어 있었다. 보고서의 상단에는 '하부 구조'로 적합하다는 표시와 함께 '소년원'에 필요한 조건들이 조심스럽게 쓴 손글씨로 덧붙여져 있었다.

나는 그가 파는 구멍 옆에 섰다. "금이라도 찾아요?" 대화해보려고 농담을 던졌다.

"아뇨, 그냥 땅 파는 걸 좋아해요." 그는 하던 일을 멈추지 않고 말했다. "구덩이에서 살았거든요."

자신에 관한 일을 단도직입적으로 말하는 말투에서 나는 방금 그 말이 글자 그대로 사실이라는 것을 이해했다. "그리고 사람들이 내 뒤통수를 보는 것을 좋아하지 않아요." 그가 덧붙였다.

그가 암시하는 뜻을 이해하지 못하고 나는 거기 서서 구멍을 파는 것을 잠시 더 지켜보았다. 삽질을 한 번 할 때마다 보통보다 훨씬 많은 양의 흙을 파내는 것을 보고 그가 깡말랐지만 힘이 대단한 사람이라는 것을 깨달았다. 나는 또 그가 한쪽 끝을 평평하게 편 오래된 작살 같은 걸로 땅을 파고 있다는 것도 알아차렸다. 그야말로 칼을 벼려서 쟁기를 만든 예였다. "그 삽은 어디서 났어요?" 옛 석탄 저장고 옆, 지하실의 우리 과 장비실에서 꺼내 학생들에게 나눠준 허접한 물건들 중 하나이겠거니 생각하며 나는 물었다.

"내 거예요." 그가 말했다. "이 녀석을 직접 써보기 전에 섣불리 판단하는 건 금물이죠."

"직접 삽을 가져왔다는 거예요?" 나는 기분 좋은 놀람과 흥미로움에 웃으며 물었다.

"물론이죠." 그가 대답했다. "이 녀석을 6주나 혼자 둘 순 없으니까."

"당신 사고방식이 마음에 들어요." 내가 거기 있는 것을 그가 내켜 하지 않는다는 것을 감지하고 말했다. "문제가 생기거나 질문이 있으면 언제라도 알려주세요." 하지만 발길을 돌리려다 빌이 마침내 고개를 들고 나를 쳐다보자 다시 망설였다.

그는 한숨을 쉬었다. "사실 질문이 하나 있기는 해요. 저 바보들은 왜 아직도 끝내지를 못하는 거죠? 벌써 구덩이를 100개쯤 들여다봤잖아요. 빌어먹을 지렁이 찾는 방법 좀 배우는 데 얼마나 시간을 끌어야 하죠?"

나는 그의 말에 동의하듯 고개를 절레절레 흔들며 어깨를 으쓱해 보였다. "그들의 눈은 보지 못하고, 귀는 듣지 못하나니…."

빌은 나를 10초 정도 보았다. "도대체 그게 무슨 소리죠?"

나는 어깨를 다시 으쓱했다. "내가 어떻게 알겠어요? 성경에 나오는 말이에요. 어차피 이해하라고 써 있는 말이 아니에요. 아무도 이해 못해요."

그는 잠시 나를 의심스럽다는 눈초리로 봤지만 내가 더는 할 말이 없다는 것을 알아차린 다음 긴장을 풀고 다시 땅 파는 일로 돌아갔다. 그날 저녁 공동으로 취사한 음식 배급이 끝난 다음 나는 피크닉 테이블에서 빌의 맞은편에 앉았다. 빌은 덜 익은 닭

고기를 먹어보려고 안간힘을 쓰고 있었다. "와아." 나는 접시를 잠시 바라보다가 말했다. "이걸 먹을 수 있을 것 같지가 않네요."

"맞아요. 역겹긴 해요." 그가 인정했다. "그래도 공짜니까 나는 날마다 한 번씩 더 가져다 먹죠."

"개가 그 토한 것을 도로 먹는 것 같이." 나는 공중에 십자가를 그리며 말했다.

"아멘." 그는 입에 음식이 가득 든 채 그렇게 말하고 사이다 캔으로 내 컵에 건배를 했다.

그날 이후 우리는 무심코 서로를 찾았고 우리도 모르게 둘이 함께 일행 전체에게 일어나는 일들을 관찰하는 습관이 생겼다. 우리는 여전히 그룹의 일부였지만 주된 사건에는 참여하지 않아도 되는 주변인으로 행동하기 시작했다. 말을 많이 하지 않으면서 같이 앉아 있는 것이 아주 자연스럽고 쉬운 일로 느껴졌다.

매일 저녁 내가 몇 시간이고 책을 읽는 동안 빌은 자신의 오래된 벅 나이프의 날에 흙을 대고 계속 문질러 주걱보다 좀더 날카롭게 만들려고 애를 썼다. 그는 점토가 많이 섞인 흙을 팔 때 칼이 삽보다 왜 나은지에 대해 아주 길게 설명했다.

"무슨 책이야?" 그가 어느 날 밤 내게 물었다.

나는 장 주네Jean Genet(프랑스의 소설가이자 극작가, 시인—옮긴이)의 새 전기를 읽고 있었다. 1989년 미니애폴리스에서 〈병풍들〉을 연극으로 본 후 굉장히 흥미를 갖게 된 작가였다. 내게 있어서 주네는 진정성 있는 글을 쓰고, 자신의 의사를 전달하는 데 큰 힘을 들이지 않으며, 인정받으려고 애쓰지 않고, 인정을 받더라도 영향받지 않는 유기적 작가의 전형이었다. 그는 또 글쓰기를 따로 배우지 않았기 때문에 전적으로 독창적인 목소리를 냈다. 자신이 읽은 수백 권의 다른 책들을 무의식적으로 모방하게 되는 다른 작가들과 다른 점이었다. 나는 주네의 어린 시절 어떤 점이 그가 성공을 하지 않을 수 없도록 만든 동시에 성공으로부터 영향을 받지 않도록 만든 것인지를 알아내는 데 거의 집착하고 있었다.

“장 주네에 관한 책이야.” 나는 약간의 경계심을 가지고 대답했다. 내가 책벌레라는 사실을 더는 감출 수 없다는 생각이 들었기 때문이었다. 빌은 전혀 비판적인 태도를 취하지 않았고 심지어 약간의 관심까지 보였다. 나는 용기를 내서 설명을 시도했다. “한 세대를 풍미한 위대한 작가였어. 무한하고 복잡한 상상력을 지녔고. 그런데 유명해진 다음에도 그 사실을 한편으로 실감하지 못했지.”

나는 마음에 제일 걸리는 사실을 덧붙였다. “성장하면서 주네는 아무런 의미도 없는 범죄를 연달아 저질러 복역한 바 있어. 그래서 사뭇 다른 자기 나름의 도덕 체계를 만들어냈지.” 나는 그렇게 설명하면서 누군가와 책 이야기를 나눈다는 것이 얼마나 기분 좋은 일인지에 놀랐다. 야외에서 신선한 공기를 마시며 이미 죽은 작가에 대한 여러 가지 추측을 하다 보니 가족 생각이 났다. 모든 면에서 이제는 나와 거리가 많이 멀어진 내 가족. 빌이 자기 칼로 흙을 뒤적이는 것을 보다가 엄마와 같이 정원에서 일하던 여름날을 기억했다.

“주네는 남창으로 일하면서 고객들의 물건을 훔쳤고 그러다가 감옥에 갇혀 그 시간 동안 책들을 썼어.” 나는 계속해서 설명을 했다. “묘한 사실은 이미 부자가 된 다음에도 주네는 가게에 들어가 자기에게 필요하지도 않은 엉뚱한 물건들을 훔치곤 했다는 거야. 한 번은 파블로 피카소가 직접 주네의 보석금을 내주기까지 했어… 앞뒤가 맞질 않지." 나는 그렇게 결론지었다.

"아마 자기 자신에게는 앞뒤가 완벽하게 맞는 일이었겠지." 빌이 반박했다. "누구나 자기도 왜 그러는지 이유를 모르는 별 이상한 짓을 할 때가 있잖아. 단지 아는 건 그 일을 해야만 한다는 것뿐인 거고." 그가 그렇게 말했고, 나는 그 말에 대해 잠깐 생각해봤다.

"얘들아! 시원한 거 한잔할래?" 우리 대화는 기타로 무장한, 약간 취한 학생의 호의로 중단됐다. 그는 아무것도 없는 오지에 있을 때 한 박스에 6달러쯤 내는 싸구려 맥주를 사방팔방 흔들어대고 있었다.

"아니. 네가 마시는 그건 오줌 맛이 나거든." 빌이 말했다.

빌이 한 말을 약간 무마할 필요를 느낀 나는 덧붙였다. "난 원래 맥주를 별로 안 좋아하기도 하지만, 그건 상당히 맛이 안 좋긴 하더라."

"장 주네도 그런 거지 같은 맥주는 안 훔쳤을 거야!" 빌은 뒤돌아 가는 그 학생 쪽으로 소리쳤고 나는 미소를 지었다. 둘만 알아들을 수 있는 우리만의 농담이었기 때문이다.

모여 있던 학생들 몇몇이 서로 고개를 맞대고 수근거리다가 우리 쪽을 보고 킥킥거리기 시작했다. 빌과 나는 눈빛을 교환하고는 눈동자를 굴렸다. 주변 사람들이 우리 둘 사이에 존재하는 연결고리의 성격을 잘못 이해하는 것은 그때가 처음이었지만 결코 마지막은 아니었다.

다음 주 우리 그룹은 감귤류를 키우는 과수원을 방문했다. 과일을 나무에서 기계적으로 떨어뜨리는 데 엄청나게 다양한 방법이 있다는 것을 알고 놀랐다. 포장 공장도 방문해서 수많은 여자들이 컨베이어 벨트 앞에 줄지어 서서 1초에 열 개씩 지나가는 초록색 공의 강에서 모양이 좋지 않거나 너무 큰 과일을 골라내는 작업을 하는 것도 봤다. 안내원이 지금 그 여자들이 골라내고 있는 게 레몬이라고 했을 때 우리 모두의 얼굴은 무척 혼란스러워 보였을 것이다. 컨베이어 벨트에서 서로 딱딱 소리를 내며 부딪히며 통통 튀어가는 그 공들이 당구공이라고 했으면 더 믿기가 쉬웠을 것이다.

안내원은 목소리를 높여 말을 이어갔다. 직원 숙소까지 모두 완비한 이 공장이 얼마나 일하기 좋은 곳인지에 관한 설명을 들으며 나는 그렇게 해서 생겨난 작은 마을은 얼마나 이상할까 생각했다. 그는 우리를 영상 5도가 유지되는 '숙성실'로 데려갔다. 딱딱한 초록 과일이 바닥에서 천장까지 쌓여 있는, 창문이 없는 열차 객차 칸 같은 곳이었다. 그는 오늘 밤에는 문이 밀폐되고 방 안은 에틸렌 가스로 가득 차게 될 것이라고 말했다. 가스를 맡은 과일들은 그때부터 게으름을 피우는 일 없이 10시간 만에 숙성한다고 했다. 과연 바로 옆방에는 똑같은 크기의 과일 수천 개가 너무도 완벽한 노란색이어서 플라스틱으로 만들어놓은 것 같은 자태로 주욱 늘어서 있었다.

시설을 모두 둘러본 후 우리는 주차장에서 서성거리고 있었다. "맙소사, 지루해서 뇌사하는 줄 알았어. 이제 학교 지루하다는 이야기는 말아야지." 레몬 고르는 작업 이야기였다. 그렇게 말하면서 빌은 추운 숙성실에서 언 몸을 푸느라 펄쩍펄쩍 뛰었다.

"조립 라인을 보면 너무 겁이 나. 내가 자란 마을에 엄청 많았거든." 나도 손을 비비며 그렇게 말했다. 오빠가 3학년 때 도

축 공장 견학을 다녀온 이야기를 들려주었던 기억이 떠올라 몸서리가 쳐졌다. "사실 거기에 있는 건 조립 라인이 아니라 해부라인에 가까웠지만."

"공장에서 일한 적 있어?" 빌이 물었다.

"난 운이 좋아서 취업하는 대신 대학을 갔지. 열일곱 살 때 부모님 집에서 독립했어." 나는 빌을 신뢰하고 싶은 충동을 자제하면서 조심스럽게 말했다.

"나는 열두 살 때 부모님 집에서 나왔어." 빌이 대답했다 "멀리는 아니고, 집 마당으로."

나는 마치 그것이 세상에서 가장 정상적인 일인 듯 고개를 끄덕였다. "그때가 구덩이에서 산 때야?"

"지하 요새에 가까웠어. 카펫도 깔고 전기도 연결했으니까." 그는 대수롭지 않다는 듯 말했지만 약간 수줍은 자랑스러움도 느껴졌다.

"멋지다." 내가 말했다. "하지만 난 그런 요새에서 못 잘 거 같아."

빌이 어깨를 으쓱했다. "난 아르메니아인이야. 우린 지하에 있을 때 제일 편안하지."

그때는 몰랐지만 그것은 빌의 아버지에 관한 슬픈 농담이었다. 빌의 아버지는 가족을 모두 잃은 학살 사태 때 누군가가 그를 우물에 감춰준 덕에 목숨을 건졌다고 한다. 나중에 나는 그가 이 으스스한 조상들에게 쫓기듯 살아간다는 것을 알게 됐다. 빌에게 짓고, 설계하고, 모으고, 그리고 무엇보다도 살아남도록 채근하는 것이 바로 그 조상들이라는 사실도.

"아르메니아는 어디 있어? 어디 있는 나라인지도 모르겠네." 내가 물었다.

"그 나라 대부분은 이제 어디에도 없어." 그가 대답했다. "그게 문제야."

나는 그가 하는 말의 심각성을 느끼기는 했지만 제대로 이해하지는 못한 채 고개를 끄덕였다.

여행이 끝나갈 무렵 나는 다음 날 쓸 장비를 준비하는 지도교수에게 다가갔다. "있잖아요, 저 빌이라는 사람, 실험실에 고용해야 할 것 같아요." 내가 말했다.

"늘 혼자 있는 그 이상한 사람?" 그가 물었다.

"네. 저 그룹에서 제일 똑똑한 사람이에요. 실험실에 필요한 사람이죠."

지도교수는 준비하고 있던 장비로 다시 눈길을 줬다. "그래? 그걸 어떻게 알지?" 그가 내게 물었다.

"알 수는 없죠." 내가 말했다. "하지만 그렇게 느껴져요."

늘 그렇듯 지도교수는 결국 내 뜻을 받아들였다. "좋아, 그렇게 하지. 하지만 귀찮은 일은 자네 몫이야. 나는 지금만으로도 너무 바쁘거든. 그러니 빌은 자네 책임이야. 그 사람한테 적당한 일을 주는 것도 자네가 알아서 하고. 알겠나?"

나는 고마운 마음으로 고개를 끄덕였다. 미래에 대한 새로운 흥분이 느껴졌지만 정확히 왜 그런지는 알 수가 없었다.

사흘 후, 여행이 끝나고 마침내 시내로 돌아왔다. 학생들을 짐과 함께 집에 내려주는 것은 내 일이었다. 빌을 마지막으로 내려주게 돼서 그가 데려다 달라고 부탁한 바트 역에 차를 세웠을 때는 이미 밤이 늦었을 때였다.

나는 실험실 일자리 이야기를 빌에게 했다. "관심이 있는지는 모르겠는데, 내가 일하는 연구실에서 일할 수 있을지도 몰라. 돈도 벌고 여러 가지로 좋지 않을까?"

내가 한 말에 그는 바로 반응을 보이지 않았다. 그는 고개를 숙이고 잠시 있더니 장엄한 말투로 말했다. "좋아."

"좋아!" 나도 맞장구를 쳤다.

나는 빌이 차에서 내리고 작별 인사하길 기다렸지만 그는 계속 자리에 앉아 자기 발만 내려다보고 있었다. 그러다가 고개를 들고는 창밖을 또 몇 분간 바라보고 앉아만 있었고, 나는 내내 왜 저러고 있을까 속으로 어리둥절했다.

마침내 빌은 내게 고개를 돌리고 말했다. "실험실에 안 가?" 그가 물었다.

"지금? 지금 가자고?" 나는 새 친구에게 미소를 지어 보였다.

"딱히 갈 데도 없어." 그는 늠름한 태도로 그렇게 말하면서 한마디 덧붙였다. "게다가 내 삽도 여기 있는데."

가끔 그렇듯 내 머릿속에는 전에 읽었던 책의 한 장면이 떠올랐다. 여전히 디킨스 작품이었지만 이번에는 《위대한 유산》이었다. 나는 소설의 마지막 부분, 에스텔라와 핍이 황폐해진 정원에서 완전히 허물어져가는 집을 재건할 희망에 피곤을 잊고 서 있던 장면을 떠올렸다. 두 사람 모두 바로 다음에 무슨 일을 할지 전혀 모르는 상태였지만 이별의 그림자는 손톱만큼도 떠올리지 않았다.

7

식물이 처음 만들어내는 진정한 의미의 새 이파리는 새로운 개념이다. 씨는 닻을 내리자마자 우선순위를 바꿔, 모든 에너지를 위로 뻗어올라가는 데에 집중한다. 보유하고 있던 영양분은 거의 다 바닥이 났고 생명을 유지하는 데 필요한 연료를 확보하려면 빛이 절실하다. 숲에서 가장 작은 식물이니 자기 위에 있는 모든 식물보다 더 열심히 일해야 하는데 그러는 동안 내내 그늘이라는 비참한 환경까지 견뎌내야 한다.

배아 안에는 떡잎이 들어 있다. 이미 만들어진 두 개의 작은 이파리인 떡잎은 구명용 보트처럼 비상시 부풀려서 임시로 사용할 수 있는 생명 유지 장치다. 가장 가까운 자동차 수리점 정도까지만 갈 수 있게 만들어진 스페어 타이어와 마찬가지로 떡잎도 작고 빈약하다. 수액이 들어가 팽창이 되면 겨우 초록빛 물이 조금 든 이 떡잎들은 겨울날 고물차에 시동을 걸듯 광합성을 시작한다. 조잡한 구조의 떡잎은 절뚝거리면서도 진짜 이파리를 만들어낼 준비가 될 때까지 식물 전체를 지탱하다가 시들어서 떨어진다. 식물이 만들어낼 이파리 모양과도 전혀 다른 모양을 띤 채로.

최초의 진짜 이파리는 즉흥적인 결정 가능성이 거의 무한한, 어렴풋한 유전자 패턴을 바탕으로 만들어진다. 가만히 눈을 감고, 홀리나무의 뾰족한 잎, 별 모양의 단풍나무 잎, 하트 모양의 담쟁이 잎, 삼각형의 양치식물 잎, 손가락처럼 보이는 종려나무 잎 등을 떠올려보자. 떡갈나무 한 그루에서 나는 수십만 개의 이파리 중 하나도 똑같은 것이 없다는 사실을 생각해보자. 사실 어떤 잎은 다른 잎의 두 배 정도 크기인 것들도 있다. 지구상에 존재하는 모든 떡갈나무 잎은 완벽하지 않고 대충 그려진 청사진 한 장을 가장 독특하게 응용한 것이다.

이 세상의 이파리들은 단 하나의 임무를 완수하도록 만들어진 같은 종류의 단순한 기계를 수없이 많은 경우의 수로 응용한 것이다. 그리고 바로 그 임무에 인류의 운명도 달려 있다. 이파리들은 당을 만든다. 살아 있지 않은 무기물에서 당을 만들 수 있는 것은 우주에서 식물이 유일하다. 우리가 태어나서 먹은 당은 모두 식물의 잎에서 처음 만들어진 것이다. 뇌에 포도당을 계속적으로 공급하지 못하면 우리는 죽는다. 이론의 여지가 없다. 상황이 나빠지면 간은 지방이나 단백질에서 포도당을 만들어내기도 한다. 그러나 그 지방과 단백질도 애초에 다른 동물이 먹은 식물의 당으로 만들어진 것이다. 피할 길은 없다. 지금 이 순간에도 우리는 이파리에서 만들어진 당을 연료로 태우며 뇌의 시냅스 안에서 이파리에 관한 생각을 하고 있다.

이파리는 레이스처럼 펼쳐진 관다발로 엮인 접시라고 할 수 있다. 잎맥을 통해 땅에서 끌어올린 물은 빛을 이용해 분해된다. 물이 분해되면서 만들어진 에너지가 공기 중에서 고정시킨 당을 한데 묶는 역할을 한다. 또다른 종류의 잎맥을 통해 잎에서 만들어진 당이 녹아 있는 수액이 뿌리로 내려가면 거기서 바로 쓰일 것인지 장기 보존할 것인지에 따라 달리 포장된다.

잎은 중륵맥이라고 부르는, 가운데 잎맥에 있는 일련의 세포를 확대하며 자란다. 주변에 있는 단세포들은 언제 분열을 중단할지를 독립적으로 결정한다. 말단에서 작은 잎맥들이 발달하면서 망이 형성되다가 줄기에서 완성된다. 이런 식으로 식물의 전반적인 성장은 말단에서 중심으로 이루어진다. 이파리 만들기 과정의 가장 대담한 부분을 완수하고 나면 식물은 마치 앞에 말을 매듯 당을 아래로, 안으로 보내서 뿌리를 더 만들기 시작한다. 그렇게 자란 뿌리는 물을 더 많이 끌어올려서 새로운 이파리를 키우고, 새 이파리들은 당을 더 많이 만들어 내려보내고, 이런 식으로 4억 년이 흘렀다.

어쩌다 한 번씩 식물은 새로운 잎을 만들 생각을 하고, 그 생각은 모든 것을 변화시킨다. 촐라 선인장의 가시는 낚시 바늘처럼 날카롭고 단단해서 거북의 질긴 피부를 뚫을 정도다. 그 가시들은 또 선인장의 표면을 지나가는 공기의 흐름을 줄여서 증발량을 감소시킨다. 그리고 빈약하나마 그림자를 만들어 이슬이 맺히는 표면을 제공하기도 한다. 가시들은 사실 선인장의 이파리들이고 녹색을 띤 부분은 부어오른 줄기다.

아마도 최근 1000만 년 사이에 어떤 식물 하나가 새로운 아이디어를 내서 이파리를 펼치는 대신 가시 모양으로 만들기 시작했을 것이다. 촐라 선인장처럼 말이다. 바로 이 아이디어 덕분에 건조한 지역에서 새로운 식물이 터무니없이 크게 자라 오래 사는 것이 가능해졌다. 이 식물들은 그 일대에서 유일한 초록색 생물이자 유일한 먹이가 됐다. 정말이지 믿어지지 않는 성공을 거둔 것이다. 새로운 아이디어 하나로 그 식물은 새 세상을 정복했고, 새 하늘에서 달콤한 양분을 수확할 수 있게 됐다.

8

과학자로 자리를 잡기까지는 정말이지 오랜 시간이 걸린다. 가장 위험한 부분은 진정한 과학자가 무엇인지를 배우고 불안한 첫걸음을 떼서 오솔길을 따라가는 것이다. 그 오솔길은 도로가 되고, 그 도로는 고속도로가 되고, 그 고속도로는 언젠가 목적지에 나를 데려다줄지도 모른다. 진정한 과학자는 이미 정해진 실험을 하지 않는다. 그녀는 자신만의 실험을 개발하고, 그렇게 해서 완전히 새로운 지식을 생산해낸다. 지시받은 일을 하는 단계와 스스로 무엇을 할지 정하는 단계 사이의 이행은 일반적으로 논문을 쓰는 중간 시점 정도에 일어난다. 여러 면에서 그것은 학생이 할 수 있는 가장 어렵고 두려운 일이다. 그리고 그렇게 하지 못하거나 할 의사가 없는 것이야말로 사람들이 박사 과정을 통과하지 못하는 가장 큰 이유 중의 하나다.

과학자가 되던 날, 나는 실험실에 서서 해가 뜨는 것을 지켜보고 있었다. 나는 무엇인가 아주 특별한 것을 봤다고 확신했고, 새로 뜨는 해가 충분히 높이 떠서 내가 누군가에게 전화를 걸어도 예의에 어긋나지 않은 시간이 되기를 기다리고 있었다. 누구에게 전화할지는 확실치 않았지만 누군가에게 내가 발견한 것을 말해주고 싶었다.

박사학위 논문은 팽나무라고 알려진 켈티스 옥시덴탈리스 *Celtis occidentalis*에 관한 것이었다. 북아메리카 전역에 널리 퍼져 있고, 바닐라 아이스크림만큼이나 흔하고 평범한 외양을 지닌 나무다. 팽나무는 북아메리카 자생식물로 유럽에서 들어온 여러 질병과 병충해의 피해에 대응하기 위해 많은 도시에 심겼다.

수백 년 동안 사람은 물론이고 딱정벌레들도 유럽에서 미국으로 배를 타고 와 뉴잉글랜드 항구를 통해 이주했다. 1928년 다리 여섯 개 달린 곤충 개척자들이 네덜란드를 떠나 수많은 느릅나무 껍질 밑에 정착했다. 그 정착 과정에서 딱정벌레들은 각 나무의 혈관에 치명적인 곰팡이를 직접 주입했다. 나무들은 감염 부위를 제한하기 위해 잎맥을 하나씩 차례로 작동 중지시켰고, 아직 뿌리에 영양분이 많이 있는데도 서서히 굶어죽어갔다. 오늘날까지도 네덜란드 느릅나무병은 미국과 캐나다를 휩쓸면서 매년 수만 그루의 나무들을 고사시키고 있다. 이 병으로 죽은 나무를 다 합치면 수백만 그루는 족히 될 것이다.

그에 반해 팽나무를 죽일 수 있는 병은 그리 많지 않다. 서리가 일찍 내려도, 가뭄이 늦게 찾아와도 이파리 하나도 잃지 않고 버텨내는 것이 바로 팽나무다. 10미터가량의 이 나무들은 20미터 정도까지 크는 느릅나무들처럼 장엄하지는 않다. 팽나무들은 주변에 많은 것을 요구하지도 않고, 그 겸손함으로 우리의 존경을 얻곤 한다.

내가 팽나무에 관심을 갖게 된 것은 나무마다 흐드러지게 맺히곤 하는 크랜베리 비슷한 열매 때문이었다. 그러나 열매를 눌러보면 돌멩이만큼 딱딱하다. 그렇게 딱딱한 것은 바로 그 열매가 돌이기 때문이다. 열매의 발그레한 겉껍질 바로 밑에는 굴껍데기보다 더 단단한 속껍질이 있다. 돌을 방불케 하는 이 껍질 덕분에 팽나무씨는 동물의 장을 거치고, 눈과 비를 견디고, 몇 년에 거친 무자비한 곰팡이의 공세를 이겨내고 싹을 틔울 수 있다. 팽나무 한 그루가 일생 동안 몇 백만 개의 씨를 생산해내기 때문에 고고학 발굴을 위해 땅을 파면 이 돌처럼 딱딱한 팽나무씨가 많이 발견되곤 한다. 나는 이 화석이 된 씨들을 분석해서 미국 중서부의 빙하기 사이사이의 여름 평균기온을 추측해낼 수 있기를 기대하고 연구를 진행했다.

적어도 40만 년 동안, 북극 빙하는 팽창과 수축을 시계추처럼 정확하게 반복해왔다. 간빙기에 미국 중서부 대평원이 얼음으로 뒤덮이지 않은 짧은 기간 동안 식물과 동물들이 이주해와서 이종교배를 하고 새로운 먹이와 서식지를 시험했다. 그 시기의 여름은 얼마나 더웠을까? 땀을 뻘뻘 흘리게 만드는 오늘날 같은 한여름 날씨였을까, 아니면 눈이 떨어지지만 않을 정도의 선선한 기온이었을까? 미국 중서부 지방에 살아본 적이 있는 사람이라면 두 기후 사이의 차이가 대단한 것을 알 것이다. 그러나 동물 가죽으로 비바람을 막고, 사냥하고 사냥당하면서 자연과 더 가까이 살아야 했던 당시 사람들은 어땠을지 상상해보라.

논문 지도교수와 나는 과일즙이 농축되어 씨가 되는 동안 기온의 패턴을 반영하는 온갖 화학반응들을 상상할 수 있었다. 기온 정보를 담은 씨앗이 화석이 된다는 우리 이론은 아직 정착된 것이 아니어서 이렇다 할 답을 찾기도 힘들었다. 나는 주된 질문을 더 작고 다루기 쉬운 일련의 질문으로 나눠서 살펴볼 요량으로 여러 가지 실험을 고안했다. 첫 번째 할 일은 팽나무 열매가 어떻게, 무엇으로 만들어졌는지를 알아내는 일이었다.

추운 기온과 (비교적) 따뜻한 기온 사이의 다른 점을 비교하기 위해 나는 미네소타와 사우스다코타에 사는 팽나무 몇 그루 주변에 보초를 세웠다. 1년에 걸쳐 정기적으로 두 지역에서 나는 나무 열매를 거둘 계획이었다. 캘리포니아에 있는 실험실에서 나는 수백 개의 열매들을 종잇장만큼 얇게 저며서 현미경으로 관찰하고 사진을 찍었다.

피사체를 350배 확대하는 현미경으로 팽나무씨를 들여다보니 매끈하다고 생각했던 표면은 딱딱하면서 바삭바삭한 물질이 가득 들어찬 벌집 같은 모양을 하고 있었다. 시작점으로서 복숭아씨를 개념적 준거로 삼아, 나는 팽나무씨 몇 개를 복숭아 한 가마니는 녹일 만한 산acid에 담가서 남은 물질을 관찰하자고 마음먹었다. 벌집모양의 표면을 메우고 있던 물질이 녹아 없어진 후 하얀 레이스 같은 구조가 남았다. 이 작고 하얀 구조물을 진공 상태에 넣어서 150도로 가열하자 이산화탄소가 나왔다. 그 하얀 격자무늬 창살 속에 어떤 유기물이 들어 있다는 의미였다. 또 한 겹의 수수께끼였다.

팽나무는 씨를 키우고 그 주변에 그물을 씌우고, 그 그물을 뼈대 같은 걸로 감싼 다음, 사이사이 난 구멍을 복숭아씨를 구성하는 것과 같은 물질로 채웠다. 그렇게 해서 씨를 보호해서 싹을 틔우고, 결국 나무로 자랄 확률을 높이는 것이다. 그렇게 자란 나무는 또 그렇게 씨를 만들어내서 자자손손 대를 이어갈 것이다. 그 화석 씨앗들에서 장기적 기후 정보를 캐내려는 데 있어 이 레이스 같은 하얀 격자 창살들이야말로 귀한 정보가 든 금고임에 틀림없었다. 씨를 이루고 있는 가장 기본 요소인 이 격자 창살이 무엇으로 만들어졌는지를 알아내는 것이 첫 번째 관문이었다.

암석이 종류마다 다르게 형성되듯, 부서지는 것도 서로 다르다. 어떤 암석을 구성하고 있는 여러 가지 광물질을 구분하는 한 가지 방법은 그 암석 표본을 잘게 갈아 엑스레이에 노출시키는 것이다. 병에 든 소금은 자세히 들여다보면 알갱이 하나하나가 모두 완벽한 정육면체다. 소금 한 알갱이를 가루로 만들어도 수백만 개의 작고 완벽한 정육면체가 된다. 이 모양을 피할 수 없는 것은 순수한 소금을 이루는 원자가 서로 사각형으로 결합해서 수없이 많은 정육면체의 바탕이 되기 때문이다. 이 구조는 부서질 때 결합이 가장 약한 부분이 깨지는데 그 결과 더 작은 정육면체가 생긴다. 가장 작은 단위까지 모두 같은 원자 배열이 반복되기 때문이다.

서로 다른 광물은 각각 다른 화학식을 가지고 있다. 광물을 이루는 원자의 종류와 수가 다르고, 원자들의 결합 방식이 다른 것을 반영하고 있어서이다. 이런 차이는 그 광물을 가루로 만들어도 계속 유지된다. 약간의 광물 가루에 들어 있는 작은 모양들을 식별해낼 수 있다면(그것이 아주 못생기고 복잡하게 생긴 바위에서 나온 여러 가지 물질이 섞인 가루라 할지라도) 그 물질의 화학식을 알 수 있다.

그런데 이 작은 결정들의 모양을 어떻게 볼 수 있을까? 파도가 등대에 한 번 부딪히고 나면 그 파문의 반향이 바다로 퍼져나간다. 이 반사 물결의 크기와 모양은 처음 등대를 친 파도와 등대에 대한 정보를 담고 있다. 만일 우리가 멀리 떨어진 곳에 닻을 내린 조각배에 타고 있다면 반사 물결이 배를 어떻게 흔드는가에 따라 등대의 기초가 네모인지 원형인지를 알 수 있다. 물론 파도의 크기와 에너지, 속도, 방향 등에 대한 정보가 있다는 것이 전제가 되어야 하지만 말이다. 광물 가루에 존재하는 작은 모양을 알아내는 것도 반사 물결, 즉 엑스레이라고 알려진 아주 미세한 전자기장 파동이 만들어낸 회절이라는 현상을 이용한다는 점에서 이와 비슷하다. 반사 물결이 최고점에 이른 순간과 간격, 강도를 필름에 기록해서 우리는 엑스레이가 부딪혀나온 물질의 모양을 재구성할 수 있다.

1994년 가을, 나는 보통 때 일하는 실험실에서 캠퍼스 전체를 가로질러 가야 있는 엑스레이 회절 실험실에 출입을 허가해 달라는 요청을 했고, 엑스레이를 쓸 수 있는 몇 시간을 할당받았다. 나는 야구장에 갈 때와 비슷하게 행복한 기대감으로 분석 결과를 기다렸다. 야구 경기와 마찬가지로 내 분석 결과도 어떤 일이든 일어날 수 있고, 아주 오랜 시간이 걸릴 수도 있기 때문이다.

많이 고민한 끝에 나는 밤에 기계를 사용하는 쪽을 선택했지만, 내 선택이 최선인지는 확신하지 못했다. 그 실험실에서 일하는 으스스한 박사후post-doc 과정 연구원의 퉁명스러운 태도 때문이었다. 조금만 잘못 바라보거나 잘못된 질문을 하면 분노를 표출했고, 특히 발을 헛디뎌 그의 궤도 안에 들어오는 몇 안 되는 여성들에 대해 위협적인 태도를 취하는 사람이었다. 나는 딜레마에 빠졌다. 낮에 가면 그 사람과 마주칠 게 확실했지만, 다른 사람이 나의 방패가 되어 줄 수도 있을 것이다. 밤에는 나 혼자 실험실을 쓸 수 있을 확률이 높지만 혹시라도 그 사람이 들어오면 완전히 쉬운 표적이 되고 말 것이다. 결국 자정부터 실험실을 쓰겠다고 신청하고 호신용으로 커다란 래칫 랜치를 가져갔다. 그걸로 나 자신을 어떻게 지키겠다는 것인지는 확실치 않았지만 뒷주머니에 느껴지는 묵직함만으로도 좀 안심이 되었다.

엑스레이 회절 실험실에 도착한 나는 표본 유리 슬라이드를 작업대에 놓고 에폭시 고정액을 뿌린 다음 팽나무씨를 갈아서 만든 가루를 그 위에 뿌렸다. 그러고는 슬라이드를 회절기에 놓고 각 부분의 각도를 모두 조심스럽게 맞춘 다음 엑스레이를 켰다. 긴 띠 모양으로 된 스트립 차트 용지까지 모두 준비한 다음, 육안으로는 볼 수 없지만 잉크가 가동시간이 끝날 때까지 떨어지지 않기를 조용히 기도하면서 그저 지켜보며 기다리기 시작했다.

실험실에서 하는 실험이 뜻대로 되지 않을 때는 무슨 짓을 해도 소용이 없다. 마찬가지로, 어떤 실험은 별짓을 해도 잘되는 것들이 있다. 내 엑스레이의 결과는 측정할 때마다 매번 똑같은 회절 각도에서 명백하고 선명한 봉우리 모양을 그렸다.

길고 낮고 넓은 모양의 그래프는 나와 지도교수가 예상했던 가파르고 뾰족한 그래프 모양과 완전히 달랐다. 엑스레이 결과로 볼 때 이 물질은 오팔opal임이 분명했다. 나는 그 자리에 선 채로 스트립 차트를 뚫어져라 들여다봤다. 나를 비롯해 누구도 이 결과를 잘못 읽을 수는 없었다. 그 물질은 오팔이었고, 그 사실은 내가 아는 것이었다. 그 부분에 동그라미를 치고 그것이 사실이라고 증언할 수 있는 확실한 것. 그래프를 보면서 나는 한 시간 전만 해도 완전히 미지의 사실이었던 것을 이제 내가 확실히 알게 되었다는 것을 깨달았고, 그와 함께 이제 막 내 인생이 변화했다는 사실이 서서히 실감나기 시작했다.

이 가루가 오팔로 만들어졌다는 사실을 아는 것은 무한대로 확장되고 있는 이 우주에 단 한 사람, 나뿐이었다. 상상할 수도 없이 많은 사람들이 사는 이 넓고 넓은 세상에서 나, 작고 부족한 내가 특별한 존재가 된 것이다. 나는 나만의 독특하고 별난 유전자들이 모여서 생긴 존재일 뿐 아니라 창조에 관해 내가 알게 된 그 작은 진실 덕분에, 그리고 내가 보고 이해한 그 진실 덕분에 실존적으로 독특한 존재가 되었다. 모든 팽나무의 씨를 강화하는 광물질이 바로 오팔이라는 확실한 지식은, 누군가에게 전화하기 전까지는 나만 알고 있는 진실이었다. 그것이 알 가치가 있는 지식인지 아닌지는 오늘 생각할 문제가 아니라 느꼈다. 인생의 한 페이지가 넘어가는 그 순간 나는 서서 그 사실을 온몸으로 흡수했다. 싸구려 장난감이라도 새것일 때는 빛나 보이듯, 내 첫 과학적 발견도 그렇게 반짝였다.

방문자 자격으로 실험실을 쓰고 있었기 때문에 나는 아무것도 만지고 싶지 않았다. 그래서 그냥 그 자리에 서서 창밖을 바라보며 해가 뜨길 기다렸다. 눈물 몇 방울이 볼을 적셨다. 내가 누군가의 아내나 어머니도 아니어서 우는 것인지, 혹은 누구의 딸도 아닌 느낌이어서인지, 아니면 그래프에 나타난 그 완벽한 선 하나가 너무도 아름답고, 내가 앞으로 영원히 그 선을 가리키며 나의 오팔이라고 말할 수 있어서 우는 것인지 알 수가 없었다.

바로 이날을 위해 일하고 기다려왔다. 이 수수께끼를 해결함으로써 적어도 나 자신에게는 무언가를 증명했고, 마침내 진정한 연구가 어떤 느낌인지 알게 됐다. 그러나 그 큰 만족감에도 그 순간은 인생에서 가장 외로운 순간으로 기억되었다. 마음속 깊은 곳에서 내가 좋은 과학자가 될 수도 있을 것이라고 깨달은 동시에 지금까지 알던 여성들처럼 될 기회를 이제 공식적으로, 완전히 놓쳤다는 생각이 들었기 때문이다.

이제 여러 해 동안 나는 실험실 안에서 나만의 새로운 정상상태를 만들고 그 안에서 살 것이다. 피를 나눈 형제들보다 훨씬 더 가까워져서 하루 24시간 아무 때고 전화해 여자친구들하고도 하지 못할 이야기들을 다 나눌 수 있게 될 형제를 한 명 갖게 될 것이다. 그와 나는 서로가 하는 일들이 얼마나 바보 같은 일인지 놀려대고, 그중에서도 특히 바보 같았던 일들을 계속해서 서로에게 일깨워줄 것이다. 나는 새로운 세대의 학생들을 길러낼 것이다. 그중에는 관심에 굶주렸을 뿐인 학생도 있을 것이고, 아주 극소수는 내가 본 잠재력을 실현할 것이다. 그러나 그날 밤 나는 대부분의 사람들이 사소한 일 혹은 엄청나게 재미없는 사실이라고 생각할 것이 틀림없는 작은 발견에 눈물을 흘리는 나 자신이 창피해서 손바닥으로 얼굴을 훔쳤다. 창밖을 보니 캠퍼스가 떠오르는 태양의 첫 햇살을 받아 빛나고 있었다. 다른 어느 누가 나처럼 숨이 멎을 듯한 이 아름다운 여명을 맞고 있을까 생각했다.

나는 정오가 되기도 전에 그 발견이 그다지 특별한 것이 아니라는 말을 들을 것이라는 사실을 알고 있었다. 곧 더 나이 들고 현명한 과학자가 내가 본 것은 사실 자기가 이미 추측했던 것이라고 말할 것이다. 내 관찰 결과가 엄청난 발견은 아니고, 당연한 추측을 확인한 것일 뿐이라는 그의 설명을 나는 공손한 자세로 들을 것이다. 그가 무슨 말을 하든 상관이 없었다. 우주가 나만을 위해 정해놓은 작은 비밀을 잠깐이나마 손에 쥐고 있었다는, 그 온몸을 압도하는 달콤함은 아무도 앗아갈 수 없었다. 나는 본능적으로 내가 작은 비밀을 손에 쥘 가치가 있는 사람이라면 큰 비밀도 쥘 가치가 있다는 것을 알았다.

떠오른 태양에 샌프란시스코 일대의 안개가 모두 걷혔을 즈음에는 나도 감상에 취해 있지 않았다. 하루 일과를 시작하기 위해 내가 주로 일하는 실험실 쪽으로 걸어갔다. 캠퍼스는 쥐 죽은 듯 고요했지만 차가운 공기에 섞인 유칼립투스 향기는 그후로도 버클리를 떠올리게 하는 향기가 됐다. 실험실에 들어간 나는 불이 켜져 있는 것을 보고 깜짝 놀랐다. 빌이었다. 그는 방 한가운데 낡은 접이식 의자를 놓고 앉아 빈 벽을 바라보며 작은 트랜지스터 라디오에서 나오는 토론 프로그램을 듣고 있었다.

"안녕? 이 의자, 맥도날드 뒤쪽에 있는 쓰레기장에서 발견했어." 그는 걸어들어오는 내게 그렇게 말했다. "멀쩡한 것 같아." 그는 앉은 채로 만족스럽게 의자를 다시 한번 살폈다.

그를 봐서 정말 기뻤다. 이야기를 나눌 수 있는 누군가가 오려면 적어도 외롭게 세 시간 정도를 기다려야 할 것이라고 생각했는데.

"좋은데." 내가 말했다. "아무나 앉아도 돼?"

"오늘은 안 돼." 그가 말했다. "내일은 어쩌면 괜찮을지도 모르지만." 그는 잠시 생각에 잠긴 다음 덧붙였다. "어쩌면 내일도 안 될지도 모르고."

나는 거기 서서 이 남자 입에서 나오는 거의 모든 말이 항상 살짝 이상하게 들린다는 생각을 했다.

북유럽인의 피를 물려받은 사람의 본능을 누르고 나는 그때까지 내가 한 일 중 가장 중요한 일에 대해 이야기하기로 결정했다. "오팔 엑스레이 회절 그래프 본 적 있어?" 나는 판독 종이를 내보이며 물었다.

빌은 라디오 쪽으로 손을 뻗어 9볼트짜리 건전지를 빼서 라디오를 껐다(라디오를 끄는 스위치가 고장 난 것은 오래전 일이었다). 건전지를 뺀 다음 그는 나를 올려다봤다. "여기 앉아 있으면서 뭔가를 기다리고 있다는 생각을 했어." 그가 말했다. "내가 기다리던 게 바로 이거였군."

* * *

팽나무씨에 오팔이 함유되어 있다는 것을 발견한 내 다음 목표는 씨 안에서 오팔이 형성되는 조건에 영향을 준 온도를 역산해내는 방법을 찾는 것이었다. 팽나무씨 껍질의 뼈대는 오팔이었지만 바삭바삭한 내용물은 아라고나이트라는 탄산염 광물이었다. 달팽이 껍데기에서 발견되는 물질과 똑같았다. 순수한 아라고나이트 침전물을 얻는 것은 실험실에서 쉽게 할 수 있는 일이다. 두 종류의 과포화용액을 섞으면 구름 속에서 안개가 맺히는 것처럼 투명한 액체 안에서 결정체가 눈 내리듯 쏟아져 내린다. 결정체의 화학적 동위원소 구성은 온도에 의해 엄격히 제어된다. 이 말은 결정체 한 개 내의 산소 동위원소 기호를 측정하면 두 개의 용액이 섞일 당시의 온도를 정확히 알아낼 수 있다는 뜻이다. 실험실에서는 이것을 100번 하면 100번 모두 성공시킬 수 있다. 잘못될 수가 없는 방법이었다. 다음 임무는 이 이론을 나무에도 적용시킬 수 있다는 것을 증명하는 일이었다. 다시 말하자면 열매 안에서 수액이 섞이면서 아라고나이트 결정체가 형성될 때도 같은 과정이 벌어진다는 것을 증명해야 했다.

지도교수는 이 아이디어를 15페이지에 달하는 제안서로 작성해서 국립 과학 재단에 제출했고, 심사위원들의 승인을 거쳐 연구 자금을 받을 수 있게 됐다. 1995년 봄, 나는 연구 대상이 될 완벽한 나무들을 찾아 미국 중서부로 향했다. 콜로라도주 스털링 근처 사우스 플랫 강변에 있는 다 자란 팽나무 세 그루를 연구 대상으로 결정했다. 내가 언제든 앉아도 좋다고 허락받은 의자가 있는 곳에서 자동차로 하루 거리도 안 되는 곳이었다. 세상에서 가장 넓고 푸른 느낌이 드는 하늘 아래서 나는 그해 여름 열매와 강 환경의 조합을 고려해서 어떻게 그 계절의 평균 기온을 계산해야 할지 궁리했다. 성공을 거두리라는 확신에 차서 나무들 근처에 아무도 접근하지 못하도록 하고 아기의 탄생을 기대하는 아버지의 마음으로 기다렸다(곧 받을 큰 선물에 대한 기대는 크지만 그 과정에는 별 역할을 할 수 없었으니 말이다). 나는 또 예비 아빠와 마찬가지로 중요한 시점에서 당황하지 않을 수가 없었다. 그해 여름 팽나무 중 어느 것도, 그리고 근처의 어느 팽나무도 꽃을 피우거나 열매를 맺지 않았기 때문이다.

꽃을 피우기를 거부하는 나무처럼 인간의 무력함과 어리석음을 극명하게 드러내주는 것은 없다. 원하는 대로 되지 않는 사람(사물은 물론이고)에 익숙하지 않았던 나는 나무의 그런 태도에 큰 상처를 받았다. 나는 콜로라도주 로건 카운티에 있는 유일한 친구와 함께 상황을 분석했다. 벅은 고속도로 간이 휴게실에 있는 주류 판매 계산대에서 일했다. 사실은 맥주보다 냉방된 실내가 더 절실해서 그 가게에 들어가곤 했지만 술을 살 수 있는 나이인지 확인하기 위해 내 신분증을 보자고 한 다음에 그는 마지못해 내가 "나이에 비해 어려 보인다"고 인정했고, 나는 그것을 가게에서 좀더 어슬렁거려도 된다는 허락으로 받아들였다. 여름이 깊어가면서 벅은 내가 나무들에서 거두는 수확보다 자기의 즉석복권이 맞는 확률이 더 크다는 사실에 점점 더 얼떨떨해했다. 하지만 복권 당첨 확률에 대한 내 설교의 아이러니를 지적하지는 않았다.

벅은 근처의 농장에서 자랐기 때문에 나는 막연히 그가 이 열매 재앙에 일부분 책임이 있다고, 아니 적어도 그 이유를 나한테 설명은 해줘야 한다고 생각했다. "그런데 왜 꽃이 안 피는 걸까? 왜 하필 올해?" 나는 벅을 그렇게 채근했다. 지역 기후 통계를 살펴봤지만 그해가 특히 다른 해와 다르지도 않았다.

"그런 일이 가끔 일어나. 그런 이야기를 들었음 직도 한데." 그의 얼굴에는 카우보이들한테서는 찾기 힘든 어두운 동정의 표정이 떠올랐다.

나는 나무들이 내게 뭔가 신호를 보내는 거라고, 과학자로서의 미래가 무너지고 있다고 확신했다. 패닉 상태에 빠진 나는 공장 조립라인에서 돼지 머리의 턱살을 떼내는 일을 하루에 여섯 시간씩 계속하는 내 모습을 상상했다. 어린 시절 친구의 어머니가 거의 20년을 계속했던 일이었다. "그런 걸로는 설명이 안 돼." 나는 대답했다. "뭔가 이유가 있을 거야."

"나무들은 이유가 없어. 그냥 그렇게 행동하는 해가 있어. 그게 다야." 벅이 쏘아붙였다. "사실 행동이라 할 것도 없지. 나무들이니까. 나무들은 그래. 제기랄, 살아 있지도 않잖아. 너나 나처럼." 그가 마침내 짜증을 냈다. 나와 내가 하는 질문의 뭔가가 그를 거슬리게 하는 것이 분명했다.

"마-압-소-사!" 그가 화난 목소리로 덧붙였다. "그냥 나무들일 뿐이야!"

나는 가게에서 나와 다시 돌아가지 않았다.

그리고 연구에 실패한 채 캘리포니아로 돌아왔다. "내게 콩코드 브리지를 넘어서까지 갈 수 있는 차만 있었어도 당장 가서 그 나무들을 불 질러버리자고 할 텐데 말이야." 빌은 실험실 깔때기를 써서 감자칩 봉지 바닥에 남은 가루들을 입에 털어넣으며 말했다. "나무 하나가 타는 걸 다른 놈들한테 보여준 다음 이제 꽃을 피우고 싶은 생각이 좀 드는지 물어볼 수도 있고."

빌은 내 논문 지도교수 실험실의 붙박이 같은 존재가 됐다. 날마다 오후 4시경에 나타나서 자신의 기분과 우리의 요청에 따라 여덟 시간에서 열 시간씩 머물렀다. 일주일에 열 시간에 해당하는 수당만 받는 것도 개의치 않았고, 놀랍게도 밤마다 함께 일하는 동안 내가 집착적으로 나무들에 대해 이야기하는 것도 듣기 싫어하지 않았다. 콜로라도에 마지막으로 가기 전 빌은 BB총을 배워서 가끔씩 오후에 이파리와 가지들에 쏘며 시간을 보내라고 강하게 권했다.

나는 그의 제안을 거절했다. "내가 수목관리사는 아니지만, 그렇게 하는 게 별 도움이 될 거 같진 않아."

"기분이 좋아질 거야." 그가 열정적으로 말했다. "내 말을 믿어봐."

그해 여름 전체를 콜로라도에서 보내기로 한 것은 데이터 수집이 목적이었지만 나는 과학에 대해 가장 중요한 교훈을 얻었다. 실험이라는 것은 내가 원하는 것을 세상이 하게 만드는 것이 아니라는 사실이었다. 그해 가을에 나는 상처를 어루만지면서 여름이 가져온 재난의 잔해에서 새롭고 더 나은 목표를 만들어냈다. 식물을 새로운 방법으로 연구하기로 한 것이다. 나는 식물들을 밖에서부터가 아니라 안에서부터 연구하겠다고 결심했다. 나무들이 왜 어떤 행동을 했는지, 그 논리를 이해하려 노력할 것이다. 그렇게 하는 것이 내 논리를 당연한 듯 적용하는 것보다 연구에 더 도움이 될 것이라고 결론지었다.

지구상의 모든 생물은 (과거에서부터 현재에 이르기까지, 단세포생물에서 가장 큰 공룡, 데이지, 나무, 사람에 이르기까지) 종족 보존을 위해 다섯 가지를 성취해야 한다. 성장하고, 번식하고, 재생하고, 자원을 비축하고, 자기방어를 하는 것. 스물다섯밖에 되지 않았지만 이미 내가 번식하는 일은 복잡하기 그지없거나 심지어 불가능한 것처럼 보였다. 가임기간, 자원, 시간, 욕구 그리고 사랑이 모두 제시간에 제대로 벌어질 것이라고 희망하는 것 자체가 말도 안 돼 보였다. 하지만 대부분의 여성들이 결국은 성공해왔다. 콜로라도에서 나는 나무들이 하지 않는 일들에 너무 집중한 나머지 나무들이 하고 있던 일을 관찰하는 데 실패했다. 그해 여름 꽃을 피우고 열매 맺는 일은 뭔가 다른 더 급한 일에 밀린 것이 분명했다. 내가 알아차리는 데 실패한, 무언가 더 급한 일 말이다. 나무들은 늘 무엇인가 하고 있다. 그 사실을 제대로 인식하고 나자 문제가 무엇인지를 이해하는 데 좀더 가까워졌다.

새로운 사고방식이 절실했다. 어쩌면 세상을 식물들의 관점에서 보는 방법을 배울 수 있을지도 모른다. 식물의 입장이 되어보면 식물들이 어떻게 행동하는지를 이해할 수 있을지도 모른다. 식물의 세계에 절대 정착할 수 없는 이방인 입장에서 나는 얼마나 그들의 내부에 접근할 수 있을까? 나는 우리가 원하는 세상에 식물이 존재하는 세상이 아니라 식물들의 세계에 우리가 존재한다는 생각에 기초한 환경 과학을 상상해보려고 노력했다. 지금까지 일해온 다양한 실험실들과 나를 그토록 행복하게 했던 멋진 기계들, 화학물질들, 현미경들을 떠올렸다… 이 독특한 임무를 수행하는 데 어떤 종류의 자연과학을 적용해야 할까?

그 접근방식의 삐딱함은 유혹적이었다. '비과학적'이 되는 것에 대한 내 안의 두려움 말고 나를 멈출 수 있는 것은 없었다. '식물의 입장에서 연구를 한다'고 말하면 말도 안 된다고 무시해

버리는 사람들도 있을 테지만, 그 모험적인 면에 호기심을 보이며 귀를 기울일 사람들도 많다는 사실을 나는 알고 있었다. 어쩌면 열심히 일하다 보면 과학적으로 약간 흔들리는 부분도 잡아맬 수 있을지도 모른다. 당시에는 잘 몰랐지만 그때 처음으로 느낀 그 짜릿함은 내 인생을 관통하는 흥분감의 시작이었다. 그것은 새로운 아이디어, 진짜 내 첫 이파리였다. 세상의 모든 대담한 씨앗들처럼 나도 상황이 닥치면 그때그때 거기 맞는 해결책을 찾아가며 헤쳐나갈 수 있을 것이다.

9

모든 식물은 잎, 줄기, 뿌리 세 부분으로 나눌 수 있다. 모든 줄기의 기능은 동일하다. 빨대 다발을 묶어놓은 것처럼 흙에서 뿌리가 흡수한 물을 위로 운반하고, 잎에서 만든 설탕물을 아래로 운반하는 미세한 관들의 더미가 바로 줄기다. 나무들은 식물 중에서도 특별하다. 우리가 '목재'라고 부르는 놀라운 물질로 만들어진 줄기가 90미터, 100미터 정도로 높이 솟을 수 있기 때문이다.

목재는 강하고, 가볍고, 유연하고, 무독성이며, 날씨의 변화에 강하다. 수천 년 동안 발전한 인류 문명에도 우리는 이보다 더 나은 다목적 건축재를 만들어내지 못했다. 같은 면적이라면 목재 기둥은 강철만큼 강하고, 신축성은 열 배이면서도 무게는 10분의 1에 불과하다. 고도의 기술을 적용한 인공 물질이 많이 나왔음에도 주택을 지을 때 가장 인기 있는 자재는 목재다. 미국에서만 지난 20년 사이에 사용된 나무 판자를 나열하면 지구에서 화성까지 다리를 놓을 수 있다.

사람들은 나무의 몸을 잘라 그 조각들을 서로 못으로 이어 상자 모양을 만들고 그 안에 들어가 잠을 잔다. 나무들은 자신의 몸을 다른 목적, 즉 다른 식물들과 싸우는 데 사용한다. 민들레에서 수선화, 양치류에서 무화과, 감자에서 소나무에 이르기까지 땅에서 자라는 모든 식물은 두 가지를 얻기 위해 안간힘을 쓴다. 하나는 위에서 오는 빛, 그리고 다른 하나는 아래에 흐르는 물이다. 두 식물 사이의 경쟁은 한 가지 동작으로 결정된다.

더 높이 뻗는 동시에 더 깊이 파고 드는 것. 이런 전투가 벌어졌을 때 참가자에게 목재가 얼마나 큰 무기가 될지 생각해보라. 빳빳하지만 탄력성이 있고, 강하지만 가벼운 물질이 이파리와 뿌리를 따로 분리시키고 (그리고 연결하고) 지탱해주는 장점을 지니는 것이 바로 목재다. 그렇게 해서 나무들은 햇빛과 물을 향한 경기에서 4억 년 이상 압도적 승리를 거둬왔다.

목재는 움직이지 않는 실용적인 복합체로, 한번 만들어지면 비활성 조직으로 그 자리에 영원히 그대로 서 있다. 나무의 중심(심재心材)에서부터 방사 세포 네트워크가 뻗어나가 주변부에 있는 시원한 물관부와 달콤한 체관부로 이루어진 부름켜까지 이어진다. 부름켜에서는 나무껍질 바로 밑에 존재하는 살아 있는 방패막을 만들어낸다. 줄기가 이 방패막보다 더 자라게 되면 뻣뻣한 골격이 남고, 세월이 흐르면서 이 둥그런 골격이 남아서 나무를 자른 둥치에 보이는 나이테를 형성한다.

목재는 나무의 비망록이기도 하다. 성장하는 사이클이 반복될 때마다 부름켜에서는 새로운 방패막을 만들어내기 때문에 나이테를 세어보면 나무의 나이를 짐작할 수 있다. 나무의 나이테에는 나이 말고도 많은 정보가 들어 있다. 그러나 그 정보들은 과학자들이 아직은 유창하게 사용할 수 있는 언어가 아닌 다른 언어로 입력되어 있다. 보기 드물게 나이테가 두꺼우면 그해는 나무가 잘 자랄 수 있는 좋은 환경이었을 수도 있고, 사춘기여서일 수도 있고, 멀리서 날아온 익숙치 않은 꽃가루 때문에 성장 호르몬이 난데없이 많이 분비돼서 그랬을 수도 있다. 나무 둥치가 한쪽은 두껍고 한쪽은 얇으면 가지가 떨어졌었다는 것을 알 수 있다. 가지를 잃으면 나무의 균형이 깨지고, 나무 둥치 안에 있는 세포들에게 그쪽을 강화해서 갑자기 고르지 않게 된 윗부분의 무게를 견딜 수 있도록 하라는 메시지가 전달된다.

나무가 사지의 일부를 잃는 것은 예외적인 일이 아닌 일상이다. 모든 나무가 만들어내는 가지들의 대다수가 완전히 크기 전에 잘려나간다. 보통은 바람, 천둥 혹은 중력 때문이다. 방지할 수 없는 불운은 견뎌내야 하고, 그에 대해 나무는 만반의 준비가 되어 있다. 가지가 떨어져나간 후 1년 안에 가지가 있던 자리에 완벽한 방패막을 치고, 그후로도 매년 방패막 층을 더해 표면에서는 전혀 상처가 보이지 않도록 만든다.

호놀룰루 시의 마노아 로와 오아후 대로가 만나는 지점에는 멍키포드*Pithecellobium saman*가 서 있다. 이 나무 몸통은 15미터가 넘고, 가지는 거대한 아치를 이루어 붐비는 교차로 전체를 완전히 덮는다. 가지에는 야생 난초들이 자란다. 파인애플 잎처럼 생긴 난초들 여럿이 사이 좋게 모여 있고, 벌거벗은 뿌리들이 그 아래로 매달려 있다. 야생 앵무새들이 레몬라임색의 날개를 펄럭이면서 이 난초에서 저 난초로 옮겨다니며 나무 아래를 지나가는 행인들에게 꽥꽥거리며 욕지거리를 해댄다.

멍키포드는 열대 지방에 사는 많은 나무들과 마찬가지로 사시사철 꽃을 피워낸다. 유명한 마노아 폭포가 있는 계곡으로 올라가는 길에 멈춰 서서 나무를 사진에 담으려는 관광객들에게 비단실처럼 생긴 분홍색과 노란색 꽃잎들이 비처럼 쏟아진다. 전 세계 가정의 거실 탁자에 놓인 사진첩에는 마노아 로와 오아후 대로의 교차로에 서 있는 멍키포드가 만들어낸 8,000제곱피트(약 743제곱미터—옮긴이)에 달하는 가지와 잎, 꽃으로 된 천장의 위용을 담은 사진이 있을 법하다.

관광객들의 눈에는 이 나무야말로 완벽한 모양을 이룬 것처럼 보일 것이다. 잠재력을 다 이루지 못하고, 가지를 잃은 다음 다른 방향으로 자랄 수밖에 없었던 나무의 과거는 짐작하기 힘들 것이다. 마노아 로와 오아후 대로 교차로에 서 있는 이 멍키포드를 자른다면 우리는 지난 한 세기 사이에 생긴 옹이들과 수백 개의 가지들이 떨어져나간 곳에 생긴 흉터들을 셀 수 있을 것이다. 그러나 오늘날 현재 그 나무는 여전히 그 자리에 서 있고, 그렇게 서 있는 동안 우리는 잃어버린 가지는 보지 못하고 자라난 가지만 볼 수 있다.

우리가 사는 집에 있는 목재 한 조각 한 조각(창틀에서 가구, 서까래에 이르기까지)이 한때는 살아 있는 생물의 일부로, 탁 트인 야외에서 수액으로 고동치며 활기에 넘친 모습으로 살아 있었다. 목재의 나뭇결을 살펴보면 나이테 한두 개 정도를 찾아낼 수 있을지도 모른다. 이 섬세한 선들은 그 나무가 살았던 한두 해 동안의 이야기를 담고 있다. 그 이야기를 들을 줄 안다면 각각의 나이테들은 비가 어떻게 왔는지, 어떻게 바람이 불었는지, 어떻게 날마다 해가 여명을 앞세우고 나타났는지를 이야기해줄 것이다.

10

1995년의 나머지는 금세 지나갔다. 논문 쓸 자격을 주는 필수 시험이자 엄청나게 힘든 세 시간 동안의 구술 시험을 통과하고 나자, 논문을 쓰는 것 말고는 할 일이 남아 있지 않았다. 나는 그 작업을 빨리 해냈다. 한 번에 길게 글을 쓰는 것 자체를 즐기기도 하고, 외로움을 모르는 척 지나쳐서 집중하기 위해 텔레비전을 켜 소음으로 방을 채우고 일하기도 했다. 논문을 쓰고 얼마 지나지 않아 졸업을 했다. 박사학위를 받기 위해 보낸 4년이라는 시간이 눈 깜짝할 사이에 지나간 듯했다. 남자 동료들보다 두 배는 더 능동적이고 전략적이어야만 한다는 것을 잘 알고 있던 나는 박사학위 3년차부터 교수 자리에 지원했고, 빠른 속도로 성장하는 주립 대학인 조지아 공과대학교에서 채용 제의를 받았다. 내 커리어의 다음 단계가 확고해지고 있었다. 아니, 모든 사람들이 그렇다고 내게 말하곤 했다.

1996년 5월, 빌은 내가 박사학위를 받은 수여식에서 학사학위를 받았다. 우리 둘 다 가족들이 아무도 오지 않았기 때문에 다른 졸업생들이 축하객들과 껴안고, 사진 찍고, 졸업장을 보고 감탄하는 동안 옆에 어색하게 서 있을 수밖에 없었다. 그러기를 한 시간쯤, 우리는 공짜 샴페인 한잔 얻어먹자고 끝까지 남아 고문당하고 있을 수는 없다고 결론 짓고 실험실로 다시 걸어갔다. 둘 다 졸업 가운을 벗어 꽁꽁 뭉친 다음 구석으로 던져버렸다. 실험복을 입자 모든 것이 훨씬 더 정상적으로 느껴졌다. 아직 이른 저녁이었다. 밤 아홉 시도 안 된 시각이니 작업 능률이 최고가 되기엔 아직 일렀다.

우리는 유리를 불며 시간을 보내기로 했다. 밤 늦은 시간에 한눈팔기용으로 그만한 일이 없었다. 그날 밤 내 목표는 유리관 30개에 완전히 순수한 이산화탄소 소량을 집어넣어서 봉인하는 것이었다. 순수 이산화탄소 유리관은 질량분석계를 사용할 때 참고용으로 필요했다. 각 유리관의 값은 이미 알고 있기 때문에 값을 알지 못하는 표본들과 비교할 때 유용하다. 이 '참고용 유리관'을 만드는 일은 시간을 많이 잡아먹는 일이었지만 대략 열흘에 한 번씩 다시 만들어야 했다. 실험실에서 일어나는 수많은 다른 배경작업들과 마찬가지로 별로 재미있는 일은 아니었지만 실수 없이 조심스럽게 해내야 하는 일이었다.

빌은 가까운 곳에 앉아 그 과정의 첫 번째 단계인 유리 막대 한쪽을 녹이는 일을 하기 시작했다. 유리를 녹이려면 아세틸렌 연료를 사용하고 순수 산소를 뿜어서 온도를 높인 토치의 불꽃을 작게 해서 사용해야 한다. 스테로이드를 주사한 바비큐 그릴 전체의 불꽃을 조그만 구멍으로 뿜어내는 것이나 마찬가지다. 물론 얼굴 쪽이 아닌 반대쪽으로 향하게. 이런 종류의 토치에서 나오는 불꽃은 너무 밝아서 직접 들여다보면 눈이 상한다. 그래서 우리는 둘 다 어두운 안전 고글을 착용하고 있었다.

유리는 상온에서는 단단하고 잘 깨지지만 몇백 도 정도로 가열하면 발광성이 있고 끈적거리는 캐러멜처럼 된다. 녹은 유리는 종이나 나무에 닿자마자 불이 붙을 정도로 뜨겁다. 녹은 유리가 한 방울이라도 팔에 떨어지면 글자 그대로 순식간에 피부를 태우고 뼈까지 파고들어서 그것을 식힐 수 있는 거라곤 솟구치는 피뿐이다. 대학 정책을 따지자면 그렇게 위험하고 어려운 작업을 학부생에게 시키는 것이 금지되어 있겠지만 빌은 내가 보여준 기초 작업들을 모두 쉽게 마스터한 다음 실험실 안에 있는 고장 난 것들을 모두 고치고, 결국은 멀쩡한 장비들을 고장나지 않도록 미리 정비하는 작업까지 해낸 사람이다. 그것도 모두 아무런 지시도 받지 않고 자기가 알아서 말이다. 할 일이 없어 빈둥거리는 지경에 이른 그에게 더 중요하고 어려운 작업을 맡기지 않을 이유가 없었다. 그래서 유리를 부는 작업의 기초를 가르쳐준 것이다.

그날 밤 함께 작업하면서 나는 미래를 상상해봤다. 그 미래에서 나는 영원히 매주 참고용 유리관을 만들고 있었다. 지금 바로 내 앞에 있는 것과 똑같은 측정기의 바늘이 춤추는 것을 보면서 나는 주름이 지고 머리가 하얗게 되고 있었다. 그것은 우울한 장면이었지만 동시에 안도감을 주는 것이기도 했다. 내가 확실히 아는 것은 단 하나였고 다른 미래는 상상할 수가 없었다.

그렇게 백일몽을 꾸던 나는 정신을 차리고 액화질소를 담게 되어 있는 트랩이라고 부르는 진공 배관과 그 너머에 있는 측정기를 봤다. 바늘이 0을 가리키고 있었다. 기체가 하나도 남아 있지 않다는 뜻이었다. 기체는 모두 내가 들고 있는 유리관의 트랩으로 응축되어 들어가 얼어 있었다. 나는 유리관 입구의 유리를 녹여서 봉합한 후 안에 든 기체가 녹는 사이에 봉합한 부분이 서서히 식을 수 있도록 조심스럽게 유리관을 놓았다.

뒤를 돌아보니 빌은 온 정신을 집중해서 유리관을 만들고 있었다. "라디오라도 좀 들을까?" 나는 음모를 꾸미는 사람마냥 물었다. 지루한 일과를 필요 없는 소음으로 채우는 사치를 누려보자는 의미였다. 실험실에서 일할 때, 특히 위험하고 신경을 많이 써야 하는 작업을 할 때 음악을 듣는 것은 원칙적으로 금지되어 있었다. 우리는 동작 하나하나가 안전과 성공에 핵심적인 일을 할 때는 뇌의 어느 부분도 다른 곳에 쓸 여유를 누릴 수 없다는 사실을 이해하도록 훈련받아왔다.

"응, 좋아." 그가 동의했다. "쓰레기 같은 공영 라디오 방송만 아니면 다 좋아. 지도 어디에 있는지도 모르는 데 사는 어부가 곤경에 처한 걸 가지고 흥분하고 싶지 않거든. 여기 내 문제만으로도 충분해."

나는 그 말이 무슨 뜻인지 이해가 됐지만 입을 다물고 아무 말도 하지 않았다. 최근에 빌을 차로 데려다 준 곳이 오클랜드 우범지역 근처에 있는 초라한 아파트 건물 앞이었기 때문에, 그가 딱히 집이 없는 것은 아니지만 그다지 편한 처지는 아니라는 것을 알고 있었다. 그토록 많은 시간을 함께 보냈지만 빌은 여전히 내게 미스터리였다. 그가 마약을 하거나 수업에 빠지거나 거리에서 함부로 쓰레기를 버리는 사람이 아니라는 것은 알 정도는 됐지만 그 이상에 대해서는 거의 아는 것이 없었다.

나는 쓰고 있던 안전 고글을 벗고 스테레오 뒤쪽에 쭈그리고 앉아 잠시나마 우리를 즐겁게 해줄 만한 AM라디오 채널을 찾아 다이얼을 돌렸다. 다이얼 손잡이가 부서져서 잘 돌아가질 않았기 때문에 그걸 움직이게 하려면 상당히 애를 써야만 했다. 내 기억 속에 남아 있는 마지막 소리는 뭔가가 크게 터지는 날카로운 소리였다. 마치 누군가가 내 머릿속에서 불꽃을 터뜨리는 듯했다. 그후로 약 5분 동안 아무것도 들리지가 않았다. 아무것도. 내 숨소리도, 건물의 에어컨이 돌아가는 소리도, 머리로 피가 몰리는 소리도 들리지 않았다. 아무것도.

두려움에 질린 채 일어선 나는 내가 일하고 있던 자리에 산산조각 난 유리조각이 흩어져 있는 것을 보았다. 목을 쭉 빼고 돌아보니 아무도 보이지 않고 나 혼자였다. 빌이 앉아 있던 자리가 비어 있었다. 당황한 나는 그의 이름을 외쳐 불렀다. 내 고함소리도 들을 수 없다는 것을 알고 나는 더 심한 패닉에 빠졌다. 그때 빌의 머리가 천천히 작업대 너머에서 올라오는 것이 보였다. 그의 눈이 쟁반만 해져 있었다. 누군가 가까이에서 총 쏘는 듯한 소음이 들리자 그는 책상 밑으로 몸을 던지고 쭈그리고 있다가 내가 자신의 이름을 부르는 소리를 듣고야 나온 것이다.

순간 무엇이 잘못되었는지 깨달았다. 유리관에 내가 의도했던 것보다 이산화탄소를 더 많이 응축해 넣었던 것이다. 백일몽을 꾸는 동안 1분 정도 기체가 더 들어가도록 뒀고, 유리관이 버틸 수 있는 것보다 훨씬 많은 양의 기체가 응축됐을 것이다. 유리관을 봉인한 후, 얼었던 기체의 온도가 상승하면서 빠른 속도로 부피가 팽창해 파이프 폭탄처럼 폭발을 했다. 게다가 빌이 만들어놨던 다른 유리관들 쪽으로 폭발해서 며칠간 작업해둔 유리관들을 모두 깨뜨리고 실험실 전체를 유리조각 범벅으로 만들고 말았다.

라디오 뒤쪽에는 수백 개의 작은 유리 조각들이 박혀 있었는데, 그중 일부는 상당히 큰 조각들이었다. 스테레오가 기적적으로 폭발물로부터 얼굴을 보호해주는 방패 역할을 한 것이었다. 라디오 채널을 찾느라 수그리고 있지 않았더라면 유리 소나기가 내 눈에 박혔을 것이다. 나는 방 안에 있는 모든 것이 폭발할지 모른다는 비이성적인 공포에 휩싸여 미친 듯 두리번거리다가 겨우 우리가 안전하다는 사실을 깨달았다. 어차피 깨질 만한 유리는 이미 다 깨진 상태였다. 내 청력이 천천히 돌아오기 시작했고, 그와 함께 귀에 엄청난 통증이 느껴졌다. 마치 귓구멍의 껍질이 벗겨지고 피를 줄줄 흘리기라도 하듯 작게 소곤거리는 소리마저도 머릿속을 태울 듯 아팠다.

'내가 할 수 있는 일이 아니야.' 나는 생각했다. 그러고는 '내가 여기서 도대체 뭘 한다고 생각했던 거지?' 하는 생각이 들었다. 완전히 얼간이 짓을 한 것이다. 정말 큰일이었다.

빌은 토치를 끄고 실험실 안을 체계적으로 둘러보면서 모든 플러그를 콘센트에서 뺐다. 나는 뭘 해야 할지 모르는 채 멍하니 그 자리에 서 있었다. 유리관과 함께 내 세상 전체가 터져버린 느낌이었다. '과학자들은 이런 짓을 하지 않아. 얼간이들이나 이런 짓을 하지.' 나는 그렇게 생각했다. 빌을 똑바로 볼 용기조차 나지 않았다.

"이봐, 담배 좀 피우고 와도 될까?" 한참 후에 빌이 놀라울 정도로 차분한 태도로 그렇게 물었다. 그의 차분한 태도 때문에 모든 상황이 더 비현실적으로 느껴졌다.

나는 몸을 움찔하면서 고개를 끄덕였다. 귀가 미칠 듯이 아팠다.

빌은 사방에 우박처럼 깔린 유리 조각 사이를 우적우적 걸어서 문 쪽으로 갔다. 문 앞에 선 그가 발을 멈추고 돌아봤다. "오는 거야?" 그가 물었다.

"난 담배 안 피워." 내가 비참한 목소리로 대답했다.

빌은 복도 쪽으로 고개를 까딱해 보이며 말했다. "괜찮아, 내가 가르쳐줄게."

밖으로 나간 우리는 텔레그래프 대로를 따라 몇 블록 정도를 걸은 다음 인도 가장자리에 쭈그리고 앉았다. 빌이 담배에 불을 붙였고, 티셔츠 차림인 우리는 몸을 떨었다. 캘리포니아 북쪽의 차가운 밤공기가 메스껍게 느껴졌다. 늘 밤에 나와 활동하는 인물들이 버클리를 누비고 다니고 있었고, 우리는 그들이 지나치는 것을 지켜봤다. 어떤 사람들은 미친 듯이 혼잣말을 하면서 걷기도 했다.

나는 다리를 가슴까지 끌어올려 끌어안은 채 손등을 깨물기 시작했다. 다른 사람들에게 들키지 않으려고 애쓰는 내 습관이었다. 실험실에서는 장갑을 끼면 해결되는 문제였지만 그 순간 몸 전체를 엄습하는 초조감은 어떻게 할 도리가 없었다. 오른손의 마디들을 이로 물어뜯다 보니 얇게 앉은 딱지들이 떨어지면서 입안에 피 맛이 감돌았다. 피부가 찢어지는 그 느낌이 다른 어떤 것보다 더 편히 마음을 안정시켜주기 시작했다. 나는 관절 사이에 상처 난 곳에 이를 대고 문지르고, 뼈를 깨물면서 마음의 안정을 찾기 위해 절박하게 손등을 빨았다. 몇 달만 지나면 교수가 될 나였지만, 그날 밤만은 나 자신이 아무것도 할 수 없는 사람이라고 확신했다.

빌은 담배를 한껏 빨아들였다. “우리 집에 자기 발을 깨무는 개가 한 마리 있었어.” 그가 회상하듯 말했다.

“더러워 보인다는 거 나도 알아.” 나는 수치심이 몰려드는 것을 느끼면서 말했다. 나는 손을 배에 대고 굽힌 몸으로 꾹 눌러 입에 손을 가져가지 않으려고 애를 썼다.

“아냐, 그 녀석 정말 굉장한 개였어. 발을 깨물든지 말든지 우린 상관하지도 않았지.” 그가 말을 계속했다. “그렇게 똑똑한 개는 무슨 일이든 하고 싶은 대로 두는 게 최고지.” 나는 머리를 무릎에 대고 눈을 꼭 감았다. 빌이 담배를 피우는 동안 우리 둘은 그냥 조용히 앉아 있었다.

한참 후에 우리는 실험실로 돌아와 유리 조각들을 쓸어 담고, 무슨 일이 일어났는지 아무도 모르도록 모든 흔적을 조심스럽게 감췄다. 한밤중에 그 일이 일어난 것이 다행이라는 생각이 들었지만 동시에 그렇게 심각한 실수를 하고도 아무렇지도 않게 모면할 수 있게 된 것에 죄책감이 들었다. "빌, 내년에는 무슨 일을 할 거야?" 유리를 쓸면서 빌에게 물었다. 빌이 토양과학과에서 우등 졸업을 했다는 소식은 놀라운 것이 아니었다. 그리고 우리 과는 졸업생들 취업을 잘 시키기로 정평이 나 있었기 때문에 당연히 빌도 일자리를 구했을 것이라고 생각했다.

"내 계획은," 빌은 무미건조한 말투로 설명했다. "부모님 집 마당에 구덩이를 하나 더 파고 거기서 사는 거야." 나는 알았다는 듯 고개를 끄덕였다. "그리고 담배를 피울 거야." 그가 말했다. "담배가 떨어질 때까지." 나는 다시 한번 고개를 끄덕였다. "그런 다음에는 아마 내 손을 물어뜯지 않을까 생각하는데." 그가 어깨를 으쓱해 보이며 말했다.

나는 망설이다가 용기를 내서 물었다. "있잖아, 애틀랜타로 와서 내가 실험실 꾸리는 걸 도와줄래?" 그렇게 묻고는 덧붙였다. "월급을 줄 수 있어. 아, 아마도 그럴 수 있을 거야. 거의 확실해."

그는 잠시 생각에 잠겼다. "저 라디오 가져갈 수 있을까?" 유리 파편에 갈기갈기 찢겨 건물 뒤 쓰레기장에 막 버리려던 라디오를 가리키며 그가 물었다.

"응." 내가 말했다. "물론이지."

* * *

두 달이 지난 후, 우리는 우리가 가진 물건들을 모두 싣고(내 픽업 트럭 뒤에 모두 쉽게 실릴 만한 양이었다) 캘리포니아 남부로 가서 여전히 가족들이 살고 있는 그의 고향 집에 빌을 데려다줬다. 조지아 공과대학교의 가을 학기 시작에 맞춰 내가 먼저 이사를 하고, 몇 달 후 빌이 오기로 합의를 본 후였다.

빌의 부모님은 굉장히 따뜻하고 친절하고, 관대한 분들이었다. 처음 만난 순간부터 나를 따뜻하게 맞아주고 마치 내가 오래전에 잃어버린 딸인 듯 대했다. 그때 빌의 아버지는 80세쯤 됐었다. 평생 독립 영화 감독으로 일하셨고, 아르메니아 학살을 피해 도망쳤던 소년 시절 경험담들을 모은 경력이 있어서 대단히 흥미로운 이야기를 많이 알고 있는 분이었다. 미국 국가 예술기금에서 간헐적으로 푼돈을 받아가며 일했기 때문에 빌의 가족 전체가 영화를 만드는 데 참여했다. 빌과 그의 형제들은 힘들게 시리아를 여행하면서 영화 제작을 도우며 자랐다. 할리우드 근처에 있는 고향 집 스튜디오에서 가족이 함께 촬영분을 편집했고, 넓은 정원을 돌봤다. 그의 아버지는 무엇이든 자라게 하는 능력을 지닌 사람이었고, 그의 어머니는 내가 정원에서 제일 좋은 오렌지나무에서 딴 오렌지만 먹어야 한다고 고집했다.

떠나기 전날, 나는 빌의 여동생 침대에 누워 천장을 바라보며 미래에 대해 생각했다. 다음 날 아침이면 나는 차를 몰고 바스토로 가서 40번 주간 고속도로를 타고 캘리포니아를 영원히 떠날 것이다. 내가 알던 모든 것, 애착을 가지게 된 모든 것을 다시는 보지 못할 것을 알면서 두고 떠난 것이 그때가 처음은 아니었다. 대학을 가기 위해 집을 떠날 때도 그랬고, 대학원을 가기 위해 다니던 대학을 떠날 때도 그렇게 떠났다. 나 말고 모든 사람들은 내가 떠날 준비가 되어 있다고 확신했다. 그러나 이번에는 평생 처음으로 내가 가는 곳에 확실한 친구가 있을 것이다. 그것만으로도 신에게 감사할 이유가 충분했다.

* * *

1996년 8월 1일, 나는 공식적으로 조지아 공대의 조교수가 됐다. 스물여섯 살밖에 되지 않았지만 사람들은 내가 조교수처럼 보이고, 조교수처럼 행동할 것을 기대했다. 하지만 나는 그 둘 중 하나도 어떻게 해야 할지 잘 알지 못했다. 한 시간 강의를 하기 위해 여섯 시간쯤 준비를 하는 날이 많았다. 그런 다음이면 나 자신에게 주는 상으로 사무실에 앉아서 화학 약품과 장비를 고르고 주문하는 즐거움을 누렸다. 마치 결혼 선물 목록을 정하는 행복한 신부 같은 기분이었다. 주문한 물건이 도착하면 나는 그것들을 지하실에 쌓아뒀고, 얼마 가지 않아 그곳엔 박스로 된 산이 생겼다. 중앙 우편 처리실에서는 도착한 박스 위에다 '자런'이라는 이름을 휘갈겨 썼다. 박스들을 벽에 기대어 산처럼 쌓아놓은 뒤에 보니 한 20가지 서로 다른 필체로 내 이름이 써진 그 상자들이 참 아름답게 느껴졌다. 빌은 1월에 도착할 예정이었다. 그때가 되면 우리 둘이서 모든 것을 제대로 설치할 것이고 캘리포니아에서 서로 상상으로 주고받았던 그 꿈 같은 실험실을 현실로 만들 수 있을 것이다. 빌과 함께가 아니라면 상자를 하나도 열고 싶지가 않았다. 나는 크리스마스 아침을 기다리는 어린 아이와 다름없었다. 상자를 집어들고 흔들어도 보고 뒤집어도 보면서 그 안에 무엇이 들었을까 추측해보려다 못 참고 상자를 열기 시작하고, 그러다가 꾹 참고 다시 제자리에 돌려놓기를 반복했다.

나는 신입생들에게 지질학을, 3학년에게 지구화학을 가르쳤다. 그리고 그것은 상상했던 것보다 훨씬 일이 많았다. 첫 학기 동안 학생들에게 과제를 내주면서 학생들보다 실수를 더 많이 한 것 같다. 결국 나는 누구에게나 A학점을 주고 싶어 하는 쾌활하고 관대한 교수의 이미지를 내 것으로 삼기로 결심했다. 엄한 교수보다는 그쪽이 더 쉬웠다. 당시 나는 학부생들보다 그다지 나이가 많지 않았고, 대부분의 대학원생들보다 더 어렸다. 사실 나도 학생 때 강의 듣는 것을 좋아하지 않았었다. 내가 배운 중요한 것들은 모두 내 손을 써서 일을 하면서 배운 것들이었다.

그럼에도 나는 충실하게 강의 의무를 수행했다. 칠판에 등식을 쓰고, 숙제를 내주고, 점수를 매기고, 사무실 근무 시간을 지키고, 기말고사 문제를 출제했다. 하지만 정신은 온통 새해에 쏠려 있었다. 빌과 내가 최초의 내 소유의 실험실을 꾸미기 시작할 것이기 때문이다.

빌이 비행기를 타고 도착한 날, 나는 애틀랜타 공항에 한 시간 먼저 도착해서 짐이 나오는 곳에 서서 수화물을 싣고 빙빙 돌아가는 컨베이어 벨트를 최면이 걸린 듯 보고 서 있었다. 갑자기 익숙한 목소리가 들렸다. "이봐, 호프, 여기야." 고개를 돌린 나는 내가 서 있던 곳에서 수하물 벨트 두 개 건너에 서 있는 빌을 발견했다. 바퀴도 끈도 안 달린 무거운 구식 트렁크를 네 개나 가지고 있었다.

"아, 안녕!"

나는 엉뚱한 수하물 벨트 앞에 서 있었던 것이다. 어리둥절해서 주변을 둘러봤다. 수하물 벨트 번호를 확인한 기억이 나지 않았다. 차를 주차한 기억도 없었다. 그래도 손에는 내 글씨체로 'C2'라고 쓴 주차권이 들려 있었다. 이런 일은 자주 일어나곤 했다. 여기저기 조각조각 내 머릿속에서 지워져버리는 시간들이 있었다. 그것을 숨기기 위해 애써보지만 점점 더 심해졌다. 심지어 의사에게도 찾아가봤지만 45초 동안 검진한 후, 그 의사는 너무 일을 많이 한다는 진단을 내리고 내가 스스로 다시 신청할 수 있는 약한 안정제 처방전을 줬다.

"뭔가 달라 보이는데." 빌이 말했다.

그의 말이 맞았다. 나는 잠을 잘 못 잤고, 체중이 많이 줄어 있었다. 늘 극도로 예민하고 긴장해 있는 타입이었지만 그즈음은 평소와도 다른 느낌이었다.

"불안증이 생겼어. 새로 생긴 증상이야." 나는 눈을 크게 뜨면서 그렇게 설명했다. "미국에서만 2500만 명 이상이 같은 증상을 가지고 있어." 나는 그 의사가 준 팸플릿에 나온 말을 인용했다.

"알았어." 빌이 주변을 둘러보고는 덧붙였다. "그러니까 애틀랜타라는 곳이 이런 곳이군. 맙소사, 우리가 도대체 여기서 뭘 하고 있는 거지?"

"여기는 평화를 위한 우리의 마지막이자 최고의 희망을 걸 수 있는 곳이야!" 나는 SF영화의 해설자처럼 낮은 목소리로 〈바빌론 5〉에 나오는 대사를 인용했다. 나는 내 농담에 웃음을 터뜨렸지만 빌은 웃지 않았다.

우리는 주차 건물로 연결되는 육교를 건너가서 거기 주차된 차를 찾았다. 빌은 트렁크에 자기 짐을 구겨넣은 다음 조수석에 앉았다. "이렇게까지 동쪽으로 온 건 이번이 처음이야." 그가 말했다. "여기서도 담배는 팔지, 그렇지?"

나는 손가방을 열고 몇 달 동안 들어 있던, 열지 않은 말보로 라이트 담배 한 갑을 건넸다. "미안해. 연습을 게을리해서. 하지만 이것들하고는 상당히 친해졌지." 나는 처방받은 로라제팜이 든 약통을 딸랑이처럼 흔들었다.

"다 자기한테 맞는 게 있는 법이지." 빌이 중얼거렸다. 그는 담배에 불을 붙이고 차창 유리를 내린 다음 다 탄 성냥개비를 던졌다. 나는 그가 내뿜는 담배 연기를 들이마시면서 그 익숙한 냄새에 편안한 마음으로 젖어들었다. 남부에는 겨울이라 해도 혹독한 추위가 없다는 사실을 깨닫고 빌은 기뻐했다. 우리는 창문을 열고, 안전벨트도 하지 않은 채 순환도로로 접어들어 애틀랜타의 고층 빌딩 숲으로 향했다. 혼자가 아니라는 안도감에서 나오는 깊고 단순한 행복감이 찾아왔다.

몇 분쯤 더 차를 몰다가 그제서야 내가 빌을 어디로 데려다 줘야 하는지를 모른다는 사실을 깨달았다. 2년 반 전 어느 날 밤, 현장실습을 다녀온 후 차에 마지막까지 남아 있던 사람이 빌이었다는 게 생각났다.

내가 제안했다. "네가 빌릴 수 있는 집을 찾을 때까지 우리 집 소파에서 자도 돼."

"아, 괜찮아. 나중에 시내에 내려주면 어디서 잘지 생각해 볼게." 그가 말했다. "하지만 지금은 새 실험실을 보고 싶은데."

"오케이," 내가 동의했다. "가자."

우리는 대학으로 차를 몰고 가서 내가 근무하는 건물 앞에 주차를 했다. '구 토목공학과'라고 쓰인 건물이지만 토목공학과는 더 나은 곳으로 이전한 지 오래다. 나는 빌을 안내해서 계단을 내려가 지하로 가서 우리 실험실로 사용될 방으로 들어갔다. 열쇠를 돌리고 문을 열면서 나는 솟구치는 흥분을 감추기가 힘들었다.

하지만 문을 열고 나서 생각해보니 그에게 보여줄 것이 별로 없다는 생각이 들었다. 600제곱피트(약 55제곱미터—옮긴이)밖에 되지 않고 창문도 없는 그 방을 방문객의 눈으로 다시 보니 캘리포니아에서 백일몽을 꾸면서 빌에게 이야기했던 번쩍거리는 하이테크 실험실과 얼마나 다른지 그제서야 실감이 났다.

나는 누군가 함부로 쓰다가 버리고 가버린 그 누추하고 작은 방을 돌아봤다. 석고보드를 댄 벽은 수없이 파이고 군데군데 찢어져 있었다. 전기 스위치가 벽에 고정되어 있지 않고 아무렇게나 배선이 된 채 대롱대롱 매달려 있었다. 머리 위에서 깜빡거리는 형광등을 포함해 모든 것에 곰팡이가 한 겹 덮여 있었다. 벽에는 웨인스코팅이 있어야 할 곳에 한때 풀로 무엇인가 붙여놓았던 흔적이 덕지덕지 묻어 있었다. 화학용 통기구에서는 변질된 포름알데히드 같은 냄새가 진동했다. 좋지 않은 징조였다. 화학용 통기구를 두는 이유 자체가 그런 화학약품을 들이마시거나 냄새를 맡지 않도록 하는 것이기 때문이다.

빌을 보면서 나는 이 모든 부족함에 대해 사과하고 싶은 충동이 갑자기 일었다. 구경을 이제 막 시작했을 뿐인데 벌써 부끄럽기 짝이 없었다. 내가 초대해서 이렇게 먼 곳으로 옮겨온 사람에게 내놓을 것이 이것밖에 없다니 말이다. 우리가 일했던 버클리 대학교의 실험실과는 거리가 멀었고, 절대 그렇게 될 가능성도 없었다.

빌은 코트를 벗어서 구석으로 던졌다. 그러고는 숨을 크게 한 번 들이쉬더니 두 손으로 머리카락을 끝까지 한 번 쓸어내린 다음 천천히 몸을 돌리면서 전기 콘센트 자리 개수를 셌다. 방 한 구석에는 밝은 빨간색 긴급 전원 차단 스위치까지 달린 변압기와 동력 조절기가 되는 대로 설치되어 있었다. 빌은 그걸 가리키며 말했다. "와, 좋아. 저거면 220볼트 전력을 안정되게 공급받을 수 있어. 질량분석계에 딱이잖아. 정말 완벽하군." 그는 강조하듯 그렇게 덧붙였다.

그곳은 다른 게 아니었다. 바로 우리만이 열쇠를 갖고 있는 우리의 첫 실험실이었다. 작고 누추하기 짝이 없는 곳일지는 모르지만 우리 것이었다. 나는 그 텅 빈 방을 우리가 언제나 계획하고 꿈꿔왔던 실험실과 비교하지 않고, 그 자체로 받아들이고, 열심히 노력하면 얼마든지 바꿀 수 있는 가능성을 본 빌의 눈에 감탄했다. 과거의 꿈과 현재의 현실 사이에 커다란 격차가 있었지만 그는 우리의 새 삶을 사랑할 준비가 되어 있었다. 나도 그 삶을 사랑하기 위해 노력해보겠다고 결심했다.

11

아주 드문 일이기는 하지만 나무 하나가 두 장소에 동시에 존재하는 경우가 있다. 멀게는 1마일(약 1.6킬로미터—옮긴이)까지도 떨어져 있으면서도 그 두 나무는 엄연히 동일한 유기체다. 이 나무들은 일란성 쌍생아보다 더 서로 유사하다. 유전자 하나하나까지도 완벽하게 동일하다. 두 나무를 베어 나이테를 세어보면 한 나무가 다른 나무보다 훨씬 어리다는 것을 알 수 있다. 그러나 DNA 염기 서열 분석을 해보면 두 나무 사이에 아무런 차이도 발견할 수가 없다. 그것은 이 두 나무가 같은 나무의 일부였기 때문이다.

버드나무와 사랑에 빠지는 것은 어렵지 않다. 식물 세계의 라푼젤, 버드나무는 윤기 나는 머리카락을 드리우고 강가에서 누군가가 와서 자기 곁을 지켜주기를 기다리는 우아한 공주님 같은 느낌을 준다. 그러나 그렇게 사귄 버드나무가 나만의 특별한 나무라고 착각하면 안된다. 그렇지 않을 확률이 높다. 강을 거슬러 올라 걷다 보면 버드나무를 또 만날 것이다. 그리고 그 나무는 아까 사귄 나무와 정확히 같은 나무일 가능성이 크다. 이 나무는 다른 자세로, 다른 키로, 다른 두께로 서서 아마도 지난 수년 동안 수십 명의 왕자님들을 유혹했을 것이다.

버드나무의 운명은 라푼젤보다는 신데렐라에 더 가깝다. 자기 자매들보다 훨씬 더 일을 많이 해야 하기 때문이다. 과학자들이 서로 다른 나무들이 1년 동안 자라는 성장률을 비교한 유명한 보고서가 있다. 히커리와 칠엽수는 눈 깜짝할 사이에 엄청나게 자라지만 몇 주 후에는 성장을 멈춰버린다. 포플러는 4개월 동안 쑥쑥 자란다. 그러나 다른 모든 나무들을 조용히 앞선 것은 버드나무로, 해가 짧아지는 가을에도 계속 성장을 멈추지 않고 동장군이 몰아칠 때까지도 계속 자라서 6개월 동안의 성장 기간을 자랑했다. 연구 대상이 된 버드나무들은 연구 기간이 끝날 무렵에는 평균 1.2미터를 자라서 2등을 차지한 경쟁자보다 거의 두 배의 성장을 기록했다.

식물들에게 빛은 곧 생명이다. 나무가 자라면 아래쪽 가지는 새로 난 위쪽 가지들의 그늘에 가려 아무 소용이 없어져서 한물간 퇴물이 된다. 버드나무는 이렇게 못 쓰게 된 가지에 예비 식량을 저장해서 그 가지들을 살찌우고 튼튼하게 만든다. 그런 다음 밑동 부분의 수분을 마르게 하면 가지가 깨끗하게 떨어져 강물에 떠내려간다. 물에 실려 흘러가던 가지들 100만 개 중 하나는 강둑에 쓸려 올라가 뿌리를 내린다. 얼마 가지 않아 원래 나무와 같은 나무가 다른 장소에서 자라는 것이다. 한때 가지였던 부분은 생각지도 않은 환경에 던져진 후 나무 둥치 같은 역할을 해야 한다. 버드나무 한 그루마다 그렇게 꺾여 나갈 수 있는 가지가 1만 개 정도 되는데, 매년 가지의 10퍼센트를 잘라내서 물에 떨어뜨린다. 수십 년 동안 이런 일을 하다 보면 가지 한 개, 혹은 두 개 정도가 강 하류의 어디엔가 뿌리를 내리고 유전적 도플갱어로 자라날 것이다.

지구상에 살아 있는 식물 중 가장 오래된 식물류는 쇠뜨기라고 부르는 속새류*Equisetum*의 식물이다. 현재까지 번창하고 있는 속새류 중 열다섯 가지 정도 되는 종은 3억 9500만 년의 지구 역사를 목격해왔다. 그들은 최초로 하늘을 향해 뻗어나간 나무들을 목격했고, 공룡이 출현했다가 사라지는 것도 지켜봤다. 처음으로 꽃이 피고 순식간에 지구 전체를 덮는 것도 봤다. 페리시 *ferrissii*라는 이름의 잡종 쇠뜨기는 번식을 하지 못하고, 버드나무처럼 일부가 떨어져나가 다른 곳에 정착하는 방법만으로 종족 유지를 한다. 오래된 식물이고 번식 능력도 없지만 페리시는 캘리포니아에서 조지아에 이르기까지 널리 퍼져 있다. 그들도 새로 학위를 받은 박사처럼 나라 반대편에 있는 새로운 기술 대학에 이사해서 목련과 달콤한 차를 발견하고, 깜깜하고 습한 밤에 반딧불을 보며 불확실성에 대해 생각했을까? 아니다. 페리시 쇠뜨기들은 살아 숨 쉬는 생물답게 땅을 건너 다른 곳에 뿌리를 내린 다음 최선을 다했을 것이다.

2부

나무와 옹이

1

미국 남부는 식물들에게는 에덴동산이다. 여름은 엄청나게 덥지만 무슨 상관이랴, 풍부한 비와 햇살이 보장되어 있는 마당에. 겨울은 춥다기보다는 서늘하고, 영하로 내려가는 일은 드물다. 우리가 숨 막혀 하는 높은 습도는 식물들에게는 감로수와 같다. 높은 습도 속에서 식물들은 긴장을 푼 채 기공을 열고 증발 같은 것은 걱정도 하지 않은 채 대기 중에 든 물을 들이마신다. 미국 남부 전역에 걸쳐 식물들은 다른 곳에서 볼 수 없을 정도로 번창한다. 포플러, 목련, 떡갈나무, 히커리, 호두나무, 밤나무, 너도밤나무, 솔송나무, 단풍나무, 플라타너스, 소합향나무, 층층나무, 사사프라스, 느릅나무, 피나무, 미국 니사나무 등이 하늘을 향해 우뚝 서 있고 그 아래에는 연령초, 포도필룸, 월계수, 개머루, 그리고 너무 많이 퍼졌다 싶을 정도로 왕성한 덩굴옻나무 등등이 무성하게 땅을 뒤덮고 있다. 낙엽수들이 지배하는 이쪽 세상에서는 따뜻한 겨울 동안 잎을 모두 떨어뜨리고 게으르게 쉬면서 봄에 그릴 폭발적인 성장 드라마를 더욱 극적으로 만들 준비를 한다. 2월이 되면 남부 전역에 걸쳐 잎이 터져나오고 그 이파리들은 하나도 빠짐없이 길고 바쁜 여름 내내 더 크게, 더 짙은 초록빛으로, 더 두껍게 자랄 것이다. 가을로 접어들면서 엄청난 양의 열매가 익어가고, 씨들이 흩어진 다음 마침내 겨울을 맞기 위해 이파리들이 떨어진다.

땅에 떨어진 낙엽들을 모아 관찰하면 그것들 하나하나는 모두 밑동 부분에서 더할 나위 없이 깨끗하게 잘린 것을 볼 수 있다. 이파리를 떨어뜨리는 것은 고도의 연출이 필요한 작업이다. 먼저 엽록소가 잎맥과 가지 사이의 경계를 이루는 좁은 세포다발 뒤쪽으로 이동을 한다. 그러다가 우리가 모르는 신비스러운 이유에 따라 정해진 날이 되면 이 세포다발들에서 물이 빠지면서 약하고 바삭바삭해진다. 이제 이파리는 자신의 무게만으로도 꺾여서 가지에서 떨어질 정도가 된다. 나무 한 그루가 1년 내내 쌓아온 공든 탑을 모두 무너뜨리고 버리는 데에는 일주일밖에 걸리지 않는다. 마치 거의 입지도 않은 새 옷을 너무 유행에 떨어져 다시는 못 입을 것처럼 던져버리듯이. 1년에 한 번씩 가진 것을 모두 버리는 것을 상상할 수 있는가? 몇 주 사이에 모든 것을 다시 쌓아올릴 수 있다는 확신이 들기 때문에 그런 행동이 가능한 것이다. 이 용감한 나무들은 자신들이 지닌 모든 속세의 보물들을 땅으로 보내고, 거기서 그 보물들은 곧바로 썩고 분해가 된다. 그들은 어떻게 하면 내년의 보물과 영혼을 하늘에 쌓아올릴지 모든 성인과 순교자들을 다 합친 것보다 더 잘 알고 있다.

미국 남부에서 폭발적으로 성장하는 것은 식물뿐만이 아니다. 1990년에서 2000년 사이 조지아 주에서 거둬들인 연간 소득세 총액은 두 배 이상으로 늘어났다. 코카콜라, AT&T, 델타 항공, CNN, UPS를 비롯한 수천 개의 유명 기업들이 애틀랜타 지역으로 이주해왔기 때문이다. 그리고 늘어난 인구가 필요로 하는 교육에 대한 욕구를 맞추기 위해 새로 늘어난 이 수입 중 일부가 대학으로 유입됐다. 대학 건물들이 우후죽순처럼 생겨났고, 교수들 숫자가 치솟았으며, 학교에 등록하는 학생 수도 계속 늘어갔다. 1990년대 애틀랜타에서는 모든 종류의 성장이 가능해 보였다.

2

처음 몇 해 동안 빌과 나는 밤마다 최초의 자런 실험실을 꾸미고, 또다시 꾸미기를 반복했다. 어린 소녀들이 좋아하는 인형의 옷을 갈아입히고, 또 갈아입히는 것을 싫증 내지 않는 것과 다르지 않았다. 우리는 처음에는 석고보드를 세우고 방을 두 개로 나눴다. 한쪽이 27제곱미터도 채 되지 않았다. 그러고는 두 방 모두 각종 실험 도구들로 터지기 직전까지 꽉 채웠다. 질량분석계, 원소분석기, 진공 배관 네 대. 우리는 가장 위험한 산성 물질인 불화수소산까지도 처리할 수 있도록 환풍기를 수리했다. 빌은 작업대와 캐비닛마다 공간을 절약할 수 있는 수납 공간들을 직접 만들어 넣어서 우리가 가진 모든 물건들, 그리고 아직 가지지 않은 더 많은 물건들을 보관할 수 있도록 했다.

우리는 본능적으로 어려운 시기에 대비해서 물건을 비축했다. 빌은 벌써 그런 시기가 오고 있다고 확신했다. 우리는 구세군 자선 가게에 가서 실험실에 둘 중고 캠핑 장비와 사무실에 걸 아마추어 유화를 샀다. 또 주 정부 잉여장비 창고도 방문했다. 지방 정부 기관에서 쓰다가 버린 구식 장비들이 산더미처럼 쌓여 있어서 조지아주 정부의 직원 신분증만 있으면 무엇이든 집어올 수 있는 곳이었다. 거기서 우리는 35밀리미터 필름 카메라 네 대, 잉크 범벅이 된 등사판, 그리고 경찰 곤봉 두 개를 가지고 집으로 왔다. 앞으로 50년쯤 더 과학자로 일하려면 그동안 뭐가 필요할지 누가 알겠는가 하고 자문하면서 말이다.

첫해, 그러니까 1997년 12월 초 어느 날 밤은 이전의 밤이

나 그후의 밤과 거의 같은 밤이었지만 왠지 모르게 특히 내 기억 속에 선명하다.

"메리 크리스마스!" 나는 실험실에 들어서면서 그렇게 외쳤다. "재미있는 일 없어?"

빌의 머리가 질량분석계 밑에서 쏙 나오면서 말했다. "산타 요정은 아직 안 왔어. 그게 궁금했다면 말이야." 그는 시동이 잘 안 걸리는 오래된 차 엔진 소리를 연상시키는 공기 압축기 소음 위로 소리쳤다. "저 빌어먹을 기계 때문에 금방 귀가 멀고 말 것 같아."

"뭐? 응? 뭐라고? 좀 크게 말해!" 내가 대답했다.

'산타 요정'은 캠퍼스 반대편에 자리한 초현대식 대형 실험실에서 일하는 대학원생 대표를 우리끼리 부르는 말이었다. 빌은 괴상한 분위기의 그곳을 '산타의 작업장'이라고 불렀다. 그곳은 벌처럼 앵앵거리며 바삐 움직이는 학생들로 가득 차 있다. 그들은 모두 너무 바빠서 제대로 인사도 건네지 못한다. 빌과 나는 거기서 부탁하는 가스 표본 검사를 많이 해줬고, 표본들은 날마다 그 산타 요정이 가져오곤 했다.

"우리가 공짜로 일해주는데 시간도 잘 안 지키다니." 내가 불평했다.

빌은 어깨를 으쓱해 보였다. "산타 요정들한테는 요즘이 제일 바쁠 때지." 그는 달력 쪽으로 고개를 끄덕이며 말했다.

"어쩌면 내키지 않는 일을 하고 있어서일지도 몰라. 치과의사가 되고 싶었다는 이야기를 들은 적이 있어."

사실 그렇게 신경 쓰이는 일은 아니었다. 나는 논문을 같이 쓰는 공저자에게 손을 다시 본 원고를 막 보낸 참이었기 때문에,

무거운 짐을 내려놓은 직후의 가벼운 기분을 만끽하고 있던 참이었다. "'점심' 먹을까?" 내가 명랑하게 물었다.

"좋아." 빌은 내 초대를 받아들였고, 우리는 현미경이 있는 쪽 실험실로 갔다. "내가 사줄게." 빌이 덧붙였다.

몸무게가 30킬로그램이 넘는 내 미국산 레트리버 개 레바가 구석에 놓인 바구니에서 일어나 기지개를 켰다. 나를 보고 반가워서 뼈를 입에 문 채 꼬리를 흔들며 다가왔다. "안녕, 레바, 배고프니?" 나는 레바의 머리를 쓰다듬으며 머리 위쪽에 뾰족 튀어나온 후두골을 문질렀다. 우리가 '야수의 지느러미'라고 부르는 뼈였다.

캘리포니아에서 조지아로 오던 중 나는 주간 고속도로 15번에서 나와 40번으로 들어가려다가 바스토 근처에서 길을 잃었다. 바스토 동쪽 측면을 남북으로 잇는 대깃 로 근처 어디에선가 길을 물어보기 위해 '강아지 팝니다'라는 팻말을 붙인 RV 차량 앞에 차를 세웠다. 쭈그리고 앉아 고만고만한 강아지들의 갈색 머리에다 대고 누가 나랑 애틀랜타에 같이 가고 싶으냐고 묻자 비쩍 마른 점박이 녀석이 진지한 눈빛으로 굴러나와 무릎에 기어오르려고 했다. 나는 50달러 더 가난해졌지만(개 주인이 나를 믿고 개인 수표를 받아준 걸로 봐서 운명이었던 것 같다) 녀석은 내 반려견이 됐다.

나처럼 레바도 성장기의 대부분을 실험실에서 보내면서 의자 밑에서 잠을 자고 크래커 위에 참치를 올려먹는 빌의 저녁을 나눠달라고 보챘다. 새 학생이 나타날 때마다 나와 빌은 이 신참이 레바만큼 영리한지 여부에 대해 심각하게 토론하곤 했다. 레바는 늘 그 토론에 참여하기를 거부했다. 우리의 대화가 전문성이 떨어져서 충격적이라 생각한 것인지, 비교할 필요가 없다고 느낀 것인지, 아니면 둘 다인지 확실치 않았다.

나는 선반에서 작은 휴대용 텔레비전을 꺼내고 현미경 세 대를 옆으로 옮겨서 텔레비전 놓을 자리를 만들었다. 몇 분 있으면 밤 11시가 되고 〈제리 스프링어 쇼〉가 시작될 것이다. 전자레인지에 팝콘을 넣고 다이어트 콜라 두 캔을 땄다. 빌은 냉동된 맥도날드 치즈버거 아홉 개를 들고 나타났다. 내 것 셋, 자기 것 셋, 레바 것 셋. 교내 매점에서 하나에 25센트씩 세일을 할 때 빌은 그걸 40개쯤 사들였다. 우리는 버거를 얼렸다 다시 덥혀도 물리적 특징에 그다지 큰 변화가 오지 않는다는 것을 발견하고 무척 행복했다.

빌과 나는 모두 캘리포니아를 떠날 때 상당한 빚을 지고 있었다. 완전히 다르지만 비슷한 수준의 바보 같은 구매를 몇 년 전에 했기 때문이었다. '진짜 직업'이 생기면 될 수 있는 한 빨리 빚을 갚겠다고 맹세했었다. 그래서 우리는 매주 돈을 얼마나 조금 써야 살아남을 수 있는지를 알아내기 위한 장기 실험에 들어갔고, 냉동 식품은 우리 식사의 주된 공급원이 됐다.

우리는 텔레비전을 보면서 햄버거를 먹었다. 기저귀만 찬 사람이 언론, 종교, 집회의 자유를 보장하는 미국 수정헌법 제1조를 들먹이며, 자신의 '어른아기adult baby' 라이프스타일을 열띠게 변호하고 있었다. 자신의 주장을 강조하기 위해 들고 있는 우유병을 흔들어대는 것도 잊지 않았다.

"흠, 〈제리 스프링어 쇼〉에 출연만 시켜준다면 뭐라도 할 수 있어." 나는 염원이 담긴 목소리로 말했다.

"전에도 그랬었지." 빌이 입에 음식을 가득 문 채 말했다.

화면에는 그 사람의 연인 겸 보모가 기저귀를 갈아주고 분을 발라주는 장면이 나오고 있었다.

우리는 '점심'을 다 먹은 후 자리를 치웠다. "있잖아, 기발한 아이디어가 있어." 내가 말했다. "오늘은 오랜만에 우리 표본들을 한번 검사해볼까? 어떤가 보게."

빌은 바로 동의했다. "너무나 기발해서 말이 된다." 그가 말했다. "하지만 그보다 먼저 '야수 환기시키기'부터 하자고." 우리는 밖으로 나가서 빌이 담배를 피우는 동안 셋이 함께 별을 바라봤다. "이 담배 한 갑에 2달러도 더 줘야 해." 그가 불평했다. "월급 좀 인상해줘야겠어."

대학 캠퍼스 전체는 밤새, 그리고 매일 환하게 불이 켜 있어서 어디까지가 캠퍼스인지 그 경계를 한눈에 알아볼 수 있었고, 그 때문에 주말에는 적막감이 더 크게 느껴졌다. 학기 중 월요일부터 금요일 오후까지 대학 캠퍼스는 누구의 것도 아니다. 많은 사람들이 왔다 갔다 하고 소음으로 가득 찬 곳에 불과하다. 하지만 금요일 자정 즈음이 되면 그곳은 완전히 다른 곳이 되고, 대학은 온전히 내 것이 된다. 반경 80킬로미터 안에서 일하고 있는 사람은 나밖에 없다는 생각에 우쭐해지면 짓궂은 짓을 정당화할 수 있다고 느껴질 정도만 일을 하곤 했다. 금요일 밤의 공기 속에는 과학의 정직하고 겸손한 심장이 고동을 치고, 과학적 발견과 장난기는 같은 동전의 양면이라는 사실을 가르쳐주는 무언가가 있다.

"시궁창에서 발견한 먼지에 반쯤 묻힌 녹슨 동전 하나." 나는 공기 압축기의 찌꺼기 거름망을 청소하면서 사색에 잠겼다.

"무지방 두유 라테 한 잔은 살 수 있는 동전." 빌이 덧붙였다. "누군가가 거기다 3달러 84센트를 보태주기만 한다면."

우리는 그 주 내내 유기 탄소 추출 실험을 하며 시간을 보냈다. 그 작업은 듣기보다 훨씬 재미있는 일이다. 약 2억 년 동안 공룡들은 지구 위를 떼지어 누비고 다녔고, 그중 아주 작은 수가 당시의 진흙과 퇴적물에 보존됐다. 그리고 그중 한 무리가 약 200년 전까지 몬태나 주 땅속에 갇혀 있다가 풀을 깎던 땅 주인들에 의해 발견됐다. 공룡뼈들은 조심스럽게 발굴돼서, 상세하게 기록된 다음 특수 풀로 붙여 재건되어 대중들에게 선보여지고, 영원한 연구 대상이 되었다. 그보다 카리스마가 떨어지는 화석들도 전시 가치는 그보다 적을지 모르지만 더 중요한 의미를 담고 있을 수도 있다고 나는 생각한다.

암석 하나하나에 들어 있는 얇은 퇴적층에는 당시 살면서 그 많은 거대 파충류들에게 식량과 산소를 공급했던 식물의 흔적이 들어 있을 수도 있다. 이 흔적에는 해부학도, 형태학도 적용할 수 없고, 멋진 사진을 찍거나 전시할 만한 것도 들어 있지 않다. 그러나 거기서 어떻게든 식물의 흔적을 격리시켜 분석할 수 있으면 중요한 화학적 정보를 얻어낼 수도 있다.

살아 있는 식물은 탄소가 풍부하게 들어 있다는 점에서 주변의 암석들과는 크게 다르다. 동료들과 나는 공룡 화석을 품고 있던 암석의 갈색 층에 함유된 탄소를 분리, 격리시킬 수 있다면 그 갈색 층이 새로운 형태의 식물 화석이라는 것을 증명할 수 있을 것이라고 생각했다. 이 탄소를 화학적으로 분석하면 그 식물에 대해 우리는 무언가를 알아낼 수 있을지도 모른다. 비록 그 흔적을 남긴 식물의 이파리가 어떤 모양이었는지는 영원히 알 수 없을지라도 말이다.

유기 탄소를 (그리고 오직 탄소만을) 죽은 암석에서 분리해내기 위해서는 표본을 태우는 과정에서 나오는 기체를 잡아서 응축해야 한다. 액체를 가지고 화학 실험을 할 때는 비커를 사용해서 액체를 담고, 따르고, 섞고, 분리하는 작업을 한다. 기체를 가지고 화학 실험을 할 때는 진공 배관이라는 기구로 작업을 한다. 몇 년 전에 내가 폭발 사고를 일으켰던 기구와 비슷한 것들이다.

진공 배관을 가지고 일하는 것은 교회 파이프 오르간을 연주하는 것과 비슷하다. 둘 다 수많은 레버와 손잡이들을 순서대로, 정확한 시점에 당기고 돌려야 하기 때문이다. 두 손을 동시에 써야 하고, 많은 경우 서로 다른 작업을 수행해야 한다. 기체를 응축하는 트랩과 배기구가 서로 상관없이 작동하기 때문이다. 하루 종일 쓰고 나면 진공 배관도, 오르간도 애정 어린 손길로 뚜껑을 덮고 섬세한 관리를 받아야 한다. 둘 다 그 자체로 예술작품으로 인정받을 자격이 있다는 것도 비슷하다. 그러나 둘 사이의 가장 큰 차이는 교회 오르간은 연주하면서 실수를 해도 연주자 얼굴 앞에서 폭발하지는 않는다는 점이다.

"아아아악! 저거 정말 싫어!" 빌은 공기 압축기가 가래가 잔뜩 낀 듯한 기침과 함께 엄청나게 큰 소리를 내며 작동을 시작하자 귀를 막으며 외쳤다.

"알아, 끔찍한 거." 나도 인정을 했다. "하지만 새 기계는 1,200달러나 돼."

"어디엔가, 누군가 우리한테 빚진 사람 없어?" 그가 물었다. "산타한테 편지라도 쓰지 그래."

"와, 너 정말 천재구나." 내가 대답했다. 그건 진심이었다.

빌은 우리를 무료로 착취하는 정도를 점점 더 높여가는 구두쇠 '산타 교수', 바로 요정들의 상관을 말하는 것이었다. 사실 그 착취에는 내 책임도 일부 있었다. 영향력을 가진 사람의 환심을 사보려는 내 뻔뻔한 의도가 들어 있었기 때문이다. 산소 화학에 관한 이 저명한 교수의 논문들을 몇 편 읽어본 후 나는 시험 삼아 산소 동위원소 분석을 무료로 해주겠다고 제안했다. 그 결과 나온 데이터를 교수가 '매우 흥미롭다'고 결론지은 다음 자기 워크숍의 모든 작업을 추가 표본 만드는 쪽으로 방향전환하면서부터 그 프로젝트는 눈덩이처럼 커졌다(그해 겨울 정말 실감이 나는 비유였다). 우리는 순진하게도 그 표본들을 분석해주겠다고 동의했다. 그러나 그것은 노래를 부르며 컨베이어 벨트 앞에서 나무 망치를 들고 작업하는 산타 요정들이 생산해낼 수 있는 산소 반응의 양을 완전히 과소평가한 실수에서 나온 결정이었다.

겨울이 시작될 무렵, 나는 요정들에게 여러 건의 개인 이메일을 보내는 데 긴 시간을 낭비하면서까지 모든 표본에 초록 혹은 빨간 잉크로 라벨을 붙이고 열 개씩 은색 테이프로 묶어서 우리에게 배달하도록 하는 표준을 워크숍 전체에 적용해달라고 고집했다. 표본을 담은 관들이 많이 모이고 빌이 내 농담을 이해하면서 내가 들인 노력은 몇 배의 성취감을 가져왔다.

표본 분석 일지를 들여다보니 '루돌프'라는 사용자를 위한 분석이 약 300건 정도 됐다. 상업적인 기업에 분석을 의뢰했으면 한 건당 30달러짜리였다. 빌과 나는 산타 할아버지에게 반짝이고 조용한 새 공기 압축기를 선물로 달라는 편지를 쓰기로 했다. 우리는 크리스마스 아침에 커다랗고 빨간 리본이 달린 공기 압축기를 유기물 소각기 밑에서 발견하는 상상을 했다.

"우리가 1년 내내 얼마나 착했는지부터 강조해." 빌이 지시했다.

“얼른 가서 동의어사전을 찾아와. 나는 우리과 공식 편지지를 가져올게. 모든 게 완벽해야 해.” 나는 이 작업을 하면서 가능한 최대한의 재미를 즐기려고 단단히 결심했다.

“자료실에 크레용이 있나 모르겠네.” 빌이 생각에 잠긴 듯 말했다.

사무용품 캐비닛 열쇠를 찾기 위해 가방을 뒤지던 나는 주머니 하나에서 거의 먹지 않은 래즐스 사탕 봉지를 찾고 하던 일을 멈췄다. “믿어지지 않겠지만 말이야, 인류 역사상 가장 위대한 일이 지금 막 일어났어.” 내가 말했다. 우리는 하던 일을 모두 멈추고, 바닥에 앉아 사탕을 나눴다. 맛있는 오렌지 사탕은 서로 먹으려고 싸웠고, 당연히 파란색 산딸기맛 사탕들은 레바 몫으로 남겼다. 그녀가 제일 좋아하는 맛이었기 때문이다.

56시간이나 되는 주말이 우리 앞에 영원처럼 펼쳐져 있었다. 해가 뜰 무렵 우리야말로 과 탕비실 냉장고 안에 든 모든 음식 유산을 물려받을 만한 정당한 후계자라고 선포했다. 그러나 음식에 대한 상속권을 주장하는 것 말고는 달리 계획한 일이 전혀 없었다. 기계 공장 열쇠를 따고 들어가서 우리 개인 박물관인 양 커다란 톱이랑 드릴이랑 용접기 같은 것을 넋 놓고 구경하는 건 어떨까? 대학 주강당의 프로젝터 시스템을 이용해서 우리 둘만을 위한 〈제7의 봉인〉 특별 시사회를 하는 것도 좋을 것 같았다. 어쩌면 어디엔가 나보다 그해 내내 더 행복한 사람이 있었을지도 모르지만 그와 같은 밤엔 도저히 달리 상상할 수 없었다.

3

식물들은 다 셀 수도 없을 정도로 많은 적을 가지고 있다. 초록색 이파리는 지구상에 사는 거의 모든 생물들이 음식으로 여기는 물질이다. 씨앗이나 묘목일 때는 나무 전체가 먹힐 수도 있다. 식물은 끊임없이 위협을 가하는 수많은 적들로부터 도망갈 수도 없다. 숲속의 미끌거리는 땅속에도 살아 있든 죽었든 상관없이 모든 식물을 영양공급원으로 노리는 것들이 산재한다. 그런 악당들 중에서도 곰팡이는 최악이다. 백색부후균과 흑색부후균은 없는 곳이 없다. 이름이 그렇게 붙은 것은 이것들이 다른 생물들은 절대 할 수 없는 일을 해내는 화학물질을 가지고 있기 때문이다. 이 물질은 가장 단단한 나무의 심지마저도 썩게 만들 수가 있다. 몇몇 화석 조각을 제외하고는 4억 년 동안 지구상에서 자란 목재는 모두 썩어서 처음 자기들이 왔던 곳, 즉 하늘로 돌아갔다. 이 모든 파괴가 오직 한 종류의 곰팡이가 해낸 일이다. 숲에서 자라는 나무를 썩히는 것이 그들의 직업이다. 그럼에도 이 곰팡이 가문의 한 성원이야말로 나무들의 가장 좋은 그리고 유일한 친구다.

버섯이 곰팡이라고 생각하는 사람들이 있을지 모르겠다. 그것은 남자의 성기가 곧 남자라고 생각하는 것과 다름없다. 우리 눈에 보이는 버섯의 머리는 그것이 엄청나게 맛있는 것이든 치명적인 독을 가진 것이든 더 복잡하고 완전하고 우리 눈에 보이지 않는 곳에 숨겨진 유기체에 부착된 생식기에 불과하다. 모든 버섯 머리 아래에는 길게는 몇 킬로미터에 이르는 균사 조직이 엄청나게 많은 양의 흙덩이를 감싸며 그물처럼 퍼져서 땅의 모습을 보존한다. 땅 위로 버섯 머리가 잠깐 모습을 드러냈다가 사라져버리는 동안에도 땅 아래로 뻗은 닻과 같은 균사 그물은 어둡고 영양분이 더 풍부한 곳에서 몇 년이 넘게 살아간다. 이 곰팡이 중 아주 작은 수가(5천 종 정도만) 식물들과 깊고도 지속적인 평화협정을 맺었다. 이 곰팡이 종들은 실 같은 그물을 나무들의 뿌리 주변으로 뻗어서 나무 줄기로 물을 끌어올리는 부담을 공유한다. 그리고 망간, 구리, 인 같은 귀한 무기질을 흙에서 찾아내 동방박사가 아기 예수에게 내밀듯 이 귀한 무기질들을 나무에게 선물한다.

숲의 가장자리는 혹독한 무인지대다. 거기서부터 나무가 더 자라지 않는 데에는 모두 이유가 있다. 숲의 가장자리에서 몇 센티미터만 벗어나도 물이 너무 적고, 해는 너무 적게 비추고, 바람이 너무 많고, 너무 춥고 등등의 이유로 나무 한 그루도 더 자랄 수 없는 환경이 된다. 그럼에도 아주 드물기는 하지만 숲이 영토를 넓힐 때도 있다. 수백 년에 한 번쯤 이 혹독한 공간에 새싹이 움을 틔우고 몇 년씩 부족한 환경을 견뎌낸다. 그런 묘목들은 대부분 땅 밑에 자라는 곰팡이들과의 공생관계로 무장을 완비한 녀석들이다. 곰팡이들 덕분에 뿌리가 두 배로 가동하고 있긴 하지만 이 어린 나무의 성장을 방해하는 요소는 너무도 많다.

치러야 할 대가도 있기는 하다. 초창기에 이 어린 나무의 이파리에서 만들어지는 당분의 대부분은 뿌리에 붙은 곰팡이들에게 바로 빨려나간다. 그러나 황폐한 환경에서 투쟁하고 있는 이 뿌리를 둘러싼 곰팡이 그물은 뿌리 안쪽으로 침범하지는 않고, 물리적으로 별도로 존재하면서 평생 함께할 뿐이다. 서로의 닻이 되어주는 것이다. 나무가 충분히 커서 숲의 윗부분까지 올라가 햇빛을 많이 차지할 수 있을 때까지 두 생명체는 서로 돕는다.

나무와 곰팡이는 왜 공생할까? 우리는 그 이유를 알지 못한다. 곰팡이는 어디에서나 혼자서 잘 살 수 있지만, 더 쉽고 독립적인 삶을 포기하고 나무 뿌리를 둘러싸고 도와주는 삶을 선택한 것이다. 식물의 뿌리에서 직접 나오는 순수한 당분을 찾도록 적응했다고 할 수 있겠다. 그런 당분은 숲 어디에서도 찾아볼 수 없는 이질적이고 농축된 화합물이다. 어쩌면 곰팡이도 공생 관계를 이루어 살면 혼자서 외롭게 살지 않아도 된다는 것을 깨달았는지도 모른다.

4

흙은 참 묘하다. 그 자체가 대단한 것은 아닌데 서로 다른 두 세계가 만나서 생긴 산물이라는 점에서 묘해진다. 흙은 생물의 영역과 지질학의 영역 사이에 생긴 긴장의 결과로 자연스럽게 나타난 낙서 같은 것이다.

캘리포니아에 있을 때 빌과 나는 우리가 배운 것과는 다른 방법으로 토양 강좌를 하겠다고 결심했다. 표를 채우고 데이터를 기록하기만 하는 대신 우리는 흙이 어디서 왔는지, 그리고 어떻게 생기는지를 가르치기로 했다. 학생들이 흙을 관찰하고, 만져보고, 그려보고, 자기가 본 것에 대해 직접 라벨을 붙여보는 것이다. 우리가 개발한 학습 계획은 대충 이랬다. 장소를 한군데 정하고 거기를 판다. 꼭대기에서 바닥까지 완전히 적나라하게 볼 수 있을 때까지 판다. 감춰진 것을 드러내서 땅이 가지고 있던 비밀을 폭로한다.

주변에서 우리는 어떤 것이 살아 있는지 확실히 알 수 있다. 초록색 이파리, 움직이는 벌레, 수분을 빨아들이는 뿌리. 땅속 깊은 곳에는 차갑고 딱딱한 바위들이 들어 있다. 우리 눈에 보이는 언덕들만큼이나 오래된 그 돌들은 언덕들만큼이나 호흡도 움직임도 없다. 살아 있지 않은 것이다. 이렇게 두 극단의 상태, 즉 살아 있는 것과 죽은 것들 사이에 물리적으로 놓인 모든 것들이 바로 우리가 '흙'이라고 부르는 물질이다. 흙의 맨 위층에서는 살아 있는 것들의 영향이 가장 많이 보인다. 죽은 식물이 시들고 썩고 점액들과 섞여서 어두운 갈색으로 주변의 모든 것을 물들인다. 흙의 맨 아래층은 바위들이 남긴 유산이 가장 많은 부분을 차지한다. 오랜 세월이 흐르면서 물은 바위를 조금씩 조금씩 녹여서 반죽으로 만들고, 말랐다-젖었다-말랐다를 끝없이 되풀이하면서 그 밑에 놓인 손상이 가지 않은 암석과는 확연한 차이를 보이는 광재slag를 발생시킨다. 그 둘 사이의 중간층에서는 위와 아래 두 층의 물질들이 상호작용을 하면서 화려한 색단층으로 피어나기도 한다. 빌과 나는 조지아주 남부에 차를 몰고 가다가 그런 단층을 보고 큰 인상을 받았다.

빌은 지칠 줄 모르는 흙의 전도사 기질을 타고났다. 구멍 하나를 파내려가서 거기 보이는 미묘한 화학적 구성이나 색깔의 차이, 질감의 변화 등을 집어내는, 신이 내린 자기만의 재주를 지녔기 때문이다. 그는 자기 앞에 놓인 흙과 기억 속에 저장되어 있는 다양한 흙들과의 차이점을 괴로울 정도로 자세히 비교할 수 있었다. 흙에 관해 이야기할 때는 평소의 수줍음도 다 사라지고 만다. 나는 그가 아일랜드식 펍에서 (전혀 취하지 않은 상태로) 지하에서 새로운 조합이 만들어낸 새로운 색을 발견할 때가 일을 하면서 가장 행복한 때라고 극적인 독백을 하는 것을 여러 번 목격했다. 아무도 귀를 기울이지 않는데 말이다.

1997년 여름, 우리는 학생 다섯 명을 인솔해서 현장실습에 나섰다. 흙을 구분하고 토양 지도를 만드는 것을 가르치기 위해서였다. 그중 네 명은 현장학습 여행이 처음이었고, 내 실험실에서 오랜 시간 자원봉사하는 학부생 한 명에게는 두 번째였다. 빌은 이 학생이 괜찮다고 생각했고, 나도 그랬으므로 우리는 그를 연구 여행이나 수업 여행에 같이 가자고 초대했다.

캠핑할 때 사람들이 음식에 대해 불평하지 못하게 하는 가장 좋은 방법은 각자 하룻밤씩 조리를 담당하도록 하는 것이다. 우리 학부생 마스코트가 열성적으로 식사 담당을 자처했다. 우리에게 좋은 인상을 남기고 싶다는 일념으로 그는 통조림, 상자, 양념, 그리고 껍질을 벗겨 익혀야 하는 감자도 한 자루 가져왔다. 하지만 우리가 마침내 캠핑장에 도착한 후 그가 조리를 시작할 수 있게 된 것은 밤 11시가 되어서였다.

장작불로 물을 끓이는 것은 고통스러울 정도로 느린 작업이다. 그래서 감자를 다 익힌 다음에 그 학생이 다시 차가운 물을 한 냄비 가득 불 위에 올리는 것을 보고 나는 가슴이 철렁했다. 익힌 감자를 포크와 함께 나눠만 줘도 오트 퀴진(최고급 요리를 뜻하는 프랑스어—옮긴이) 대접을 받을 마당인데 그는 그렇게 하는 대신 배낭에서 꺼낸 미세하게 빻은 밀가루를 섞어가며 감자를 으깨기 시작했다. 완전히 새로운 조리 과정이 시작되는 것을 보고 깜짝 놀라서 그에게 무엇을 하는지 물었다. "헝가리식 감자 덤플링을 만들고 있어요." 그가 설명했다. "우리 할머니가 해주시던 음식이에요. 저만 믿으세요. 진짜 좋아하실 거예요."

우리는 새벽 3시경에 저녁을 먹었다. 일행이 마침내 저녁을 먹기 위해 둘러앉았을 때 내가 "이제부터는 '덤플링'이라고 불러야겠는걸" 하고 말하자 그 학생의 얼굴이 기쁨으로 빛났다. 우리끼리만 아는 농담을 한다는 것은 직업적으로 가까워졌다는 의미였기 때문이다.

"나는 쟤를 '덤플링'이라고 안 부를 거야." 빌은 남자답게 인상을 찌푸리며 그렇게 말하면서 덤플링 수프를 먹기 위해 고개를 숙였다. 피곤하고 배가 고파서 농담할 기분이 아니었던 것이다.

바람 한 점 없는 따뜻한 밤공기, 어둠 속 어디선가 개구리 떼가 개굴개굴거리는 소리가 들려왔다. 우리는 모두 침묵 속에서 음식을 먹었다. 덤플링은 무척 맛이 있었고, 엄청나게 많은 양이어서 모두 정신 없이 배불리 먹었다. 식사가 끝난 후 치우기 시작하면서 제일 먼저 말을 한 사람은 빌이었다. "잘 먹었어, 덤플링!" 빈 그릇을 모으면서 빌은 엄숙한 말투로 말했다. 그 학생의 이름이 무엇인지 이제는 완전히 잊어버렸다. 그때부터는 누구도 진짜 이름을 쓰지 않았기 때문이다. 그리고 그 덤플링처럼 맛있는 음식은 그후로 한 번도 먹어본 적이 없다.

우리는 앳킨슨 카운티에서 땅을 팠다. 유명한 곳은 아니지만 우리는 그곳을 '니르바나'라고 불렀다. 49개의 다른 주들과 5개 대륙을 통틀어도 그곳만큼 좋은 흙은 찾을 수가 없을 것이기 때문이다. 그곳도 다른 현장실습장을 찾은 것과 똑같은 방법으로 발견했다. 바로 차 창문을 통해서다. 애틀랜타 시 남동쪽에 있는 피에드몽평야에서 대서양 쪽으로 조지아주를 가로질러 차를 몰아보면 붉은 먼지의 강을 따라 달려간다는 것을 깨닫게 된다. 아마도 꿈처럼 희미해진 오래전 산맥의 흔적일 것이다.

수업을 했던 그해 초에 82번 고속도로를 타고 오커퍼노키 습지대 쪽으로 가던 우리는 크림색 모래 위에 짙은 살구색 페인트 한 양동이를 뿌려놓은 듯한 지형을 만났다. 그때만 해도 빌은 자주 담배를 피워야 했기 때문에 자주 차를 멈추고 경치를 감상하곤 했다. 윌라쿠치 근처에 차를 멈춘 우리는 그 '페인트'가 흔치 않은 열대 산화토양에 녹슨 철이 섞인 흙으로 이루어진 띠라는 사실을 알아차렸다. 그 즉시 그 자리는 토질 현장학습 장소로 선택됐다.

학생들과 함께 토질 학습 현장에 도착하면 먼저 삽과 곡괭이, 방수포, 채, 화학약품, 그리고 색깔 분필과 커다란 칠판을 차에서 내린다. 그러고는 땅을 파기 시작해서 단단한 암석을 만날 때까지 깊이깊이 파들어간다. 이때 모두들 한쪽으로 서도록 해야 같은 것을 볼 수 있다. 충분히 깊게 땅을 파면 그다음에는 옆으로 파들어가서 어른 세 명이 나란히 설 수 있을 정도의 '구멍'을 낸다. 거기서 토양의 성질이 수평적으로는 어떻게 계속되는지를 평가할 수 있다. 이렇게 땅을 파는 건 몇 시간이 걸리는 작업으로, 진흙층이 두껍거나 땅에 물이 차 있으면 육체적으로 굉장히 힘들다.

빌과 내가 함께 땅을 팔 때는 일종의 왈츠 같은 리듬이 생긴다. 둘 중 한 명은 '던지고' 다른 한 명은 '받는' 역할을 하는데, 한 명이 곡괭이로 흙을 깨면 다른 한 명이 그 밑에 삽을 대서 떨어지는 흙을 받는 것을 말한다. 삽에 흙이 가득 차면, 다른 삽을 대고, 처음 삽에 든 흙은 옆으로 치운다. 건설 목적으로 파는 구덩이와는 달리 흙을 조심스럽게 옆으로 치워야 바닥이 깨끗하고 구덩이의 아래에서 위까지의 토양을 모두 관찰할 수 있다. 수평으로 보이는 토양층을 눌러서 다지지 않으려고 주의하지만 늘 구멍 위쪽에 서서 아래쪽을 내려다보는 학생들이 있기 마련이다. 그럴 때면 캠핑장에 들어온 다람쥐인 양 학생들을 손짓해서 비키게 한다. 땅을 팔 자원자가 있는지 물으면 가끔 농장에서 자란 아이들이 나서기도 한다. 그러나 대부분의 학생들은 땅 파는 것을 꺼린다. 예전에는 우리가 땅을 파는 동안 학생들은 하릴없이 주변에서 서성거리며 땅 파는 우리를 구경하곤 해서 짜증나게 만들었다. 요즘 학생들은 옆으로 살짝 몸을 돌리고 몰래 휴대전화 수신 상태를 확인하곤 한다.

일단 새로운 토양층을 위에서 아래까지 모두 관찰할 수 있을 정도로 땅을 파고 나면 우리는 '핀'(예전 철로에 사용되던 긴 대못)을 각 토양의 층 경계선이라고 생각되는 곳에 박는다. 빌과 나는 햇빛의 방향과 어떤 색이 실제고 어떤 색이 그림자인지를 놓고 논쟁을 벌인다. 판사도, 따분해하는 배심원도 없지만 우리는 서로 상대방에게 자기 의견을 납득시키려는 변호사들처럼 싸우곤 했다.

어떨 때는 토양층의 경계가 초콜릿/바닐라 케이크처럼 확실하다. 어떨 때는 몬드리안 그림의 빨간색 네모 하나에서 그 가장자리와 안쪽의 색 변화만큼이나 미세한 차이밖에 보여주질 않는다. 그다음에 모으는 모든 데이터의 기초가 되는 부분이지만 토양층의 '경계선'을 정하는 것은 이 활동에서 가장 주관적인 부분으로, 과학자마다 조금씩 다른 스타일을 가지고 있다. 어떤 과학자들은 나처럼 현대 미술을 하듯 거대하고 전체적인 결과를 선호하고 눈을 방해하는 규칙은 적을수록 좋다는 생각을 가지고 일한다. 우리는 덩어리파라고 불린다. 세부 사항들을 덩어리로 뭉쳐서 작업하는 경향이 있기 때문이다.

빌과 같은 과학자들은 인상파 화가들처럼 붓질 하나하나가 모두 개별적인 의미를 가져야 일관성 있는 전체를 형성할 수 있다고 믿는다. 그들은 쪼개기파로 불린다. 미묘한 차이를 가진 세부 사항들을 모두 각각 다른 범주로 쪼개서 작업하기 때문이다. 토양 과학을 제대로 하기 위해서는 덩어리파와 쪼개기파를 토양 작업 구덩이에 같이 넣고 양쪽이 모두 만족스럽지 않기 때문에 뭔가 맞는 것이 틀림없다는 생각을 갖게 될 때까지 싸우게 만들어야 한다. 덩어리파를 혼자 두면 구멍 파는 데 세 시간을 들인 다음 10분 만에 토양 경계를 표시하고 손을 털 것이다. 쪼개기파를 혼자 두면 구멍을 파고, 그 안에 기어 들어가 절대 다시 나오지 않을 것이다. 따라서 덩어리파와 쪼개기파는 서로 싸우더라도 함께 일해야 생산적인 작업을 할 수 있다. 보통 그런 경우 굉장히 좋은 토양 지도를 만들긴 하지만 현장 답사에서 돌아오는 길에는 서로 말도 안 하는 관계가 되기 일쑤다.

일단 토양층의 경계에 대한 협상을 성공적으로 마치고 나면 각 층에서 표본을 채취해서 방수포에 놓고 산도, 소금 함량, 영양소 함량, 그리고 점점 수가 많아지는 화학적 성질(점점 많은 수의 현장 시험이 가능해지고 있다) 등을 측정하기 위해 각종 화학 시험을 거친다. 마지막으로 모든 정보가 칠판에 적히고 그래프와 도형들이 작성된 다음 이 시각적 특성과 화학적 특성들은 그 토양의 비옥도를 결정하는 데 어떤 의미가 있는지에 관한 토론이 이어진다. 사실 '비옥도'라는 말이야말로 과학자들이 만들어낸 말들 중 가장 거창하고 부정확한 단어다.

이상적인 현장 교육 실습은 약 일주일 정도의 기간 동안 날마다 새로운 토양을 연구 관찰한 다음 100마일(약 160킬로미터—옮긴이) 정도를 차로 이동해 다른 장소로 옮기는 프로그램이다. 5일 동안 500마일 정도를 이동해 다니고 나면 학생들이 지역에 따라 얼마나 다양한 토양이 존재하는지를 알 수 있는 시간과 공간을 경험할 수 있다. 또한 토양 작업에 꼭 필요한 깊은 생각을 하면서도 동시에 약간 정신줄을 놓을 줄 아는 사고방식에도 노출이 된다. 현장실습이 끝날 즈음이면 학생들은 그 일과 사랑에 빠지거나 완전히 식상해져서, 전공과목을 선택하는 데 참고로 삼을 수 있다.

학생들을 흙구덩이들 사이로 닷새 동안 끌고 다니면 한 학기 내내 책상에 앉아서 가르칠 수 있는 것보다 훨씬 중요하고 의미 있는 것을 가르칠 수 있다. 그래서 빌과 나는 이런 현장실습을 위해 수만 마일을 누볐다.

빌은 학생들을 가르칠 때면 내가 만나본 중 가장 참을성 있고, 친절하고, 정중한 선생님으로 변신한다. 그는 하나를 가르치더라도 그 학생이 완전히 이해할 때까지, 어떨 때는 몇 시간이 걸리더라도 끝까지 포기하지 않는다. 또한 그냥 책에 나온 사실들을 열거하는 식의 수업이 아니라 기계 앞에 서서 어떻게 그 기계를 작동하는지 직접 보여준다. 어디가 고장나기 쉬운지, 만일 고장이 나면 어떻게 고쳐야 하는지까지 모두 가르치는, 선생으로서 하기 가장 힘든 일들을 해낸다. 학생들은 작업을 하다가 잘 안 되면 새벽 2시에라도 그에게 전화해서 도움을 요청하고, 그러면 그는 피곤한 몸을 이끌고 실험실로 와서 그들을 돕는다. 물론 그 시간에 이미 실험실에 있지 않는 경우에 말이다. 이미 짜증이 난 내가 잘 못 따라오는 학생을 충분히 노력하지 않는다고 치부해버리는 경우에도 빌은 지치지 않고 그들을 독려해서 성공을 거둘 수 있는 방향으로 이끈다.

물론 이십 대 젊은이들이 대개 그렇듯이 대부분의 학생들은 빌을 당연시했다. 하지만 아주 소수의 학생들은 졸업할 때쯤 논문을 쓰는 데 자기만큼이나 빌의 공이 컸다는 것을 이해한다. 하지만 내 실험실에서 쫓겨나 거리로 나앉는 가장 효과적인 방법은 대놓고 빌을 무시하는 일이다. 나에게는 무슨 욕을 해도 상관없지만, 빌이 윗사람이란 사실을 기억하고 거기에 따라 행동해야 한다는 것이 내 규칙이었다. 한편 빌은 모든 학생들을 비슷한 정도로 멸시하면서 불평해대지만 다음 날이 되면 학생들이 처한 곤경에서 그들을 구하기 위해 또다시 하루 종일 매달리곤 한다.

조지아 남부에서 현장실습을 하던 그날 오후 5시경(엄밀히 따지면 덤플링을 먹었던 날과 같은 날) 우리는 당일 팠던 구덩이를 다시 메우고 장비를 철거했다. 그리고 연료 탱크를 채우고 간식을 조달하기 위해 차를 웨이크로스에서 멈췄다. 허시 초콜릿과 스타버스트 캐러멜의 상대적 장점에 대해 토론하고 있는데 덤플링이 다가와서 말했다. "저는 스터키 보러 가고 싶지 않아요. 이제 질렸어요. 그리고 스터키가 레바를 겁나게 하는 것 같아요."

현장실습을 갈 때마다 우리는 '과외활동' 하나 정도를 할 시간을 비워뒀다. 덤플링이 이번에는 우리가 늘 가던 곳을 가지 않겠다는 것이다. '스터키'는 '서던 포리스트 월드'라는 박물관에 전시되어 있는 화석화된 개로, 듣기보다 훨씬 독특하다. 고생물학 전문가들은 스터키가 '아마도 동물을 쫓아 속이 빈 나무 둥치를 오르다' 끼어서 죽은 것 같다고 추측했다. 개가 그 속에서 미라가 되는 사이 나무가 화석이 되면서, '톰과 제리'와 같은 상황이 벌어진 장면이 영원히 보존된 것이다.

나는 스터키에 매혹되어 있었다. 스터키를 보면서 안티고네의 무덤에 들어가서 욕구와 후회로 얼굴이 일그러진 크레온을 상상하곤 했다. 하지만 생각해보니 레바는 늘 이 섬뜩한 물건 근처에 가기를 거부했었다. 레바 입장에서는 스터키가 개 세계의 요릭(햄릿의 어릿광대로 해골 상태로 무덤에서 파헤쳐진다—옮긴이)처럼 이 세상에서 개들이 차지하는 위치에 대해 생각해보게 만드는 반갑지 않은 냄새를 풍기는 대상일 수도 있겠다는 생각이 문득 들었다. 고속도로 주변에서 걸을 때 눈에 잘 띄도록 하기 위해 밝은 주황색의 내 볼티모어 오리올스 응원용 티셔츠를 입고 쓰레기통을 기웃거리는 레바를 보면서 나중에 사과해야겠다고 머릿속에 메모를 했다.

"글쎄," 나는 그런 생각을 하면서 주저하다가 말했다. "빌은 스터키를 진짜 보고 싶어 하는데."

빌은 애매한 태도를 취했다. "네가 시답잖은 그리스 신화 운운해가지고 이젠 스터키를 봐도 전과 다를 것 같아." 그가 말했다. "그리고 요즘은 현장실습 중에 점점 더 일찍 그 이야기를 하더라."

"알았어, 그럼 그 대신 어디를 가면 좋을까?" 내가 덤플링에게 그렇게 묻자 빌은 격노한 표정으로 나를 째려봤다. 학생에게 우리 일정을 결정하게 하는 바보 같은 일을 내가 하려고 하는데 화가 난 것이다. 집에 돌아가기 전에 심각하지 않은 관광을 하나쯤 하는 것이 우리의 전통이었다.

"늘 옥외광고판에서 보는 거기를 가면 어때요? '원숭이 정글'이라는 데요. 재미있어 보이던데." 덤플링이 제안했다.

나는 배낭을 밴에 던져넣고 레바를 휘파람으로 불렀다. "그럼 원숭이 정글로 정하자. 모두 타!" 나는 학생들에게 외쳤다.

"못 갈 이유가 없지. 여덟 시간밖에 안 걸리는데." 빌이 나를 쏘아보며 투덜거렸다. 나는 거기에 대한 답으로 상냥하게 미소를 지었다. 빌이 내가 진지하다는 것을 깨닫고 난 후 우리는 둘 다 차에 탔다.

길에 나서면 운전은 늘 빌이 다 했다. 그는 고속도로에 진입을 하고 나면 가능한 한 제일 큰 트럭을 찾아서 안전한 거리를 두고 갈 수 있을 때까지 계속 그 트럭을 따라가는 모범 운전자였다. 내가 운전하는 것은 허락되지 않았다. 광활한 지역에서 운전하는 데 필요한 참을성이 내게는 없었다. 운전하다 보면 내 생각은 딴 데 가 있고, 아스팔트 도로가 실제보다 더 융통성 있어 보이기 시작할 때가 많다. 그래서 나는 몇 시간이고 계속 수다를 떨고 빌을 웃길 만큼 말도 안 되는 시나리오를 생각해내는 임무를 맡았다. 차에 타고 가는 시간이 길어질수록 그 일은 점점 더 어려워졌다.

나는 빌이 차에 탄 학생들에 대한 책임감 때문에 습관적으로 시속 80킬로미터로 달린다고 생각했다. 그러나 나중에 그가 소유했던, 모터가 달린 모든 탈것의 역사를 들은 후 그가 자동차는 1분에 1마일씩(약 시속 96킬로미터—옮긴이) 달릴 수 있는 물건이라는 것을 모르는 것이 당연하다는 사실을 깨달았다. 어찌 됐든 그즈음 내 태도는 내가 조수석에 오래 앉아 있을 용의만 있다면 세상 어디고 가지 못할 곳이 없다는 식이었다. 일단 스터키를 생략하자는 데 합의를 보고 나자, 고속도로를 타고 남쪽으로 달리는 것 말고는 다른 할 일이 없었다.

플로리다 주경계까지 열 개 정도의 출구를 남겨 놓고 검은 바탕에 형광 분홍색으로 단 두 단어, '벌거벗은 궁둥이'라고 쓰인 옥외 광고판이 보였다. 그게 무슨 뜻인지 몰라서 나는 마음이 불편해졌다. "저게 무슨 뜻일까?" 내가 어리둥절해서 중얼거렸다. "바? 스트립 클럽? 아니면 비디오 가게 같은 거?"

"무슨 뜻인지 상당히 명확한 것 같은데." 빌이 말했다. "저 출구로 나가면 벌거벗은 궁둥이가 출구 혹은 그 근처에 있다는 뜻이겠지."

"하지만 내가 궁금한 건, 그게 여자 궁둥이야, 남자 궁둥이야, 벌거숭이두더지쥐 궁둥이야?" 나는 곰곰이 생각에 빠졌다. "아니면 자신이 벌거벗은 궁둥이가 될 기회가 생긴다는 말일까?"

"십중팔구 남부 촌놈들 용어로 뭔가 역겨운 것일 테죠." 메이슨-딕슨 선(미국 남부와 북부의 경계선. 과거 노예제도 찬반이 갈린 선이기도 함—옮긴이) 이남의 것은 뭐든 싸잡아 깎아내리는 걸로 악명이 높은 한 학생이 자진해서 의견을 냈다.

"말도 안돼." 빌이 설명했다. "고속도로를 달리다가 저런 광고를 보고 멈추는 종류의 남자라면 벌거벗은 궁둥이가 누구 궁둥이인지 별로 상관이 없는 사람이겠지. '벌거벗은'이라는 단어하고 '궁둥이'라는 단어가 보이는 순간 브레이크를 밟고 거기로 향하는 거지."

그중 정치 의식이 좀 있는 대학원생 하나가 문제를 제기했다. "저런 곳에 가는 사람이 왜 꼭 남자일 거라고 생각하세요?" 빌은 고개를 한 번 흔들고 그런 질문에 굳이 대답을 할 필요도 못 느낀다는 표정으로 계속해서 도로를 노려봤다.

다행히, 얼마 가지 않아서 더 나은 광고판이 우리 눈을 끌었다. "원숭이 정글을 탐험하세요!" 광고판은 우리에게 명했다. "사람이 우리에 들어가고 원숭이가 자유롭게 뛰노는 곳!" 우리는 모두 환호성을 올렸다.

"거의 다 왔나 봐요!" 한 학생이 희망에 찬 목소리로 추측했다.

빌이 어깨를 으쓱했다. "플로리다 주에 들어왔으니까." 주 경계선을 넘어서서 '선샤인 스테이트'에 온 것을 환영한다는 표지판을 본 직후였다. 우리가 가는 곳은 마이애미 근처였으니 거기서 약 일곱 시간쯤 떨어진 곳이었다.

그날 새벽 1시에 주차장에 차를 댔을 때 원숭이 정글은 그다지 우리를 환영하는 것 같아 보이지 않았다. 불이 모두 꺼지고 출입문은 두꺼운 체인으로 묶여 있었기 때문이다. 빌은 주차하자마자 차에서 뛰어내렸다. 문에 걸린 표지판을 보기 위한 것도 있었지만 그의 표현을 빌리자면 말린 니코티아나 타바쿰*Nicotiana tabacum*(담배—옮긴이) 이파리 냄새를 들이마시기 위한 것이다. 학생들도 매듭이 풀린 주머니에서 구슬이 쏟아지듯 차에서 내렸다. 다들 모여 있었지만 몇 명은 보이지 않는 곳으로들 갔다. 우리가 모인 곳으로 돌아온 빌은 출입문 바로 앞의 풀밭에 텐트를 치고 아침 9시 30분에 개장할 때까지 자자고 제안했다.

그는 담배를 한 모금 빨아들였다. "아마도 문을 열려고 준비하면서 우리를 깨우겠지."

"그러면 줄 맨 앞에 설 수 있겠네요." 덤플링이 보탰다.

"좋은 생각인지 잘 모르겠어." 내가 말했다. "원숭이들은 동틀 녘에 수탉들처럼 꽥꽥거리지 않나?"

"네가 더 잘 알겠지." 빌이 담배를 비벼 끄며 말했다. "원숭이랑 같이 자는 건 바로 너니까." 만났다 헤어졌다를 거듭하는 내 최근 남자친구를 가리키는 말이었다. 사실 학구적인 사람은 전혀 아니었다. 내가 얄궂은 웃음을 띤 얼굴로 거기 서 있는 동안 빌은 아이스박스를 차에서 내리고 자기 텐트를 풀기 전에 내 텐트부터 세워줬다. 기분 나쁘게 할 생각은 없었다는 표시였다. 나도 기분 나쁘지 않았다는 표시를 하기 위해 아이스박스를 뒤져서 저녁으로 무엇을 먹을까 아이디어를 내보려 애썼다.

"오늘은 꼬챙이 저녁이야." 조리할 재료가 거의 없다는 것을 깨닫고 나는 그렇게 선언했다.

"신난다!" 기록적으로 빨리 텐트를 친 빌이 나를 도와 그렇게 외쳤다. "내가 제일 좋아하는 거야!" 그는 전혀 비꼬지 않는 말투로 그렇게 덧붙이고는 차에서 나무를 한아름 꺼내 모닥불을 준비하기 시작했다. 현장실습을 나서기 전에 캠퍼스 목공소에 들러 어차피 갈아서 버릴 나무 조각들을 잔뜩 밴에 실어오는 것이 우리의 습관이었다. 목공소에 들른 다음에는 캠퍼스 재활용 센터에 가서 박스도 몽땅 실어온다. 그리고 애틀랜타를 빠져나오는 길에 캠핑하는 날짜 숫자대로 오래 타도록 만들어진 장작을 사고 음식을 아무거나 마구 집어담으면 캠핑 준비가 다 끝났다고 생각하곤 했다. 밤마다 그것들을 이용해서 내가 '앤디 워홀 모닥불'이라고 부르는 캠프파이어를 만든다. 오래 타는 장작에 불을 붙인 다음 박스와 나무 조각을 계속해서 던져 넣으면 어딘지 모르게 마음을 만족시켜주는 현란한 불꽃이 타오른다. 그런 모닥불에서도 음식을 익힐 수 있긴 하다. 입고 있는 옷의 소매가 불에 잘 타는 재질이 아니고, 무엇을 먹든 속이 차갑고 날것이어도 상관이 없어야 하는 것이 전제이긴 하지만.

꼬챙이 저녁은 각자 나뭇가지를 하나씩 찾아 원하는 재료를 거기 꿰어서 모닥불에 구워 먹는 것을 말한다. 그게 저녁이었다. 유일한 규칙은 그렇게 해서 우연히 정말로 맛있는 것을 먹게 되면 다음에 일행 전체를 위해 그것을 만들어야 한다는 것이다. 아니 적어도 그것을 다시 만들어서 결과를 공유해야 했다. 그 여행에서 덤플링은 완전히 점점 더 실력발휘를 해서 콜라 캔을 반으로 갈라서 기발하게 꼬챙이에 꿴 것을 이용해 배를 익히는 데 성공했다. 우리는 또 그가 만든 허시 초콜릿 드리즐이 캠핑 음식의 최고봉이라는 데 만장일치로 의견을 같이했다. 물론 그가 만든 덤플링은 예외였지만 말이다. 그 초콜릿 드리즐을 먹은 날 모두가 행복한 마음으로 잠자리에 들었다.

잠이 들고 얼마 지나지 않아 목소리가 아주 낮고, 엄청나게 밝은 손전등을 든 사람이 나를 거칠게 잠에서 깨웠다. 나는 머리를 텐트 밖으로 내밀고 물었다. "어떻게 도와드릴까요, 경찰관님?"

씻지 않아 냄새가 나고 앞뒤가 맞지도 않는 말을 중얼거리는 남자가 아니라 비교적 깨끗하고 정중한 말투를 가진 여자가 텐트에서 나오자 당황한 경찰관은 거기서 우리가 무엇을 하고 있는지 물었다. 나는 우리 현장실습 여행을 자세히 설명한 다음 아주 재능 있는 학생 하나가 그의 덧없는 젊은 시절이 가기 전에 저 유명한 원숭이 정글을 직접 보고 싶다는 소원을 말했고, 선생으로서 그것을 들어줄 의무가 있다고 강조했다.

그런 상황에 처했을 때 자주 그렇듯이 내가 다른 곳과 비교할 수 없이 귀하고 독특한 플로리다 토양에 대해 입이 마르게 찬양하면, 그동안 권위적이고 냉소적이던 상대방의 태도는 어느새 따뜻한 환영의 자세로 바뀌어 있었다. 몇 분 지나지 않아 그는 우리가 자는 동안 엄중 경호를 해주는 것에서부터 애틀랜타로 출발할 때 경찰 엄호를 해주겠다는 제안까지 쏟아냈다. 나는 고마운 마음으로 그의 제안을 정중히 거절하고, 무슨 일이 있으면 근처에 있는 공중전화에서 911을 돌려 도움을 구하겠다고 약속하고 기분 좋게 헤어졌다.

그 경찰관이 떠난 후 빌이 텐트 밖으로 머리를 내밀고 말했다. "정말 거창다운 솜씨였어. 항상 놀란다니까."

나는 별들을 올려다보며 습기 찬 공기를 깊이 들이마셨다. "제기랄," 그리고 만족스러운 목소리로 말했다. "난 남부가 너무 좋아."

미국 남부에서만 만날 수 있는 따뜻한 환영은 그다음 날도 계속됐다. 원숭이 정글의 입장권 담당자는 입장료가 부족한데도 우리 일행 모두를 입장시켜줬다. 빌과 내가 주머니에 있는 지폐를 모두 털어서 나온 돈은 고작 57달러밖에 되지 않았고, 그걸로는 턱없이 부족했는데도 말이다. 출입문에 해당하는 건물의 문을 열고 정글로 들어간 우리는 곧바로 사방을 가득 채운 비명소리에 넋이 나가고 말았다. 그 소리는 엄청나게 많은 다양한 종의 원숭이들이 우리를 발견하면서 질러대는 비명이었다.

"맙소사, 실험실에 걸어들어갈 때랑 똑같아." 빌이 말했다. 그의 얼굴에는 편두통이 오기 직전의 그 익숙한 찡그린 표정이 떠올라 있었다.

우리가 서 있는 곳은 사실은 아무 개성도 없는 평범한 정부청사 같은 느낌의 건물 여러 개로 둘러싸인 커다란 중정이었다. 중정 위로 철망을 이어 만든 커다란 포물선 모양의 복도 같은 것이 설치되어 있었고, 철망 군데군데가 여러 겹으로 강화되어 있는 것이 보였다. 이 중정을 방문하는 호모 사피엔스들이 걸어갈 수 있는 철망 복도였다. 광고판의 문구는 바로 이것을 가리킨 것이었다.

원숭이 정글은 모든 면에서 내 실험실의 도플갱어였다. 생각하면 할수록 동일한 점이 많았다. 규모가 한 100배쯤 더 크긴 하겠지만 우리가 하는 연구 활동 하나하나는 모두 이 원숭이 보호 구역 안에서 그와 유사한 행동들을 찾을 수가 있었다. 무슨 문제인가를 두고 해결할 수도, 포기할 수도 없어서 골머리를 썩이던 세 마리의 자바산 마카크원숭이가 우리 일행이 그 문제의 해답이기라도 되는 양 달려들었다. 우리가 걸어가는 복도 위로 축 쳐져 걸쳐 있는 흰손긴팔원숭이 한 마리는 자는 것인지, 죽은 것인지, 아니면 그 중간 정도 되는 상태인지 알 수가 없었다. 조그마한 다람쥐원숭이 두 마리는 자기들만의 사뮈엘 베케트 연극에 갇혀 상호 의존과 혐오의 그물에서 헤어나지 못하고 있는 듯했다. 아이러니하게도 또다른 두 마리의 다람쥐원숭이는 바로 그 옆에서 서로 아주아주 잘 지내는 것처럼 보였다. 적어도 겉으로 보기에는.

짖는 원숭이 한 마리는 저 뒤쪽 높은 가지 위에 홀로 앉아 자기의 모국어로 성서의 〈욥기〉 전체를 부르짖듯 낭송하면서 왜 정의로운 자가 고통을 받아야 하는지 설명해달라고 간청하듯 팔을 가끔씩 위로 쳐들곤 했다. 붉은손타마린원숭이는 피해망상증 환자처럼 쭈그리고 앉아 손을 비비며 뭔가 사악한 계획을 구상하고 있었다. 서로의 털을 세심하게 고르고 있는 두 마리의 아름다운 다이애나원숭이는 아마도 머릿속으로는 따분함의 바닷속을 헤매고 있을 것이다. 카푸친원숭이 한 떼가 지친 듯한 몸짓으로 순찰을 돌면서 1분 전만 해도 거기 있었던 것이 확실한 건포도들이 도대체 어디로 갔는지 궁금한 듯 집착적으로 먹이통을 들여다보고 또 들여다봤다.

"원숭이들은 모두 어떤 원숭이의 원숭이야." 내가 그렇게 소리 내서 말했다.

그때 빌이 눈에 들어왔다. 그는 중정 저편에서 녹슨 커튼만을 사이에 둔 채 거미원숭이 한 마리와 마주보고 서 있었다. 둘 다 똑같이 7~8센티미터 정도 되는 반짝이는 어두운 갈색 머리카락이 사방으로 삐죽삐죽 곤두선 헤어스타일을 하고 있었다. 지난 2주일 사이에 몇 번 힘차게 긁어준 것 말고는 손도 안 댄 채 놔둬서 가능해진 스타일이었다. 둘의 얼굴은 모두 거친 털로 덮여 있었고, 유연한 팔다리는 금방이라도 기민한 동작에 들어갈 준비가 되어 있었지만 구부정한 자세 때문에 그 기민함이 살짝 가려져 보였다. 거미원숭이는 짙고 초롱초롱한 눈을 커다랗게 뜨고 영원히 충격을 받은 듯한 표정을 짓고 있었다.

빌과 그 원숭이는 서로에게 너무나 강하게 매료돼서 세상의 다른 아무것도 존재하지 않는 것처럼 보였다. 그 장면을 보면서 나는 뱃속이 간질간질해지는 것을 느꼈다. 보통 이런 느낌이 든 뒤 웃음이 터지고 나면 쾌적하고 편안하게 되고 나서도 웃음이 그치지 않곤 했다.

빌이 마침내 눈은 여전히 원숭이를 바라본 채로 선언했다. "이건 제기랄, 거울을 보는 거 같잖아." 나는 더이상 참지 못하고 웃음을 터뜨렸고, 결국은 제발 웃음을 멈추게 해달라는 기도를 해야 할 정도로 웃어댔다.

마침내 빌이 마음을 다잡고 그 거미원숭이와 작별을 고한 후, 우리는 정글의 마지막 방으로 향했다. 킹이라는 이름의 커다란 고릴라가 시멘트로 된 작은 방에 앉아 있었다. 호모 사피엔스가 독방 감금형을 받으면 들어가 있을 법한 방과 그리 달라 보이지 않았다. 킹은 130킬로그램이 넘는 몸을 타일벽에 축 처진 채 기대고 앉아 한 발로 쥔 크레용을 종이 조각에 무기력하게 문질러대고 있었다. 우리가 킹을 보도록 되어 있는 방의 벽에는 그가 완성한 '그림 작품'들이 가득 붙어 있었다. 모든 작품들은 킹이 비슷한 테크닉을 써서 그린 것이어서 모두 함께 모아놓고 보면 그 일관성에 깊은 인상을 받게 된다.

"적어도 저 녀석은 자기 작업을 발표하고는 있네" 하고 나는 말했다.

게시판에는 저지대 서식 고릴라들이 자기들의 고향인 아프리카에서 얼마나 곤경에 처해 있는지에 관한 설명이 되어 있었지만, 킹이 플로리다에서 겪고 있는 이런 절대적 속박보다 더 암울한 환경이 콩고에 있을 것이라고는 상상하기가 힘들었다. 또 하나의 게시판에는 약간 사과조로, 넘쳐흐르는 킹의 작품은 선물 가게에서 구입할 수 있으며 거기서 얻은 수익의 일부는 킹의 우리를 넓히고 개선하는 데 사용될 것이라는 설명이 쓰여 있었다. 킹이 권총을 가지고 있었다면 자기 머리를 쏘아서 자살했을 것이 틀림없다고 나는 확신했다. 하지만 가지고 있는 무기가 크레용밖에 없으니 그걸로 최선을 다하고 있는 것이었다. 원숭이들을 먹이기 위해 학생들이 구입한 건포도가 떨어지기를 기다리는 동안 나는 상대적으로 풍요로운 내 삶에 대해 불평하지 않겠다고 다짐했다.

"흠, 저 불쌍한 녀석이 적어도 종신 재직권이라도 따길 바라." 빌이 한숨을 쉬며 말했다.

"그건 걱정하지 않아도 될 거 같아." 내가 그를 안심시켰다. "저 녀석을 고용한 직장에서는 저 녀석을 영원히 데리고 있을 작정인 것 같아. 게다가 돈도 벌어들이고 있잖아."

빌이 나를 바라보았다. "고릴라 이야기가 아니었어."

선물 가게를 지나치면서 우리는 마지막 동전들을 플렉시글

래스(특제 아크릴 수지—옮긴이)로 된 헌금함에 집어넣었지만 신용카드까지 써 가면서 킹의 그림을 사지는 않았다. "예술을 모르긴 하지만, 내 취향이 뭔지는 알아." 빌은 킹의 그림들이 전시된 곳을 무심하게 지나치면서 그렇게 설명했다.

주차장에서 나는 학생들에게 차를 오래 타야 하니 지금 화장실에 다녀오라고 한 다음, 내가 종신 재직권을 따는 날을 상상했다. 그날이 오면 '난 네 엄마가 아냐'라고 쓴 티셔츠를 만들어 입고 출근할 생각이었다.

밴에 일행이 모두 타고 차 문을 닫은 다음 나는 하이킹 신발을 벗고 다이어트 콜라 캔을 열어 빌에게 건넸다. "원숭이들에 대해 배우려고 원숭이 정글에 갔는데, 그 과정에서 우리 자신에 관해서도 조금씩은 배우게 된 것 같군." 내가 낼 수 있는 가장 느끼한 선생 목소리로 그렇게 말했다.

"제기랄, 난 나 자신을 만났잖아." 빌은 창문 밖으로 목을 빼고 주차장에서 차를 빼기 위해 후진하면서 그렇게 중얼거렸다.

차가 95번 주간 고속도로로 들어서자 나는 대시보드에 발을 올리고 단체로 시간을 죽이는 일의 리더 역할에 들어갔다. 원숭이 정글이 원숭이'의' 정글인가, 원숭이들을 '위한' 정글인가 하는 의미론적 토론을 시작하려다가 그만뒀다. 백미러로 벌써 아기처럼 곤히 잠들어 있는 덤플링이 보였기 때문이다.

5

낙엽수의 삶은 연간 예산의 지배를 받는다. 낙엽수는 매년 3월에서 7월까지 짧은 기간 동안 나무 전체를 덮을 새잎을 길러내야 한다. 그해 생산량을 맞추지 못하면 작년에 자신이 차지했던 공간을 경쟁자에게 빼앗길 것이고, 거기서부터 길고도 느린 내리막길이 시작돼서 언젠가 설 곳을 잃고 죽게 된다. 앞으로 10년 후에도 살아 있으려면 올해 성공을 거두지 않으면 안 되고, 다음 해, 그다음 해에도 마찬가지다.

수수하고 눈에 띄지 않는 보통 나무를 하나 예로 들어보자. 길에서 흔히 볼 수 있는 나무. 가로등 정도 키의 관상용 단풍나무(숲속에서 잠재력을 모두 발휘해서 클 만큼 큰 장엄한 단풍나무가 아닌)를 생각해보자. 숲속 단풍나무의 약 4분의 1 크기 정도 되는 이웃 정원의 아담한 나무 말이다. 태양이 바로 위에 떠 있을 때는 우리 이 자그마한 단풍나무는 차 한 대 세울 정도의 그림자를 드리운다. 그러나 그 나무에 달린 이파리들을 모두 따서 바닥에 깔아보면 주차공간 세 개 정도의 자리를 차지한다. 각각의 이파리를 따로따로 띄워두는 방법으로 나무는 자신의 표면을 일종의 사다리처럼 만들어 빛이 속속 들어오도록 하는 것이다. 고개를 들어 살펴보면 어느 나무든 위쪽에 달린 이파리들은 아래쪽에 달린 이파리들보다 평균적으로 크기가 더 작다는 것을 알 수 있다. 이것은 바람이 불어서 위쪽에 달린 이파리들을 움직이면 아래쪽에 햇빛이 도달할 수 있도록 하기 위해서다. 다시 한번 나무를 보라. 아래쪽에 달린 이파리들의 녹색이 더 진하다. 햇빛을 흡수하는 색소가 더 많이 들어 있어서 그림자를 뚫고 들어온 더 약한 빛을 흡수하도록 도와준다. 이파리를 만들어낼 때 나무는 각각의 이파리에 대해 개별적으로 예산을 세우고, 다른 이파리의 위치를 고려해서 각각의 이파리가 위치할 장소도 정해야 한다. 경영 전략이 잘 세워져 있으면 나무는 동네에서 가장 크고 가장 오래 사는 생물이 되는 승리를 거둘 것이다. 그러나 그것은 쉬운 일도 값싼 일도 아니다.

우리의 작은 단풍나무에 달린 이파리는 모두 합치면 약 15킬로그램 정도 된다. 나무는 그 15킬로그램을 만드는 1그램, 1그램을 모두 공기 중에서 뽑거나 땅에서 캐내야 한다. 그것도 몇 달 안에 재빨리. 대기 중에서 식물은 이산화탄소를 뽑아서 당과 관다발과 잎맥을 만들어낸다. 15킬로그램의 단풍잎은 우리 입에는 그다지 달지 않을지 모르지만 실은 거기엔 내가 지금 생각할 수 있는 것 중 가장 단 음식인 호두파이 세 개를 만들 정도의 수크로오스sucrose가 함유되어 있다. 이파리에 든 관다발과 잎맥에는 종이 300장을 만들 정도의 섬유소가 들어 있다. 종이 300장이면 이 책의 초고를 프린터에서 찍어낼 때 쓴 정도의 양이다.

나무의 유일한 에너지원은 태양이다. 광자가 잎의 색소를 자극하면 부지런한 전자들은 상상할 수 없을 정도로 긴 고리를 만들고 늘어선 다음 한 전자에서 다음 전자로 태양에서 받은 흥분감을 전달한다. 그렇게 해서 생화학적 에너지는 세포들을 건너 그 에너지가 필요한 지점에 정확히 도달한다. 식물 색소인 엽록소는 크기가 큰 분자로, 숟가락 모양의 엽록소의 가운데 파인 부분에는 소중한 마그네슘 원자 하나가 앉아 있다. 15킬로그램의 이파리에 연료 공급을 하는 엽록소에 필요한 마그네슘의 양은 하루에 하나씩 복용하는 비타민제 열네 개에 든 양과 같다. 마그네슘은 암반에서 녹아나오는 물질로, 그것을 얻는 것은 지질학적으로 시간이 걸리는 과정이다. 우리 나무가 필요로 하는 마그네슘, 인, 철분, 그리고 수많은 미량 영양소는 흙 안에 있는 작은 무기질 덩어리 사이를 흐르는 극도로 희석된 용액에서 얻어진다. 15킬로그램의 이파리가 필요한 만큼의 영양분들을 흙에서 모으려면 나무는 적어도 3만여 리터의 물을 흙에서 빨아들여 증발시켜야 한다. 그 정도면 유조차를 채우기에 충분한 양이고, 스물다섯 명의 사람이 1년 동안 마실 수 있는 물이며, 다음에 언제 비가 올지 걱정을 하게 만들기에 충분한 양의 물이다.

* * *

학계에서 활동하는 과학자의 삶은 3년 예산의 지배를 받는다. 매 3년마다, 그녀는 연방정부로부터 새 계약을 따내야 한다. 계약에서 보장하는 연구 자금으로 그녀는 실험실에 고용한 사람들의 월급을 지불한다. 그 돈으로 또 실험에 필요한 모든 자료와 장비를 사고, 연구를 수행하는 데 필요한 출장 경비도 충당해야 한다. 대학들은 보통 새로 일을 시작하는 과학 분야의 교수들에게 제한된 경비를 줘서 '새 출발'을 돕는다. 학계의 신부지참금에 해당하는 이 자금은 첫 계약을 따낼 때까지 그 병아리 교수가 연명하는 것을 돕는다. 첫 2~3년 사이에 계약을 따는 데 실패하면 자신이 훈련받아온 일을 하지 못하게 되고, 종신 계약을 맺는 데 필요한 학문적 업적을 이루어내지 못할 것이다. 앞으로 10년 후에도 교수로 일하고 있으려면 지금 성공하지 않으면 안 된다. 이 문제는 모든 교수들에게 고루 돌아갈 만큼 연방정부가 줄 수 있는 계약이 많지가 않다는 사실 때문에 더 복잡해진다.

내가 하는 종류의 과학은 '호기심에 이끌려서 하는 연구'라고 부르기도 한다. 이 말은 내 연구는 시장에 내놓을 수 있는 제품이나, 유용한 기계, 환자에게 처방할 수 있는 약, 가공할 만한 무기 혹은 직접적인 물질적 이익으로 이어지지 않는다는 의미다. 만일 내 연구가 간접적으로 저 위에 든 예 중의 하나로 이어진다면 그것은 미래에 내가 아닌 다른 사람 손에서 이루어질 일이다. 나라의 예산에서 내 연구는 우선순위가 높지 않다. 내가 하는 연구 같은 것에 자금을 대주는 중요한 자금원이 하나 있기는 하다. 바로 미국 국립 과학 재단National Science Foundation, NSF이다.

국립 과학 재단은 미국 정부 기관으로, 거기서 과학 연구에 대는 자금은 세금 수익에서 나온다. 2013년, 국립 과학 재단의 예산은 73억 달러였다. 참고로 미국 농무부(식량 수출입을 감독하는 사람들)의 예산은 그 세 배였다. 미국 정부가 매년 우주 개발에 부어넣는 돈은 다른 모든 과학자들이 쓰는 돈을 다 합친 것의 두 배다. 나사의 2013년 예산은 170억 달러가 넘었다. 이런 차이는 연구 예산과 군비의 차이에 비교하면 아무것도 아니다. 2001년 9월 11일에 일어난 사건에 대한 대응으로 만들어진 미국 국토안보부 예산은 국립 과학 재단의 예산의 딱 다섯 배였고, 국방부의 소위 '자유재량 예산'은 그 금액의 여섯 배나 됐다.

'호기심에 이끌려서 하는 연구'의 부산물 중의 하나는 젊은 이들에게 영감을 주는 것이다. 연구원들은 자기들이 하는 일을 과도하게 좋아하고, 다른 사람들도 그것을 사랑하도록 가르치면서 견줄 데 없는 기쁨을 맛본다. 사랑으로 사는 모든 생물이 그렇듯 우리도 번식을 하지 않을 수가 없다. 미국에 과학자가 충분히 없기 때문에 '뒤처질'(그것이 무슨 의미인지 모르겠지만) 위험에 빠져 있다는 이야기를 들었을지도 모른다. 그 이야기를 학계에 있는 과학자에게 하면 그녀는 웃느라 정신을 못 차릴 것이다. 지난 30년 동안, 방위산업과 관련이 없는 분야의 연구에 책정된 미국의 연간 예산은 완전히 동결되어 있었다. 예산의 입장에서 보면 미국은 과학자가 너무 적은 것이 아니라 너무 많다. 게다가 매년 과학 분야 졸업생은 계속 나오고 있지 않은가. 미국은 과학을 중시한다고 말은 할지 모르지만, 대가는 치르려 하지 않는 것이 분명하다. 특히 환경 과학 분야에서는 수십 년 동안 재원을 졸라맨 치명적인 결과를 눈으로 확인할 수 있다. 농업 용지의 토질 저하, 생물종의 멸종, 삼림 벌채 등등 리스트는 끝이 없다.

사실 73억 달러도 막대한 돈이기는 하다. 하지만 이 돈으로 모든 '호기심에 이끌려서 하는 연구'를 지원해야 된다는 것을 잊으면 안 된다. 생물학뿐 아니라 지질학, 화학, 수학, 물리학, 심리학, 사회학, 그리고 보통보다 난해한 공학이나 컴퓨터 과학까지 모두 이 돈에 의지한다. 내 일은 어떻게 식물들이 그토록 오래, 그토록 성공적으로 번창해왔는지를 이해하는 것이므로, 국립 과학 재단의 순純고생물학 범주에 들어간다. 2013년 미국 전체에서 진행된 모든 순고생물학 연구에 책정된 예산은 600만 달러였고, 예상대로 공룡뼈를 파러 다니는 사람들이 돈의 대부분을 가져갔다.

사실 600만 달러도 막대한 돈이기는 하다. 어쩌면 우리끼리 합의해서 각 주에서 순고생물학자 한 명씩 연구 기금을 받기로 하면 될지도 모른다. 600만 달러를 50으로 나누면 계약 하나에 12만 달러가 된다. 바로 이것이 현실에 가까운 숫자다. 국립 과학 재단은 순고생물학자들과 매년 30~40개 건을 계약한다. 각 계약의 평균 연구 기금은 16만 5000달러다. 따라서 미국에는 국립 과학 재단에서 기금을 받아 연구하는 순고생물학자가 늘 100명 정도 있다. 이 정도로는 진화에 대한 대중의 의문에 모두 답하기는 역부족이다. 그 모든 노력을 카리스마 있게 멸종해버린 공룡이나 매머드 등에 집중한다 해도 말이다. 잊지 말아야 하는 것은 미국에는 순고생물학 교수가 100명보다 훨씬 많이 있다는 사실이다. 그 말은 그들 중 대부분이 자기가 훈련을 받은 분야에서 연구할 수가 없다는 의미이다.

사실 16만 5000달러도 막대한 돈이기는 하다. 적어도 나에게는. 하지만 그 돈을 가지고 무엇을 할 수 있을까? 다행히도 대학에서 내 월급을 1년 대부분의 기간 동안 지급한다(수업이 없는 기간 동안, 즉 여름 내내 월급을 받는 교수는 흔치 않다). 하지만 빌의 월급을 확보하는 일은 내게 달렸다. 내가 그에게 연간 2만 5000달러를 지급하겠다 결정하면(그는 20년 경력자다) 그의 기타 복지비용 1만 달러를 합쳐서 연간 3만 5000달러를 확보해야 한다.

거기에 더해, 대학이 자기 교수들이 하는 연구에 대해 정부에 세금을 매기는 재미있는 제도가 있다. 따라서 내가 3만 5천 달러를 요청할 때, 1만 5000달러를 추가로 요청해야 한다. 이 1만 5000달러는 대학 금고로 직행하는 돈으로, 나는 거기서 10센트 한 장도 구경하지 못한다. 이 돈은 '간접비용'이라고 하는데, 42퍼센트의 세율을 자랑한다. 이 세율은 대학마다 달라서 일부 명문대에서는 100퍼센트까지 올라가기도 하고, 세율이 낮은 대학이라 할지라도 지금까지 한 번도 30퍼센트 이하를 본 적이 없다.

이 세금은 에어컨을 돌리고, 식수대를 정비하고, 화장실에 물이 내려가도록 대학에서 관리하는 비용이라고들 한다. 하지만 사실 내 실험실이 있는 건물에서는 이런 것들을 가끔씩밖에 작동하지 않는다는 점을 강조하고 싶다.

어찌 됐든, 이 옹색한 시나리오에 따라도 빌을 3년간 고용하려면 15만 달러가 든다. 그러고 나면 3년 동안 최첨단 실험실 작업을 하는 데 필요한 모든 화학 약품과 장비를 사들이고 조교를 고용하거나 출장을 가거나 워크숍이나 학회에 참석하는 데 쓸 비용이 자그마치 1만 5000달러나 남는다. 아, 그리고 대학에 세금을 내고 나면 진짜 사용할 수 있는 돈은 1만 달러라는 것을 잊으면 안 된다.

언젠가 과학 분야의 교수를 만나면 연구 결과가 잘못될까 걱정이 되느냐고 물어보라. 연구가 불가능한 문제를 선택했거나 연구 과정에서 중요한 증거를 간과했을까 걱정이 되는지 물어보라. 지금도 여전히 찾고 있는 해답이 가지 않은 여러 길에 있지 않을까 걱정이 되는지 물어보라. 과학 분야의 교수에게 무엇이 가장 걱정인지 물어보라. 길게 걸리지도 않을 것이다. 그녀는 당신을 빤히 바라보면서 한마디로 답할 것이다. “돈이오.”

6

덩굴은 그때그때 임기응변으로 살아간다. 숲 위쪽에서 비처럼 쏟아지는 엄청난 양의 덩굴 씨들은 싹은 쉽게 틔우지만 뿌리를 내리는 일은 드물다. 유연하고 녹색을 띤 이 덩굴 싹은 의지해서 자랄 수 있는 틀을 미친 듯이 찾는다. 자신은 전혀 가지고 있지 않은 힘을 제공해줄 틀을 찾는 것이다. 덩굴은 빛이 있는 위쪽으로 도달하기 위해 갖은 수를 동원해 투쟁을 한다. 그들은 숲의 규칙에 따르지 않는다. 제일 좋은 자리에 뿌리를 내리고, 잎은 다른 제일 좋은 자리, 보통 몇 나무 건너에 만든다. 덩굴은 지상의 식물 중 유일하게 위보다 옆으로 더 많이 자라는 식물들이다. 덩굴은 도둑질도 마다하지 않는다. 그들은 아무도 돌보지 않은 빛 한 줌과 비 한 방울을 훔친다. 덩굴들은 사과하는 태도로 공생관계에 들어가는 대신 기회가 닿는 대로 크게 자란다. 감고 올라가는 틀이 죽는지 사는지 별 상관이 없다.

덩굴의 유일한 약점은 그것이 약하다는 점이다. 그들은 나무만큼 크게 자라기를 절박하게 원하지만, 그것을 고상하게 실현하는 데 필요한 빳빳함을 가지고 있지 못하다. 그들이 햇빛을 찾아가는 방법은 목재를 길러서가 아니라 순전히 악력과 뻔뻔스러움을 동원해서다. 담쟁이덩굴 한 그루는 무엇이든 감싸고 달라붙도록 프로그램된 수천 개의 초록색 덩굴손을 가지고 있다. 덩굴손에 닿은 것이 덩굴을 지지할 수 있을 정도로 튼튼하거나 혹은 적어도 튼튼한 것을 만날 때까지 버텨주기를 바라면서 말이다. 그들은 누구도 흉내 낼 수 없을 정도의 변신술을 지닌 변절자들이다. 덩굴손에 흙이 닿으면 뿌리로 변하고, 덩굴손에 바위가 닿으면 흡입컵을 만들어 단단히 붙는다. 덩굴은 무엇이든 필요한 것으로 변신하고, 자신의 엄청난 허세를 현실로 만들기 위해서는 무엇이든 다 한다.

덩굴 식물들이 사악하거나 해로운 존재는 아니다. 다만 말릴 수 없을 정도로 야심찰 뿐이다. 그들은 지구상에서 가장 열심히 일하는 식물들이다. 덩굴은 해가 쨍하게 나는 여름날 하루에 30센티미터 이상 자랄 수도 있다. 덩굴의 줄기에서는 식물에서 측정된 것 중 가장 높은 물 이동률이 관찰되기도 한다. 가을에 덩굴옻나무 잎이 몇 개 빨강이나 갈색이 된다고 해서 착각해서는 안 된다. 그 식물이 죽어가는 것이 전혀 아니라, 그저 다른 색소로 속임수를 쓰고 있을 뿐이기 때문이다. 덩굴 식물은 상록수다. 하루도 쉬는 날이 없다는 뜻이다. 그들은 자신이 힘들게 감고 올라간 낙엽수들처럼 긴 겨울 휴가를 즐기지 않는다. 이 모든 것에 더해 덩굴 식물은 숲의 이파리 지붕 맨 위에 도달하기 전까지는 꽃을 피우거나 열매를 맺지 않는다. 따라서 가장 강한 개체들만 후손을 퍼뜨리고 살아남아왔다.

인간이 먹이 사슬의 맨 위에 군림하는 현 시대에는 가장 강한 식물들이 더 강해지고 있다. 덩굴 식물들은 건강한 숲을 장악할 수 없다. 그런 일이 벌어지려면 모종의 혼란이 벌어져야 한다. 숲에 뭔가 큰 상처가 나서 땅에 공간이 생기거나, 텅 빈 나무 둥치, 해가 드는 땅뙈기가 있어야 덩굴이 자리를 잡을 수 있다. 이런 상처를 내는 데 인간만큼 능숙한 존재는 없다. 우리는 갈고, 포장하고, 태우고, 베고, 판다. 우리가 사는 도시 환경에서 번창할 수 있는 식물은 단 한 종류밖에 없다. 바로 빨리 자라고 공격적으로 번식하는 잡초들이다.

살지 않아야 할 곳에서 사는 식물은 골칫덩어리에 불과하다. 하지만 살지 않아야 할 곳에서 번창하는 식물이 잡초다. 우리는 잡초의 대담성에 화를 내지는 않는다. 모든 씨앗은 대담하기 때문이다. 우리가 화를 내는 것은 잡초들의 눈부신 성공이다. 인간들은 잡초밖에 살 수 없는 세상을 만들어놓고 잡초가 많이 자란 것을 보면 충격을 받은 척, 화가 나는 척한다. 우리가 이렇게 앞뒤가 안 맞는 행동을 하는 것은 사실 아무 상관이 없다. 식물의 세계에서는 이미 혁명이 일어나서 인간이 개입한 모든 공간에서는 침입자들이 쉽게 원주민들을 내쫓고 뿌리를 내리고 있다. 우리가 아무 힘도 없이 그저 입으로만 잡초를 욕해봤자 이 혁명을 멈추지는 못한다. 지금 목격하고 있는 혁명은 우리가 원한 것이 아니라 촉발한 것일 뿐이다.

북아메리카에서 발견되는 대부분의 덩굴 식물은 그 씨가 유럽이나 유라시아 대륙에서 차, 옷, 양모 등등의 기초 생필품들과 함께 우연히 유입된 침입자들이다. 19세기에 미국으로 이주한 식물들은 새로운 땅에서 막대한 재산을 쌓았다. 오랜 세월에 걸쳐 매 세대마다 약점을 파고들어 괴롭히던 벌레들의 위협에서도 벗어나, 이들 덩굴 식물은 신대륙에서 아무런 방해 없이 크게 번창했다.

우리가 칡이라고 부르는 덩굴 식물은 1876년 미국 독립 100주년을 기념해서 일본에서 보내와 필라델피아에 도착했다. 그때부터 퍼진 칡덩굴은 코네티컷에 해당하는 크기의 땅을 점령했다. 두꺼운 리본과 같은 칡덩굴은 미국 남부 지방의 고속도로 수천 킬로미터를 수놓는다. 우리가 빈 맥주 깡통과 담배 꽁초를 던지는 고속도로 옆 배수로에서 칡넝쿨은 번창한다. 그들은 늘 있지 않아야 할 곳에서 자라서 더 예쁜 분홍 층층나무를 가려버린다. 쓰레기 더미를 헤치고 들어가보면 30미터가 넘는 칡덩굴이 한 뿌리에서 나온 것임을 발견할 것이다. 그 정도 길이면 숲에서 가장 큰 나무의 두 배가 쉽게 넘는다. 칡덩굴은 기생 식물로서의 운명에 적응했고, 다른 삶은 알지 못한다. 층층나무가 모든 조건이 완벽한 아름다운 여름이 올 것이라는 기대를 안고 한자리에 안전하게 눌러 앉아 꽃을 피울 때, 칡덩굴은 고집스럽게 한 시간에 1인치씩 자라면서 다음에 임시로 머무를 집을 찾아 헤맨다.

7

덤플링의 지시에 따라 원숭이 정글을 방문한 후 우리 모두는 원숭이 하우스에서 일하는 원숭이에 불과하다는 진리에 눈을 뜬 다음 모든 것이 이해되기 시작했다. 세미나나 학회 같은 것에 참석하느라 실험실에서 떨어져 있을 때도 빌이 보내오는 뒤틀린 이메일은 내가 왜 이 일을 사랑하는지를 상기시켜 나를 잡아매주는 역할을 했다. 실수로 열어놓은 창문으로 지하실에 기어들어온 비루먹고 주인 없는 강아지라도 되는 듯 대하는 창백한 중년 남자들에 둘러싸여 있을 때마저도 말이다. '나를 핵심 멤버로 인정해주는 곳이 어딘가에 있다'는 생각은 낯선 도시의 매리어트 호텔 회의장에서 뷔페 식사 시간에 혼자 서 있을 때 나 자신을 위로하는 대사였다. 그것은 마치 가까이 가면 병이라도 옮길 사람인 듯 아무도 내 근처에 오지 않고, 옛날 좋은 시절에 질량분석계를 만들던 이야기를 하며 서로 등을 두드리며 웃어대는 무리들로부터 완전히 소외된 채 서 있을 때 나를 위로해주는 유일한 생각이었다.

출장이 끝나고 조지아 공대로 돌아올 때마다 나는 이전보다 심지어 일을 더 열심히 하기 위해 몸을 던졌다. 캠퍼스에서 칠판이 이제는 한물간 무용지물이 될 가능성을 토론하는 위원회 활동을 하느라 처리하지 못한 서류 작업을 하기 위해 일주일에 하루(수요일)는 아예 밤을 새우는 날로 정해서 일하기 시작했다. 내 사무실과 종잇장처럼 얇은 벽을 사이에 두고 위치한 휴게실에서 매일 아침 10시에서 10시 30분 사이에 내 성적 취향이나 어릴 때 겪었을지 모르는 트라우마에 관해 벌어지는 토론을 듣게 되는 영광을 누린 결과, 나는 여자 교수들과 과에서 일하는 여성 비서들은 학계의 천적과 같은 존재들이라는 사실을 알게 됐다. 그리고 내가 거들을 착용하지 않는 것이 정말 큰일 날 일이지만 적어도 또다른 여자 교수 한 명보다는 나은 신세라는 것을 알게 됐다. 그녀는 그렇게 24시간 일만 해서는 출산 후에 빼야 할 살을 절대 못 뺄 절박한 운명에 처해 있었다.

아무리 열심히 일을 해도 나는 앞서나갈 수가 없었다. 샤워는 2주일에 한 번 정도 하는 의식이 됐다. 아침과 점심 식사는 책상 밑에 쌓아둔 영양 음료 한두 캔으로 때우기 일쑤였다. 심지어 한 번은 세미나에 참석하면서 레바의 간식용 뼈다귀를 가방에 던져넣은 적도 있다. 세미나에 가서 씹으면 꼬르륵거리는 내 배로부터 사람들의 주의를 돌릴 수 있지 않을까 해서였다. 십 대 때도 나지 않던 여드름이 잃어버린 시간을 보충하기라도 하려는 듯한 기세로 폭발했고, 나는 손톱을 공격적으로 물어뜯으며 매일 시간을 보냈다. 잠깐씩 연애에 발을 담가본 결과 나는 사랑의 영역에서는 할인 대방출 코너에 방치될 종류의 인간이라는 확신을 가지게 됐다. 내가 만난 독신남들은 왜 내가 계속 일을 하는지 이해하지 못했고, 어차피 몇 시간에 걸쳐 식물에 관해 이야기하는 나에게 귀를 기울이는 사람은 아무도 없었다. 어른이 되면 이럴 것이라고 내가 접해온 이미지들과 비교해서 내 삶은 모든 면에서 엉망진창이었다.

나는 도시의 가장자리, 애틀랜타 시가 끝나고 조지아 남부가 시작되는 곳에서 살고 있었다. 그다지 아름답다고 할 수 없는 코웨타 카운티의 3에이커(약 1만 2000제곱미터)에 달하는 대지에 자리 잡은 캠핑카를 빌린 나는 재키라는 늙은 암말을 돌보는 특권을 위해 돈을 더 냈다. 통근하는 데 35분을 쓸 가치가 있다고 생각했다. 늘, 그리고 너무도 말을 원했던 나는 공식적으로 교육을 마치고 직업을 가졌으니 그게 가능하다고 생각했다. 재키는 사랑스러웠고, 그녀가 주는 안락함은 늘 내 마음을 어루만져줬으며, 레바와는 금방 좋은 친구가 됐다. 단 한 가지 문제는 내가 짐을 풀자마자 서쪽에 사는 이웃 한 명과 캠핑카의 주인이 친절한 존재에서 으스스한 존재로 변신했다는 사실이다.

임시로 만든 창고 같은 그 캠핑카에 집에서 만든 비디오테이프로 넘쳐나는 상자들이 빼곡히 쌓여 있는 것을 보고 나는 의아했다. 집주인은 그 테이프들을 왜 자기 집에 보관할 수 없는지에 대해 말도 안 되는 이유를 댔고, 그 공간이 어차피 필요 없었던 나는 별 생각 없이 어깨를 으쓱해 보이면서 문을 닫았다. 하지만 생각하면 할수록, 엄청나게 많은 양의 비디오테이프를 아내와 아이들이 볼 수 없는 곳에 보관해둘 만한 결백한 이유를 찾기가 힘들었다. 그는 또 늘 예고도 없이 찾아와서 나 같은 작고 연약한 여자가 총도 없이 이런 외딴 숲속에서 혼자 살겠다고 하는 것이 생각하면 할수록 신기하다고 수다를 떨어댔다.

비슷한 맥락에서 서쪽에 사는 이웃도 저녁에 불쑥 들르는 습관을 들이더니 하루는 자기가 그렇게 보이지 않을지라도 응급처치 훈련을 받았고, 필요하면 내 옷을 45초 이내에 해체할 수 있는 기술과 경험이 있다고 나를 안심시켰다. 결국 내가 알게 된 교훈은 조지아주에서 안에 아무것도 입지 않은 누군가가 오버올(아래위가 한데 붙은 작업복—옮긴이) 작업복 차림으로 접근하면 좋은 일이 일어날 수가 없다는 것이었다.

1년 후, 내가 생애 최초로 소유한 차의 계기판에 '엔진 점검' 불이 들어왔다. 그게 무슨 뜻인지 전혀 알 길이 없었던 나는 그 무용지물과 중고 지프를 교환해서 레바를 싣고 도심으로 이사했다. 살 집도 찾았다. 애틀랜타 시의 홈파크 동네에 있는 길고 좁은 지하실이었다. 빌은 그곳을 보자마자 '쥐구멍'이라는 세례명을 주었다. 쥐구멍은 제철 공장 자재 보관소와 담을 사이에 두고 있었고, 나는 흥미로운 사실을 많이 배우게 됐다. 그중 하나는 강철을 만들기 위해서는 밤새 내내 엄청난 수의 강철판을 3~4미터 높이에서 규칙적으로 떨어뜨려야 한다는 사실이었다. 수없이 많은 후덥지근한 조지아주의 밤을 나는 쥐구멍 입구 계단에 앉아 빌의 담뱃불이 반딧불들과 섞여 반짝거리는 것을 보며 철판이 떨어지는 소리를 진군의 북소리 삼아 걷잡을 수 없이 다가오는 폐경기에 대한 플랜 B를 생각해내려 애썼다.

빌의 형편은 나보다 훨씬 더 괴상했다. 물론 나보다 훨씬 태연자약하고 탄력 있게 대처하긴 했지만 말이다. 애틀랜타에 도착한 빌은 조지아의 화재 위험이 있는 더러운 방들은 캘리포니아의 화재 위험이 있는 더러운 방들에 비해 월세가 10분의 1밖에 되지 않는다는 사실에 행복해했다. 그러나 남부 빈대군들에게 10전 10패를 당한 후, 그는 참패는 아니라도 하루 빨리 항복하고 싶은 마음의 자세가 됐다. 그는 폭스바겐 바나곤(갈매기 똥 같은 노랑색)을 샀고, 나는 그가 차 안으로 이사하는 것을 도왔다. 자신의 소유물을 모두 싣고 차를 몰고… 흠, 갈 곳이 없는 그 느낌은 실로 괴상했다. 차 안이 바로 집이니 말이다.

차를 타고 목적지도 없이 한 블록도 가기 전에 우리는 고양이 울음소리와 함께 차에 뭔가 딱딱한 것이 부딪치는 걸 느꼈다.

'펠리스피어'라는 고양이 왕국을 지나가고 있었던 것이다. 컬럼비아 대학교에서 애리조나에 만든 바이오스피어 프로젝트를 흉내 내서 빌과 내가 펠리스피어라고 이름 붙인 그곳은 제대로 기능을 하는 고양이들의 생태계가 형성되어 있는 장소였다. 자족적으로 사는 수백 마리의 고양이가 오래된 집에 모여 살면서 동네 전체 순찰을 돌았다. 가끔 인간들이 차를 타고 왔다 갔다 하는 것은 그들의 리듬을 잠깐 방해할 뿐이었다. 나는 뒷자리에 앉은 레바의 머리를 눌러 밖이 보이지 않도록 했다. 수적으로 절대적 열세에 처하고도 자만심을 보이는 개들만큼 비극적인 것이 없기 때문이다.

"저 고양이들은 날 절대 안 좋아했어." 빌이 생각에 잠겨 말했다. "내가 근처로 이사하는 걸 처음부터 원치 않았어." 그는 차 창문 밖으로 고개를 내밀고 외쳤다. "잘 있어라, 털뭉치 바보들아! 이제 오줌 쌀 신발이 없어서 안됐다."

밴에 사는 빌을 찾는 것은 늘 힘든 일이었다. 휴대전화가 흔하지 않았던 때였고, 고정된 주소도 없었기 때문이다. 빌이 실험실에 없을 때 그를 찾으려면 그저 주변을 헤매고 다니는 수밖에 없었다. 나는 그가 주로 가는 곳을 먼저 확인하곤 했다. 일단 밴을 발견하면 거기서 멀지 않은 곳에 빌도 있을 확률이 높았기 때문이다.

"어서 와. 뜨거운 음료라도?" 거의 잠들기 직전의 편안한 자세로 앉아 있던 빌은 자신이 '거실'로 여기는 커피숍에 들어서는 나를 그렇게 반겼다. 그곳은 빨래방(빌의 다용도실) 바로 옆 가게로, 일요일에는 거길 가면 그를 찾을 확률이 높았다. 그날 아침, 빌은 더블 라테를 들고 가스 벽난로 앞에 놓인 푹신한 안락의자에 편히 앉아 〈뉴욕타임스〉를 읽고 있었다.

"머리 또 잘랐구나. 안 어울려." 내가 말했다.

"다시 자랄 거야." 빌은 자기 머리를 비비면서 나를 안심시켰다. "머리를 자르지 않으면 안 될 것 같은 토요일 밤이었어…."

빌이 갖은 수를 써서라도 피하고 싶어 하는 삶의 요소들 몇 가지 중 하나가 이발소에 가는 일이었다. 머리를 자르기 위해서는 피할 수 없는 물리적 친밀감은 생각만 해도 빌을 겁나게 만들어서, 내가 캘리포니아에서 그를 만났을 때부터 빌은 늘 길고 윤이 나는 머리를 하고 있었다. 가수 겸 배우였던 셰어를 연상시키는 모습이었다. 뒤에서 보고 그를 여자로 착각하는 경우가 흔해서, 지나가는 남자들은 종종 흠모하는 눈길을 보내다가 마침내 앞에서 덥수룩한 턱수염과 남자다운 턱을 본 후에 놀라서 당황스럽고 화난 표정으로 지나치곤 했다. 그 모든 불편함도 빌의 사회적 편집증을 없애지 못했고, 밴으로 이사한 지 얼마 되지 않아 빌은 무선 전기 면도기를 샀다. 이발소에서 머리를 자르는 데 쓰는 그런 기계 말이다. 그는 한 달쯤 후 새벽 3시에 내게 전화를 해서 흥분된 목소리로 자기가 머리를 싹 밀었다는 소식을 전했다.

"정말 해방된 느낌이야. 기분이 너무 좋아. 긴 머리는 진짜 바보 같아. 그런 머리를 한 녀석들이 너무나 불쌍해." 그는 이제 막 개종한 사람들에게서만 찾을 수 있는 완벽한 확신을 보이며 말했다.

"지금 전화하기가 좀 그래." 나는 더듬거리는 말투로 그렇게 말하고 소심하게 얼른 전화를 끊었다. 나는 빌이 너무 급격하게 변하는 것이 싫었다. 머리를 깎았다는 소식은 내가 소화할 수 있는 정도를 넘어선 변화였다. 긴 머리카락이 없는 빌이 여전히 빌일까? 말도 안 되는 것인 줄 알면서도 나는 며칠간 그를 피할 필요를 느꼈다. 금방 그를 만나서 모든 것을 받아들이겠지만 당장은 아니었다. 충격이 너무 클 것이라고 나 자신에게 계속 반복적으로 말하면서 계속 그를 피할 변명을 만들어내서 숨어 지냈다. 물론 빌은 눈치를 챘고, 혼란에 빠졌다.

결국 그는 한밤중에 공중전화에서 내게 전화를 했다. 내가 전화를 받자마자 그가 말했다. "머리카락이 아직 있어. 그걸 보고 나면 좀 낫겠어?"

나는 잠시 생각에 잠겼다가 그럴 수도 있겠다는 결론을 내렸다. "시도해볼 가치는 있을 것 같아." 내가 동의했다. "와서 픽업해줘."

빌이 밴을 타고 도착했고, 나는 눈이 마주치는 것을 피하면서 차에 탔다. "저수지에 있어." 빌은 북쪽으로 차를 몰아 하월밀 로에 들어서면서 설명했다. 밴을 주차할 자리를 찾는 일은 빌이 날마다 해결해야 하는 문제였고 날이 갈수록 점점 더 힘들어지고 있었다. 밴이 겨우겨우 움직일 수밖에 없다는 것 때문에 문제는 더 복잡해졌다. 점점 주차와 고장이 나서 서 있는 것 사이의 구분이 애매해져갔다.

그 외에도 문제를 더 복잡하게 하는 요소들이 몇 개 더 있었다. 그 밴은 후진 기어가 고장이 났기 때문에 주차한 후 나갈 때 꼭 앞으로 나가야만 했다. 누군가가 차 앞을 가로막으면 그 차가 나갈 때까지 그 자리에 갇히는 것이나 마찬가지였으니 다른 사람들이 어디에 주차를 할지도 미리 짐작해야 했다. 또 1단 기어가 작동하지 않았으므로 아침이면 약간 경사진 곳에서 시동을 건 다음 굴러 내려가는 것이 필수적이었다. 최악은 엔진이 뜨거우면 시동이 걸리지 않기 때문에 시동을 끄고 나면 엔진이 충분히 식어서 다시 시동을 걸 수 있을 때까지 세 시간을 기다려야만 한다는 것이었다. 연료를 주입할 때도 시동을 끌 수 없었기 때문에 극도로 위험한 일이 됐다. 연료를 넣는 것이 보통 아드레날린을 분비해야 하는 모험은 아니지만 빌이 담배를 느슨하게 문 채 연료 주입 노즐을 스파크가 튀는 밴의 머플러 위로 당길 때는 심장이 두근거렸다.

저수지 전망대에 도착했을 때는 새벽 4시 정도 됐을 때였다. 솔직히 말해서 전망이 됐든 후망이 됐든 별로 볼 것이 없는 곳이었다. 빌은 작은 언덕으로 올라가서 약간 앞으로 기울어진 지형에 밴을 세웠다(하지만 엔진은 끄지 않았다). "괜찮겠어?" 그가 열쇠에 손을 댄 채 물었다. 엔진을 끄기 전에 그곳에서 세 시간쯤 시간을 보내도 괜찮겠는지 내게 묻는 암호였다.

"우리는 저수지로 갔다. 온전히 우리 뜻에 따라 살려고." 나는 소로의 시를 살짝 고쳐서 괜찮다는 대답을 대신했다. 빌은 저수지를 자신의 "주말 휴가지"라고 말하곤 했다. 일단 물이 있고, 그 주변에 나무가 자라고 있고, 경비가 허술했기 때문이다. 냉혹한 대낮의 태양 밑에서 보면 이곳은 네모난 물 저장소에 군데군데 녹이 슨 3.5미터 높이의 철망 담장이 둘러져 있고, 칡덩굴에 완전히 둘러싸인 비루먹은 나무들 몇 그루가 서 있는, 보기 싫은 곳이었다.

빌은 밴의 엔진을 끄고 열쇠를 뽑은 다음, 그 열쇠로 앞을 가리켰다. "머리카락은 저 안에 있어." 그가 말했다.

"어디?" 내가 물었다. 빌이 어디를 가리키는지 확실히 알 수가 없었다.

"저기." 그가 다시 한번 말하면서 밴에서 3미터 정도 떨어진 곳에 서 있는 커다란 미국 풍나무를 가리켰다. 차에서 내린 나는 그 나무 쪽으로 걸어갔다. 그러고는 빌의 머리카락이 나무 둥치에 난 빈 구멍들 중의 하나에 들어 있다는 것을 알아차렸다.

"손을 넣어봐. 바로 거기 있어." 그가 내게 용기를 북돋우듯 말했다.

나는 그 자리에 서서 잠시 동안 생각을 해봤다. "아니." 나는 그의 제안을 거절했다. "싫어."

"도대체 문제가 뭔데?" 그가 화를 내며 말했다. "남자가 머리를 깎아서 도시 반대편에 있는 빈 나무 둥치에 보관해두는 게 전혀 정상이 아닌 것처럼 행동하고 있잖아. 맙소사, 왜 그렇게 집착하는데?"

"알아, 알아." 내가 고백했다. "문제는 네가 아니라 바로 나야." 나는 말을 하지 않고 한참 그렇게 서서 잠재의식을 더듬어 봤다. "네가 너의 그렇게 큰 부분을 그렇게 잘라내서 던져버리는 게 싫었던 것 같아." 나는 최선을 다해서 설명하려고 노력했다.

"그래, 그래, 그래!" 빌이 외쳤다. "나도 싫어! 당연히 싫지." 그의 목소리가 팽팽하게 긴장되어 있었다. "그래서 여기다 보관해둔거야. 나도 야만인이 아니라고. 제기랄." 그는 빈 나무 둥치에 손을 집어넣어 까만 머리카락을 커다랗게 한 줌 끄집어냈다. 그는 머리카락을 가득 쥔 손을 낙서로 가득 찬 기둥 위에서 껌뻑거리는 형광등 불빛에 비추며 마구 흔들었다.

나는 그의 머리카락을 바라봤다. "정말 대단하다." 넋을 잃은 듯 그렇게 인정하지 않을 수가 없었다. 머리카락이 그토록 반짝이는 것도, 그가 그렇게까지 분통을 터뜨리는 것도 모두 인상적이었다.

그리고 눈이 마주치자 우리 둘은 웃음을 터뜨렸다. 그때부터 빌은 머리를 깎은 후 머리카락을 같은 나무 둥치에 보관했고, 둘이서 가끔 늦은 밤에 그곳을 방문하곤 했다. 그것은 마음을 편하게 해주는 의식이 됐다. 비록 그 나무 둥치에 손을 집어넣었을 때 우리 둘 중의 하나는 언젠가 너구리한테 손을 물릴 것이라는 염려가 되긴 했지만 말이다.

머리카락을 방문하는 날 밤이면, 우리는 저수지 가장자리에 앉아 빌의 삶에 바탕을 둔 어린이 책을 쓰기 위한 브레인스토밍을 하곤 했다. 우리 둘은 어린이 책 같은 데 전혀 어울리지 않아 더 재미있는 내용이 많다는 데 의견을 같이했다. 그날 우리가 생각해낸 내용은 '아낌없이 뺏는 나무'였다. 나무 엄마와 아빠가 점점 욕심에 눈이 멀어 자손들을 천천히 먹어치우는 이야기였다. 책 중간 정도에서 소년은 사춘기가 시작되고 얼마 후에 나무를 찾는다. 나무의 팔에 안겨 냉혹한 십 대의 세상에서 받는 상처를 위로받고 싶었다. "가슴에 털이 나는구나." 나무가 말한다. "면도를 해서 나를 주렴." 나무는 아무렇지도 않은 말투로 그렇게 말한다.

이야기가 끝나갈 무렵 소년은 나이가 많이 든 노인이 되고, 나이와 근심으로 완전히 대머리가 되어 있었다. "너구리들이 또 아기 너구리들을 갖게 될 거야. 털이 더 필요해." 나무가 말한다. 소년은 미안한 듯 고개를 젓는다. "미안해요. 줄 수 있는 털이 없어요. 이제 나도 대머리 늙은이가 됐어요."

"팔을 둥치에 난 구멍으로 집어넣어봐. 너구리들이 씹을 수 있게. 노인의 팔은 씹는 데 아주 좋거든." 나무가 제안했다. "좋아요." 소년은 그렇게 승낙을 한다. "나란히 서서 내가 당신에게 몸을 기대고 팔을 잠깐 쉽게 해줄게요." 책은 가슴 아픈 희생의 장면으로 끝을 맺는다.

"와, 우리 칼데콧 상(미국에서 우수 아동서적에 수여하는 상—옮긴이)도 받겠다." 특히 생산적인 편집을 했다는 생각이 든 어느 날 밤 내가 선언했다.

빌이 밴에서 살기 시작한 지 6개월도 되기 전인 어느 날 밤 새벽 3시 30분, 그가 우리 집 문을 두드렸다. 그가 들어오자 나는 그때 막 끓이기 시작한 커피를 가지러 갔다.

그해 여름은 그다지 순조롭지 않았다. "밴에서 사는 게 쉽지가 않아." 빌은 아쉽다는 듯 한숨을 쉬며 그렇게 말하곤 했다. 아침 8시 반부터 32도를 넘는 조지아주의 열기로 인해 제대로 된 시간까지 차 안에서 잔다는 것은 완전히 불가능했다. 빌은 여러 가지 아이디어로 열기와 싸웠다. 캠퍼스의 P3 주차장에 무성하게 자란 버드나무 밑에 차를 가로로 대면 눈에 띄지도 않고 그늘도 지게 할 수 있었다. 앞 창문까지 포함한 모든 창문에 알루미늄 호일의 반짝거리는 면을 밖으로 가게 대서 차 안에 빛이 들어오지 못하게 하는 방법도 썼다. 그렇게 하면 해가 완전히 뜰 때까지는 차 안이 견딜 수 없게 더워지지는 않았다.

빠르게는 아침 7시 30분에도 빌과 실험실에서 마주칠 때가 있었다. 그 시간이면 그는 물이 든 비커를 양손에 들고 반쯤 잠든 표정으로 실험실 안을 비틀거리며 돌아다니곤 했다. 본인의 말에 따르면 한 시간쯤 전에 "완전히 구워져" 버렸고, 늘 그렇듯 "논바닥 갈라지듯 바싹 말라" 있었다. 밤에 탈수가 되는 현상은 저녁 6시 이후에는 액체를 전혀 마시지 않는 그의 습관 때문에 더 심각해졌다. 소변을 볼 곳도 없었다. 나무 뒤에 들어가서 실례를 하는 것은 본인이 오만한 표정으로 "나도 자존심이 있지" 라고 선언하면서 생각하기조차 거부했기 때문이다.

우리 집에 그가 찾아온 그날 밤은 그의 숙면이 극적으로 방해를 받은 날이었다. 우리는 항상 빌의 으스스한 밴이 늘 P3 주차장에 주차되어 있는 것을 아무도 눈치 채지 못하고 신경도 쓰지 않는다는 것이 신기했다. 그런데 알고 보니 누군가 그것을 눈치 챘고, 신경도 쓰고 있었다는 것이 밝혀졌다. 그 누구란 바로 캠퍼스 경찰이었다. 어느 날 밤 땀에 푹 전 채 차에서 자고 있던 빌은 누군가 앞 창문을 쾅쾅 두드리는 소리에 잠에서 깼다. 밖에서는 경찰차의 사이렌과 스타카토처럼 끊기는 무전기 소리가 들려왔다. 빌은 밴의 문을 열었다.

그의 모습은 모범시민과는 거리가 멀었다. 그 전날 밤 머리를 반쯤 깎다가 면도기 배터리가 다 닳아 중단해서 마치 정신병원에서 도망친 환자 같은 모습이 되어 있었다. 밴에는 작은 공간에 환기를 하지 않으면 으레 나는 그런 악취가 배어 있었고, 조수석에는 휴대용 텔레비전의 내장이 모두 나와 흩어져 있었다. 접속 부분을 고치려고 텔레비전을 모두 분해해두었기 때문이다. 밝은 손전등 불빛에 눈이 하나도 보이지 않는 가운데 어디선가 목소리가 들려왔다. "실례지만 신분증 좀 볼 수 있을까요?"

밴에 수상한 물질이 없다는 사실을 경찰들이 확인한 다음 빌은 운전면허, 대학 신분증, 여권, 심지어 머리 왼쪽을 자른 머리카락이 들어 있는 지퍼백까지 모두 보여줬다. 그런 다음 나는 빌이 내 직원이라는 사실을 확인하려는 경찰의 전화를 받았다.

"이 남성이 캠퍼스 주차장에 있는 밴에서 자고 있는 것을 발견했습니다." 경찰은 전화로 내게 그렇게 설명했다.

"네, P3 주차장이죠?" 내가 확인했다. "버드나무 아래요."

빌이 누구에게도 위협이 되지 않고, 범죄 냄새가 풍기는 일은 전혀 하지 않았다는 것이 확실시되자 경찰은 그의 단잠을 방해한 것에 대해 거듭 사과했다. 어쩔 수 없이 깨울 수밖에 없었다. 다른 도리가 없었고, 그게 자기들 일이고, 다 아시지 않습니까 등등 온갖 사과의 말이 나왔다. 빌은 자기가 전혀 기분이 상하지 않았다고 경찰들을 안심시켰다. "저기 언덕 아래 캠퍼스 비상 전화가 있어요." 경찰관 중 한 명이 아버지 같은 어투로 말했다. "필요하면 언제라도 그 전화를 써요." 경찰차가 떠난 후, 빌은 옷을 입고 우리 집으로 왔다. 내가 받은 전화에 대해 해명을 할 필요를 느꼈을 것이다.

"이런 일을 겪고도 어떻게 이렇게 침착할 수가 있는지 이해가 안 돼." 나는 속상해서 말했다. "넌 경찰이 혐의를 씌우려면 뭐든 씌울 수 있는 모든 조건을 갖췄어…. 혼자 사는 괴짜에다가 때때로 자기 몸의 일부를 나무 둥치에 쑤셔박는…."

"아, 이러지 마. 난 숨겨야 할 게 아무것도 없는 사람이야. 마약 하는 것도 아니고 문제를 일으키는 사람도 아니고. 내 온몸에서 보통 사람이라는 기운이 풍기잖아." 그가 그렇게 말했고, 나름대로 그의 말이 맞다는 것을 인정하지 않을 수 없었다. 우리 둘 다 한 번도, 심지어 버클리에서조차 마약을 한 적이 없었다. 사실 현장실습 때 맥주조차 마시지 않았고, 그것은 지구과학 분야에서 선례가 없는 일이었다. 복사하면서 내 바로 앞사람이 입력한 과 암호를 고의적으로 다시 쓴 적은 있지만 그 학기 내내 그보다 더 나쁜 짓을 한 적이 없었다.

"하지만 넌 욕을 너무 많이 하긴 해." 그의 주장을 바로 인정하기 싫었던 내가 반격했다. 빌도 그건 빌어먹게도 사실이라고 인정했다. "그리고 네 모습을 너도 봐봐. 꼭 〈이레이저 헤드〉(1977년에 제작된 데이비드 린치 감독의 컬트 영화—옮긴이)의 재림 같잖아. 그것만으로도 유치장에 갇히고도 남아. 오늘 안 끌려간 게 정말 행운이다." 나는 화가 나고 두려웠다.

그런 다음 바로 후회했다. "있잖아, 이게 다 내 잘못이라는 거 나도 알아. 최저 생활 임금도 지급하지 못해서 생긴 일이잖아. 하지만 아직은 나도 어쩔 수가 없어. 적어도 아직까지는. 하지만 금방, 아주 금방. 내 생각엔, 우리도 진짜 큰 연구 기금을 따낼 수 있을 것 같아." 나는 내가 내뱉는 말들이 너무 공허하게 들리지 않도록 하기 위해 무슨 말을 해야 할지 궁리했다.

"어찌 됐든, 이렇게 계속 갈 수는 없어." 내가 말했다. "밤마다 네 걱정하는 거 나도 지쳤어. 어딘가 살 곳을 찾아야 해." 나는 해결책을 찾기 위해 머리를 짜냈다. "내가 돈을 줄게."

빌은 정말로 살 곳을 찾았다. 그다음 주 그는 실험실로 이사했다. 그는 우리 학생 사무실에서 잠을 잤다. 누구도 쓰고 싶어 하기는커녕 들어가고 싶어 하지도 않는 방이었다. 창문도 없고, 환기구도 없었기 때문에 그 건물에서 그때까지 일한 사람의 몸 냄새는 모두 모여 천장에 붙은 타일에서 발효된 다음 귀한 방향제처럼 계속적으로 방 안에 퍼졌다. 그는 그곳을 "핫 박스"라고 불렀다. 난방은 잘 되지만 냉방은 거의 안 되는 오래된 그 건물의 다른 부분보다 늘 2~3도 높았기 때문이다.

그는 오래된 책상 뒤에 잘 곳과 소지품을 둘 곳을 마련하고 티셔츠와 카키색 바지(빌이 '파자키스'라고 부르는)를 입고 잤다. 과 비서나 경비가 들어오면 바로 일어나서 긴 실험을 하다가 잠깐 눈이 아파 휴식을 취하는 중이라고 둘러대기 위해서였다. 이 아이디어는 거의 이상적이었다. 핫 박스가 건물의 입구 쪽에 자리하고 있어서 아침 9시 이후에 사람들이 들락거리면서 건물의 현관문을 닫았다 열었다 하는 소리가 끊임없이 들리기 시작하면 거의 잠을 잘 수 없다는 것만 빼고는 말이다. 그는 소리를 내는 경첩을 갈아끼우거나 기름을 먹였지만 별 도움이 되지 않았다. 특히 늦게까지 일을 한 어느 날 밤 그는 '문 고장. 뒷문을 사용하시오'라는 팻말을 붙였지만 그 묘책도 설비반에서 나와 문에 아무런 이상도 없다는 것을 확인할 때까지밖에 효력이 없었다.

그는 냉동 식품으로 생물학 표본 보관용 냉동고를 채웠고, 부피가 큰 식료품들은 비서들이 쓰는 냉장고에 보관을 했다. 하지만 엄청난 세일의 유혹을 물리치지 못하고 수박을 세 통이나 사서 냉장고에 넣었다가 불평이 쏟아진 후에는 그것도 못하게 됐다. 전체적으로 봐서 빌은 한 가지만 빼놓고 대체로 만족한 생활을 했다. 바로 프라이버시를 보장받으며 샤워할 곳이 없다는 사실이었다. 빌은 건물 관리인이 쓰는 대걸레 빨래 싱크대를 손봐서 몸을 씻을 수 있게 하긴 했지만 씻는 동안 안에 갇히지 않으려면 문이 닫히지 않도록 뭔가로 괴어놓아야 했다. 둘이서 머리를 맞대고 아무리 생각해도 새벽 3시에 벌거벗은 채 온몸에 비누를 묻히고 거기 있을 핑계를 생각해낼 수가 없었다. 그리고 내 생각에는 그것이 빌의 편집증에 부채질을 한 것 같았다.

어느 날 오전 11시경, 건물 전체에 화재 경보가 울리자 사무실에서 나온 나는 대피하는 사람들에 섞여 비틀거리며 나오는 빌을 봤다. 파자키스 차림에 맨발인 데다, 머리는 온통 다 곤두서 있고 입에 칫솔을 물고 있었다. 건물 밖으로 나온 후 그는 창문에 걸린 제라늄 화분 쪽으로 비칠비칠 걸어가서 치약을 뱉었다.

나는 가서 인사를 건넸다. "아이고, 더러워! 너 어디서 하루 휴가 받아 나온 라일 로벳(미국의 가수 겸 배우—옮긴이)처럼 보여."

빌은 가스가 거의 남지 않은 라이터에서 마지막 불꽃을 건지려는 듯 반복적으로 켜댔다. "내게 배가 있다면," 그가 담배를 문 입으로 중얼거렸다. "바다로 가겠네…."

글자 그대로 달리 갈 곳이 아무 데도 없었으므로 빌은 하루에 열여섯 시간씩 실험실에서 일했다. 늘 그 자리에 있다는 이유만으로 그는 얼마 가지 않아 모든 사람이 비밀을 털어놓고 상담하는 상대가 됐다. 또 학생들의 고장 난 자전거를 고치고, 오래된 차의 엔진오일을 교환하는 것을 도왔고, 세금 보고 문서 작성을 함께 했고, 배심원 호출을 받으면 어디로 출석해야 하는지를 같이 알아봐줬다. 그리고 그러는 동안 내내 투덜투덜했다. 학생들이 열아홉 살 학부생만이 할 수 있는 귀여운 태도로 자기 이야기를 하면 ("대박! 제 기숙사방 옷장 안에 빌트인 다리미판이 있어요!" "믿겨져요? 제가 캠퍼스 라디오 방송국에서 일요일 새벽 3시 45분에 방송되는 포스트-레게-펑크 음악 프로그램 조연출을 맡았어요!" "추수감사절에 아빠가 거트루드 스타인이라는 이름을 한 번도 들어본 적이 없다고 하는 말을 듣고 저는 속으로 '오 마이 갓! 정말 이렇게 무식할 수가!' 하고 생각했다니까요?") 빌은 귀를 기울였지만 그들이 옳다 그르다 판단하지 않았다. 그는 절대 자기 이야기를 하지 않았지만 학생들은 이제 막 어른으로 자라는 일에 너무 골몰한 나머지 빌이 자기 말을 하지 않는다는 것은 눈치 채지 못했다.

원칙적으로 빌은 학생들 이야기를 내게 옮기지 않았지만 제일 재미있는 이야기는 몇 개 해줬다. 카렌은 연구 경험을 쌓아서 수의과 의전에 지원하는 데 유리한 이력서를 만들고 싶어 하는 학부생 실험실 조교였다. 그녀가 궁극적으로 하고 싶어 하는 것은 인간들에게 잡혀 있다가 구출된 멸종 위기의 동물을 돌봐서 자연으로 돌려보내는 일이었다. 그녀는 경쟁률이 치열한 마이애미 동물원 인턴을 하기 위해 여름방학 동안 우리 실험실을 떠나 있었다. 그녀가 거기서 깨달은 것은 동물원 직원들이 하는 일의 대부분은 규칙적인 위생관리이고, 그것을 고마워하지 않는 동물보다 더 고약한 유일한 것은 그것을 고마워하는 동물이라는 사실이었다.

낮은 신분 중에서도 가장 낮은 인턴이었던 그녀는 영장류 구역에 배치됐다. 카렌의 임무는 원숭이 생식기에 소염제 크림을 바르는 일이었다. 그걸 너무 계속해서 무차별적으로 사용하다 보니 날마다 약을 발라줘야 하는 부분이라고 했다. 원숭이들은 카렌이 자기들의 아픈 곳을 어루만져주는 새로운 인물이라는 것을 인식하고 나서부터 그녀가 들어서자마자 몰려들곤 했다. 빌과 나는 거기까지만 듣고도 믿을 수가 없을 정도로 재미있고 대단하다 생각했는데 심지어 더 재미있는 부분이 남아 있었다. 바시트라신 크림을 바르는 동안 아랑곳하지 않는 원숭이야말로 목석과 같은 원숭이라는 사실이었다. 대부분의 원숭이들은 그녀가 마지못해 하는 작업에도 훨씬 더 잘 반응했다고 한다.

동물원 측에서는 동물들이 그녀에게 매달려서 비비적거리는 것을 방지하기 위해 비닐로 된 보호 장비를 착용하도록 했지만 100퍼센트 효과가 있는 것은 아니었다. 밝은 쪽을 보자면 그때까지 수강했던 동물 행동학 강의들 덕분에 카렌은 직관적으로 이 원숭이들에게 '글로리홀'의 개념을 가르칠 수 있었지만, 그것의 단점은 아침에 출근하자마자 원숭이들이 철책선에 줄줄이 '차렷' 자세로 서 있는 것을 봐야 하는 일이었다. 인턴이 끝나고 실험실로 돌아온 그녀는 어쩌면 식물학이 그다지 지루하지 않은 분야일지 모른다는 생각을 하고 있었다.

우리가 캠퍼스에서 살다시피 했지만 모든 사람을 다 아는 것은 아니었다. 매주 열리는 세미나에 늘 참석해서 항상 맨 뒷줄 한쪽 구석에 혼자 앉아 있는 놀라울 정도로 창백한 사람이 한 명 있었다. 그는 밀랍 느낌이 나는 창백한 얼굴에 머리도 기다란 백발이었지만 중년 이상 나이는 아닌 듯했다. 그는 마지막 순간에 강의실에 슬쩍 들어왔다가 강의가 끝나자마자 맨 먼저 자리를 떴다. 강의 후에 제공되는 다과나 토론에 참석한 적도 없었다. 다른 데서는 한 번도 본 적이 없었고, 말하는 것을 들은 적도, 다른 사람과 섞이는 것을 본 적도 없었다. 우리는 그가 건물 다락방에서 사는 사람이라고 결론짓고 그를 '부 래들리'(하퍼 리의 소설 《앵무새 죽이기》에 나오는 은둔자—옮긴이)라고 부르기 시작했다. 어느 날 나는 그를 미행해보기로 결심을 하고, 질의응답 시간에 먼저 나가서 나중에 나오는 그를 따라갈 준비를 했다. 하지만 사람들이 한꺼번에 몰려나오면서 그를 놓치고 말았다.

나는 끊임없이 부 래들리에 대해 여러 가지 공상을 했다. 각 세미나를 들은 후 그가 할 듯한 반응, 그의 전문분야, 개인적인 인생 등등. 그러고는 그의 정체를 밝히고, 그의 사생활을 침해해서 그 사람에 대해 내가 알고 싶은 것을 모두 다 알아낼 수 있는 전략을 짰다. 빌은 한 번도 내 계획에 관심을 보이지 않았다. 어느 날 밤, 그는 건물 앞계단에 차분히 앉아 내가 그 문제에 대해

신나게 떠들면서 3층에 유일하게 불이 켜진 사무실을 흥분해서 가리키며 하는 이야기를 듣고 있었다.

빌은 불 켜진 사무실을 한 번 바라보고 별을 바라봤다. 담배를 한 번 길게 빨아들이고 후 하고 내쉰 다음 말했다. "난 잘 모르겠어, 스카우트(《앵무새 죽이기》에서 화자 역할을 하는 어린 소녀의 별명—옮긴이). 그 사람은 그 사람이야. 그 이상 알고 싶지가 않아. 그 사람이 저 위에 있고, 진짜 나쁜 일이 우리한테 일어나면 와서 구해줄 것이라는 사실을 아는 것만으로 충분해." 빌은 바닥에 담배를 비벼서 끄고 나를 보더니 자기 폴라폴리스(폴리에스터 소재의 가볍고 따뜻한 직물—옮긴이) 겉옷을 벗어서 내게 건네주었다. 나 자신도 내가 추워서 떨고 있다는 것을 깨닫기 전이었다.

8

선인장은 사막이 좋아서 사막에 사는 것이 아니라 사막이 선인장을 아직 죽이지 않았기 때문에 거기 사는 것이다. 사막에 사는 식물은 어떤 식물이라도 사막에서 가지고 나오면 더 잘 자란다. 사막은 나쁜 동네와 많은 면에서 비슷하다. 거기서 사는 사람은 다른 곳으로 갈 수가 없어서 거기서 사는 것이다. 물은 너무 적고, 빛은 너무 많고, 온도는 너무 높은 상태. 사막은 이 모든 불편한 조건을 극대화해서 가지고 있는 곳이다. 생물학자들은 사막을 많이 연구하지 않는다. 식물이 인간 사회에 가지는 의미는 세 가지뿐이기 때문이다. 식량, 의약품, 목재. 이 세 가지 중 어느 것도 사막에서는 얻을 수가 없다. 그래서 사막 식물을 연구하는 과학자는 정말 흔치 않고, 그렇게 하는 과학자는 종국에 가서는 자기 분야의 비참함에 이골이 나고 만다. 개인적으로 나는 그런 고통을 날마다 견뎌낼 자신이 없다.

사막에서는 생명을 위협하는 스트레스는 위기가 아니다, 그것은 삶의 순환에서 일상적으로 겪는 문제의 일부일 뿐이다. 극도의 스트레스는 환경의 일부일 뿐이지 식물이 피할 수 있거나 개선할 수 있는 문제가 아니다. 선인장의 생존 여부는 치명적인 극도의 건기를 반복적으로 견뎌낼 수 있는 능력이 있는지에 따라 결정된다. 무릎까지 오는 정도 키의 원통 선인장이면 적어도 25세 이상 된 녀석이다. 선인장들은 사막에서 천천히 자란다. 그것도 자랄 수 있는 해에만.

원통 선인장은 아코디언 같은 주름을 가지고 있고, 그 주름 깊은 곳에는 공기가 들어가고 수증기가 나가는 구멍들이 숨어 있다. 날씨가 매우 건조해지면 선인장은 뿌리를 절단해서 타들어가는 흙이 뿌리에서 물을 빨아내는 것을 방지한다. 선인장은 뿌리가 없이도 4일 정도 살아남을 수 있고, 그동안에도 계속 자랄 수 있다. 4일 후에도 비가 오지 않으면 선인장은 수축을 시작하는데 어떨 때는 이 수축을 몇 달간, 혹은 주름이 모두 접혀서 닫힐 때까지 계속한다. 선인장의 가시는 이제 딱딱하고 공처럼 된, 뿌리도 없는 식물을 보호하는 촘촘하고 위험한 보호층 역할을 한다. 이 자세로 들어간 선인장은 끊임없이 태양빛의 담금질을 견디면서 자라지 않고 몇 년을 버틸 수 있다. 마침내 비가 내리면 선인장은 24시간 이내에 완전히 모든 기능을 회복하거나 죽은 것으로 판명이 나거나 한다.

'부활초'라는 이름으로 알려진 식물은 약 100여 종이 있다. 이 종들은 서로 전혀 관련이 없지만, 그들 모두 비슷한 과정을 거친다. 부활초의 이파리들은 바삭바삭한 갈색으로 말라붙은 채 버티고, 몇 년 동안 죽은 척하다가 수분을 다시 받으면 정상 기능을 되찾는다. 이런 것을 가능케 하는 것은 이 식물들의 특이한 생화학적 기능 덕인데, 그들 본인이 선택을 한 것이 아닌 우연히 얻은 특징이다. 시들기 시작하는 잎에는 농축된 당이 모이고, 마르면서 높은 밀도의 당이 남는다. 이 시럽으로 인해 이파리들은 엽록소가 다 빠진 후에도 안정적으로 보존된다.

부활초들은 대부분 작아서 우리 주먹보다 크지 않다. 보기 싫은 외모에 작고 쓸모없고, 그리고 특별하다. 비가 오면 부활초의 이파리는 다시 부풀어 오르지만 48시간 동안 초록색으로 변하지 않는다. 광합성을 시작하려면 시간이 걸리기 때문이다. 죽음에서 다시 깨어난 직후 그 묘한 기간 동안 식물은 순수하게 농축된 당을 먹으며 살아남는다. 1년 내내 먹고살 수 있는 수크로오스가 단 하루 만에 관을 통해 온몸에 퍼지면서 짙은 달콤함이 지속된다. 이 작은 식물이 불가능한 일을 해낸 것이다. 죽음의 시든 갈색을 뛰어넘어 다시 살아난 위업을 이루었지 않은가. 물론 이 기적은 오래가지 않는다. 하루 이틀 사이에 모든 것이 불가피하게 정상으로 돌아가야 한다. 이렇게 극적인 인생도 결국은 계속 갈 수 없어서 장기적으로는 부활초마저도 시들고 완전히 죽는 때가 온다. 그러나 잠시 스쳐지나가듯 누리는 영광스러운 그 순간 부활초는 다른 식물은 전혀 모르는 비밀스러운 지식을 누린다. 바로 초록이 아니면서도 성장을 하는 비밀 말이다.

9

광기가 극에 달하면 죽음의 이면을 보게 된다. 아무리 여러 번 경험을 해도 광기의 시작은 전혀 제어할 수 없고 예상치 않게 찾아온다. 새로운 세상이 피어나기 직전의 그 긴박감은 몸이 먼저 느낀다. 척추뼈가 하나씩 분리돼서 몸이 길어지면서 태양을 향해 뻗어나가는 느낌이 든다. 두근거리는 심장 안에서 불가능할 정도로 오래 지속되는 절정감으로 피가 머리로 몰리면서 내는 빠른 바람소리 말고는 아무것도 들리지 않는다. 앞으로 24시간, 48시간, 72시간 동안은 소리를 지르지 않으면 이 바람소리 너머로 나 자신의 목소리도 잘 들리지 않을 것이다. 아무것도, 진정으로 아무것도 충분히 소리가 크거나, 충분히 밝거나, 충분히 빠르지 않다. 세상은 어안렌즈로 보는 것처럼 가장자리가 반짝거리는 흐릿한 이미지로밖에 보이지 않는다. 노보케인(치과용 국부 마취제—옮긴이)을 대량으로 맞은 것처럼 온몸이 간질간질 따끔거리다가 무기력해지면서 남의 몸처럼 비현실적으로 느껴지기 시작한다. 들어올린 팔은 이제 막 피기 시작한 아름답고 커다란 백합꽃잎이다. 그리고 이제 막 피어나려는 그 새로운 세상은 바로 나 자신이라는 사실이 존재 깊숙한 깨달음으로 다가온다.

깊은 밤은 이제 어둡지 않다. 밤이 왜 어둡다고 애초에 생각한 것일까? 밤의 암흑은 전에 내가 믿었지만 다차원적인 영광이 있다는 깨달음을 얻게 되는 수많은 지극히 단순한 것들 중의 하나다. 얼마 가지 않아 낮과 밤의 경계가 없어진다. 잠이 필요 없어지기 때문이다. 굳이 말하자면 음식도, 물도, 추운 날씨를 이겨

내줄 모자도 필요 없다. 뛰어야 한다. 피부에 닿는 공기를 느껴야 한다. 공기를 느끼려면 셔츠를 벗고 뛰어야 한다. 그리고 나를 잡고 있는 사람에게 괜찮아, 괜찮아, 괜찮아 하고 설명한다. 하지만 그는 내 말을 이해하지 못하고 누가 죽은 것마냥 걱정스러운 표정을 한다. 그 사람이 불쌍하다. 모든 것이 얼마나 멋지고 괜찮고, 괜찮고, 괜찮은지 그는 이해하지 못하기 때문이다.

그래서 그걸 설명하면 그는 이해하지 못하고, 그러면 나는 다른 방법으로 설명하고, 더 하고, 그는 이제 말에 귀를 기울이지 않고, 이럴 때 먹는 약은 없느냐고, 왜 그 약을 먹지 않느냐고 묻고, 그러면 그런 약은 먹고 싶지 않고, 이런 기분을 느낄 필요가 있다고 설명하고, 그는 그걸 이해하지 못하고, 이해하지 못한다. 그래서 나는 그에게 사나운 목소리로 가버려, 가버려, 저리 가버려 하고 명령을 한다. 그리고 그는 마침내 그렇게 한다. 하지만 모두 괜찮다. 진심으로 그렇게 말한 것이 아니고 나중에 모두 설명할 수 있을 테니까. 그러면 그도 이해할 것이다. 모든 게 말이 되니까. 뭔가 대단하고 훌륭한 일이 일어나려 하고 있고, 그 일이 못 일어나게 막는 것은 죄를 짓는 것이나 다름없다는 것을 일단 그가 이해하고 나면 그도 기뻐할 것이다.

그런 다음 제일 좋은 일이 벌어진다. 마지막 도약 말이다. 몸의 무게가 모두 사라졌을 뿐 아니라 이 오래되고 피곤한 세상의 모든 문제도 다 사라져버린다. 배고픔, 추위, 비참함, 전 세계에서 고통받는 인간들의 절망감은 해결 가능한 문제가 된다. 초월하지 못하는 문제는 아무것도, 아무것도, 아무것도 없다. 나는 바로 고양된 존재다. 수십억 사람들 중 유일하게 우리 모두가 지고 가야 할 존재적 고통의 짐에서 해방된 사람인 것이다. 미래는 눈부시고, 기적으로 가득 차 있으며, 그런 미래가 도래할 것이라는 것이 온몸으로 느껴진다.

삶이 두렵지도, 죽음이 두렵지도 않다. 아무것도 두렵지 않다. 슬픔도, 비통함도 없다. 태초부터 인류가 해온 답이 없는 모든 탐색에 대한 답이 의식 저변에서 만들어지고 있다는 것을 느낀다. 신의 존재와 우주의 창조에 대한 재론의 여지가 없는 증거가 내 손안에 있다. 나야말로 세상이 기다려온 사람이다. 그리고 나는 이 모든 것을 세상에 돌려줄 것이다. 내가 알고 있는 모든 것을 쏟아내고, 무릎까지 차오르는 끈적한 사랑, 사랑, 사랑 속에서 뒹굴 것이다.

죽은 후 나는 이런 느낌이 들어서가 아니라 이 느낌이 끝나지 않는다는 것을 깨닫고 비로소 그곳이 하늘나라라는 걸 알 것이다. 그런 느낌을 경험하는 것은 하늘나라가 아닌 지금 이 순간도 가능하지 않은가. 이 생에 얽매여 있는 한 그 느낌은 언제고 끝이 날 것이다. 그리고 그다음에 오는 것은, 어떤 부활과도 마찬가지로, 대가가 따른다.

이 우주의 불덩이가 몸속을 지나며 눈을 뜨게 해주는 동안 나는 깨달은 것을 기록해야 할 긴박한 욕구에 사로잡힌다. 그렇게 해서 완벽한 미래를 만들 수 있는 지침서를 마련해야 하지 않겠는가. 불행하게도 그 순간 현실이 옥죄어들면서 나를 막기 위한 음모에 박차를 가한다. 손이 너무 떨려서 펜을 잡을 수가 없다. 녹음기를 꺼내서 '녹음' 버튼을 누르고 카세트테이프를 연달아 갈아가며 계속 녹음을 한다. 목이 쉬어 피가 날 때까지 녹음을 하고, 우리에 갇힌 동물처럼 기절할 때까지 같은 자리에서 서성인다. 정신을 차리고 나면 카세트테이프를 다시 갈고 녹음을 계속한다. 뭔가에 이토록 가까이 가 있는 지금 그만둘 수 없다. 보잘것없는 내 인생이 결국 덜 혼란스럽고, 더 의미 있는 일을 성취할 운명이었다는 것을 자신에게 증명하고자 하는 절박한 희망이 나를 가만두지 못한다.

그리고 모든 것이 너무 시끄럽고, 너무 밝고, 너무 많고, 너무 내 머리에 가까이 있어서 그것들을 쫓아버리기 위해 비명을 지르고, 지르고 또 지른다. 그러고는 누군가가 다가와서 나를 안아주면서, 맙소사, 어떻게 이런 일이 일어났을까, 머리카락은 또 왜 이렇게 됐니, 아이고, 이빨 하나가 빠져서 바닥에 떨어져 있네 하고 말하면서 피와 콧물을 닦아준다. 그러고는 수면제 한 알을 주고 나는 잠이 들고, 다시 일어나서 수면제를 더 먹고, 잠이 들고 일어나서 또 수면제를 먹는다. 마치 둥지에서 떨어진 아기 참새에게 점안기로 밥을 먹이듯 나에게 수면제를 먹인다. 몇 시간, 아니 며칠인가가 지난 후 깨어나면 사위는 잿빛 슬픔으로 가득 차 있고, 나는 소리도 나지 않는 멍한 흐느낌에 말문이 막히고 왜, 왜, 왜 나는 이런 식으로 벌을 받아야 하는지 자문한다.

마침내 두려움이 슬픔을 정복하고, 나는 비석을 쓰러뜨리고 무덤에서 기어 나와 피해 상황을 점검하고, 해야 할 일들을 해낸다. 두려움은 수치를 정복해서 의사를 만날 약속을 잡고, 수면제를 더 처방해줄 것을 간청한다. 다음, 다음, 또 다음과 싸울 유일한 무기는 수면제뿐이기에.

그리고 운이 좋아, 정말로 천운을 만나, 아니면 타이밍이 좋았거나 혹은 신의 섭리, 예수의 자비가 작용했거나 등등 뭐가 됐든 내가 간 병원이 세상에서 가장 좋은 병원이어서 의사가 나를 보며 "이렇게 살지 않아도 돼요" 하고 말할지도 모른다. 의사는 질문을 하고, 그에게 모든 것을 말하지만 그는 끔찍해하지도, 경멸하지도, 심지어 놀라지도 않는다. 그는 이런 증상을 가진 사람들이 있고, 잘 살아가고 있다고 말한다. 의사는 약물에 대해 어떻게 생각하는지 묻고, 나는 실험실에서 만들어진 것이라면 아무것도 두렵지 않다고 말한다. 그는 미소를 지으며 나에게 처방할 약을 하나하나 설명하고, 나는 바닥에 무릎을 꿇고 그의 손에 강아지처럼 입을 맞추며 이 벅차오르는 감사의 마음을 표현하고 싶다. 이 의사는 너무도 똑똑하고 확신에 차 있고 나 같은 환자를 너무도 많이 본 사람이라서, 나는 지금이라도 마침내 내가 될 수 있었던 그런 사람으로 성장하는 것이 늦지 않았을지도 모른다는 희망을 갖게 된다.

몇 년이 지나고, 세상 다른 편으로 이사할 준비를 하면서 옷장 맨 밑에 쌓여 있던 카세트테이프를 발견한다. 나는 그 테이프를 이제 가지고 다니지 않을 것이라는 사실을 깨닫는다. 나는 카세트의 반짝거리는 갈색 테이프를 하나하나 뽑아낸다. 괴로움에 취한 날들의 황홀경들이 남긴 것은 이 꼬불꼬불한 테이프 더미뿐이다. 오랫동안 그 자리에 앉아서 나는 자기에게 귀를 기울여주는 것은 녹음기뿐이어서 밤마다 자신의 울부짖음을 녹음해야 했던 이 불쌍한 병든 소녀를 사랑하겠다 맹세한다. 이 으르렁거리는 플라스틱 더미는 이제 죽었지만 여전히 소중하고, 내가 태어나기를 기다리며 어둠 속에서 몸부림칠 때 내게 붙어 있던 태반이었다고 결론짓는다. 안으로 들어가서 새로 이사할 곳에 가져갈 모든 물건들을 상자에 담으면서, 뒤에 남기고 가는 것들에 대해 자신을 용서하려고 노력한다.

하지만 건강하고 치유된 모습의 그날이 내 이야기 속에서 출현하려면 아직 많은 시간이 남았다. 그러니 다시 1998년 애틀랜타로 돌아가서 광기가 중력만큼이나 늘 함께하는 강한 존재일 때 세상이 어떻게 돌아가는지 들여다보자.

10

“도대체 어디 갔었던 거야?” 모퉁이를 돌아서 온 빌이 실험실에서 있는 나를 보고 소리질렀다.

나는 무감각한 척 그를 보며 눈을 껌뻑거렸다. “좀 우울했어.” 치욕감에 목이 메였지만 아무렇지도 않아 보이려 애썼다. 급성 알러지 반응을 치료하는 데 꼭 필요한 코르티코스테로이드 주사 때문에 일어난 광기에서 깨어난 후 침대에서 일어나지도 않고 서른여섯 시간을 내리 울고 난 터였다. 우리는 미시시피 강변의 식물들을 연구하기 위해 아칸소, 미시시피, 루이지애나를 여행하면서 믿을 수 없을 정도로 풍성하게 자란 덩굴옻나무를 헤치고 표본 채취를 하고 있던 중이었다.

식물들은 광합성을 하면서 땀을 흘린다. 그리고 교과서에는 식물들도 우리처럼 더울수록 땀을 더 많이 흘린다고 나와 있다. 미시시피 강변을 따라가면 같은 종의 나무 수천 그루가 일정하게 변화하는 기온 분포 속에서 자라고 있었다. 남쪽으로 갈수록 더 더워지기 때문이다. 우리는 식물이 땀 흘리는 비율을 측정하는 방법을 개발했다. 줄기 안의 물과 땀 흘리는 현상(혹은 증발산이라고도 한다)이 일어나는 잎 안의 물의 화학 성분을 비교하는 방법이었다. 그 결과 봄에서 여름으로 접어들면서 모든 현장에서 온도가 높아짐에도 증발산율이 올라가는 것이 아니라 낮아진다는 놀라운 사실을 발견하게 됐다. 나는 그 현상이 전혀 이해되지 않았고, 나무들이 땀을 흘리지 않을수록 나는 그 문제를 이해하기 위해 땀을 더 흘렸다.

우리는 현장에 이미 세 번 방문했고, 그때마다 널리 퍼진 덩굴옻나무에 대한 내 알러지 반응은 더 심해졌다. 그럼에도 불구하고 우리는 허리까지 올라오는 덩굴옻나무를 헤치고 처음에 우리가 표본 나무로 정했던 고집스러운 나무들에 대한 측정을 계속했다. 연구를 포기할 생각도 없었고, 포기할 수도 없었다. 온몸이 끔찍하게 간지러운 그 불편함은 각 측정값이 나올 때마다 우리가 예상했던 값과 완전히 다르다는 것을 깨달을 때 오는 불편함에 비하면 아무것도 아니었다.

가장 최근에 현장 작업을 했을 때는 두드러기가 목을 거쳐 얼굴에까지 퍼져 오른쪽 관자놀이가 엄청나게 부풀어 올랐다. 나는 '엘리펀트 맨'처럼 보였을 뿐 아니라 부종이 오른쪽 시신경을 눌러 그 눈이 잘 보이지 않았다. 긴장된 분위기로 루이지애나의 파버티 포인트(빈곤의 현장이라는 뜻의 이 지명은 진짜 있는 지명이다)에서 애틀랜타로 돌아오면서 빌이 더는 나를 '미트헤드(얼뜨다는 뜻과 부어오른 외모를 동시에 놀리는 표현—옮긴이)'라고 부르며 놀리지 않기 시작했을 때 상태가 무척 나빠진 것을 알았다. 그는 에모리 병원 응급실에 나를 내려줬다.

내 사진을 사용해도 좋다는 서면 동의서를 받은 다음(의학저널에 발표할 수 있겠다는 의사들의 판단이었다) 의사들은 메틸프레드니솔론을 주사했고, 그다음 카메라들을 가지고 왔다. 그들은 얇은 종이 위에 얼굴을 대라고 한 다음 사진을 찍기 시작했다. 나는 희망이 없어 보이는 우리 식물 연구가 결국은 어느 저널엔가 발표될지도 모르는 이 어처구니 없는 상황에 웃음을 터뜨리지 않으려고 애를 써야 했다.

몇 시간을 더 기다린 후에야 나는 집에 갈 택시비가 없다는 것을 깨닫고 빌이 나를 병원에 내려줬을 때 돈을 꾸지 않은 것을 후회했다. 쥐구멍은 내가 있던 곳의 서쪽에 있었고 아마도 약 8킬로미터 정도 떨어진 곳이라고 짐작이 됐다.

종이에 감싸인 채 병원 침대에 누워 있던 나는 내가 정말로 아름답고 굉장한 인물이라는 사실을 이해하기 시작했다. 화장실로 간 나는 거울에 비친 나 자신을 보면서 병원에서 빠져나가야겠다고 결심했다. 폰스 드 리옹 가에는 나만큼 이상한 모습의 사람들이, 특히 이런 밤시간에는 많을 것이라는 생각이 들었기 때문이다. 간호사실로 걸어간 즈음 내가 재림 예수라고 확신했다.

병원에서는 나를 퇴원시켜줬다. 나는 걷다가 깡충깡충 뛰다가 드로이드 힐을 가로질러 쏜살같이 뛰었다. 생각들이 너무도 빨리 머리를 스치고 지나가서 한 생각이 끝나기도 전에 다음 생각이 고개를 들었다. 실험실로 돌아가야만 했다. 뭔가 중요한 것이 기억났기 때문이다. 농업과학 강의 시간에 정밀히 조정해야 하는 관개 기술과 투과성이 좋은 기공토를 통과하는 물의 물리학에 관해 배운 적이 있었다. 나는 옥수수가 조직 1그램을 만드는 데 물이 1리터가 들어간다는 것을 기억했다. 옥수수는 공기를 당으로 만들고 당을 이파리로 만드는 생화학적 장치를 식히기 위해 물을 땀처럼 배출한다. 미시시피 강변의 계절이 바뀌는 과정에서 봄에 잎 만들기를 끝낸 낙엽수들은 이제 성장을 멈췄을 것이다. 나무들이 땀을 덜 흘리는 것은 식물들이 자라는 시기가 끝났고, 시스템이 평형 상태에 도달했기 때문이라는 것을 나는 깨달았다.

맞다, 여름이 깊어지면서 남쪽 지방은 점점 더 더워졌지만 나무들은 이미 겨울 준비를 시작했던 것이다. 그에 따라 성장 속도는 느려지고, 따라서 땀도 덜 흘리기 시작했다. 이 나무들은 우리가 사는 세상의 온도에 따라 수동적으로 행동하고 있는 것이 아니었다. 온도는 그들 세상의 일부에 불과했고, 그들의 세상은 이파리를 만드는 목적에 집중하고 있었다. 나는 샌프란시스코에서 열리는 미국 지구물리학 연합 학회를 생각하기 시작했다. 수천 명의 중요한 과학자들이 모두 한자리에 모이는 곳이다. 거기 가서 내 깨달음으로 얻은 이 복음을 전해야만 했다.

나는 숨이 턱에 찬 채 실험실에 도착해서 빌에게 영광스러운 영감을 열심히 설명했다. 여행 경비를 전혀 쓰지 않고도 학회에 갈 수 있어. 개인 돈이나 실험실 돈을 쓰지 않고. 내게 좋은 아이디어가 떠올랐거든. 운전을 하면 되잖아! 물론 그 학회는 캘리포니아주에서 열리고 우리는 조지아주에 살지만 아직 8일이나 남았으니 운전해서 갈 시간이 충분해.

내 논리는 다음과 같았다. 3,000마일(약 4,800킬로미터)을 시속 60마일로 달리면 50시간만 운전하면 되고, 그것을 다섯 시간씩 열 번으로 나눌 수 있다. 학생을 두 명 데리고 갈 수만 있으면 닷새 동안 하루에 다섯 시간씩 한 번씩만 운전하면 된다. 쉬엄쉬엄 운전해서 닷새만 가면 되는 것이다. 주유 카드가 딸려 나오는 대학 소속 밴을 렌트하는 서류를 작성해서 차를 빌린 다음 가는 길에 캠핑하면 된다(원칙적으로는 불법이지만 그래도). 밴 사용료와 기름값을 내라는 청구서가 오려면 몇 달 걸릴 테고, 그 전에 내가 어떻게든 연구 기금을 따낼 수 있을 것이다. 수없이 많은 계획서를 냈으니 그중 한 개쯤은 언젠가 계약 성사로 이어질 테니까. 그리고 어차피 내가 누군지 아무도 모르면 기금을 따는 것도 불가능하지 않은가. 그러니 모든 학회에 참석해서 내가 누군지 알리는 것이 당연하다. 맞지?

나는 그 학회에 미시시피 프로젝트를 설명하는 어렴풋한 요약서를 제출해두긴 했었다. 요약서에서는 연구 대상이 되는 식물들은 온도를 낮추는 데보다 급격한 성장을 지탱하는 데 더 물을 많이 사용하고 있을 것이라고 가정했다. 그 가정은 환경이 식물을 제어한다는 생각에서 식물이 환경을 제어한다는 쪽으로 초점을 옮기기 위한 시도였다. 그것은 그후로도 몇 년 동안 여러 문맥에서 내가 반복해서 주장하게 될 주제였다. 그러나 금방 닥칠 그 학회에서는 아직 할 말이 명백하게 정리되어 있지 않은 상태였다. 그저 거기 도착할 즈음에는 (만일 도착한다면) 할 말이 머릿속에서라도 정리가 되어 있을지도 모른다는 실낱 같은 희망에 매달리고 싶었다.

나는 장거리 자동차 여행이 왜 미국 특유의 문학적 도구인지에 관해 허클베리 핀이 미시시피강을 따라 한 여행이 그 원조라고 예로 들면서 빌에게 열변을 토했다. 광적으로 오래 열변을 토할 때면 나는 부족한 일관성을 열성으로 보충했다. 빌은 눈을 한 번 굴리고 충고했다. "그 주둥이 좀 닫고 집에 가서 잠이나 좀 자." 나는 터덜터덜 집으로 돌아갔다. 그리고 얼마 가지 않아 나는 조증의 절정으로 치솟았다가 울증의 나락으로 떨어졌다. 모든 것이 문을 잠근 채 내 비참한 아파트 안에서 혼자 겪은 일이었다.

실험실에 내가 돌아온 것은 며칠이 지난 후였고, 그사이 빌은 나를 찾아 온 동네를 이 잡듯 뒤졌다. 그는 어색한 분위기를 무시하고 내게 "얼른 정신차려! 출발해야 하니까!"라고 말했다. 그는 너덜너덜해진 조지아주 미슐렝 지도책을 한 손에 들고 다른 한 손에 대학에서 빌린 밴의 열쇠를 들고 있었다. 나는 놀라 그 자리에 얼어붙었다. 내가 수수께끼처럼 사라져버린 사이 빌은 미친 듯 떠들었던 내 의견을 진지하게 받아들이고 밴을 예약하고 장비를 챙긴 것이다. 나는 살짝 미소 지었다. 다시 시작할 기회가 주어졌다는 것, 이번에는 더 잘할 수 있는 기회가 주어진 것이 고마웠다.

그러나 나는 여전히 시간 문제 때문에 어리둥절했다. 이미 수요일이었고, 내 발표는 일요일 아침 8시로 예정되어 있었기 때문이었다. 토요일 밤까지 거기 도착하려면 닷새가 아니라 사흘 동안 굉장히 긴 시간을 운전해야만 했다. 우리는 그동안 모아놨던 공짜 도로 지도들이 든 상자를 뒤졌다. 바로 이 목적을 위해 몇 번이나 동네 트리플A(미국 자동차 협회, 비영리 조직—옮긴이) 사무실에 떨리는 마음으로 들러 이 지도들을 몰래 가지고 나왔는지 모른다. "앨라배마주, 미시시피주, 아칸소주, 오클라호마주. 제기랄, 텍사스가 없잖아." 빌은 50개 중에서 딱 하나 빼먹은 것을 애석해했다. "어떻게 우리가 텍사스를 빼먹었지?"

"오케이, 그럼 텍사스는 잊어버리자! 북쪽으로 가면 돼." 내가 제안했다. "캔자스에 가본 적 있어?" 빌은 고개를 저었다. "이제 가보게 될 거야." 나는 켄터키주, 미주리주, 캔자스주, 콜로라도주 지도를 상자에서 꺼내면서 그를 안심시켰다.

나는 지도들을 이어서 붙여놓고 손으로 거리를 쟀다. 70번 주간 고속도로를 타고 가면 덴버가 절반 정도 위치에 자리하고 있었다. 그 근처 그릴리에 사는 친구들이 밤새 차를 몰고 온 우리를 재워줄 수 있을 것이다. 거기서 휴식을 취하고 나면 금요일 정오경에는 다시 떠날 정도로 회복할 수 있을 게 틀림없었다. 거기서부터 리노까지 열다섯 시간 운전하고 가서 도너 패스 고개를 건너 토요일 샌프란시스코에 들어가기 전에 저지대에서 캠핑할 수 있을 것이다. 샌프란시스코에서는 학회 기간 동안 빌의 누이네 집에서 잘 수 있다는 약속을 받았다고 빌이 말했다.

물론 이미 12월 첫 주였지만 나는 미네소타 출신이니 괜찮을 것이다. "솔트레이크시티? 네가 정말 좋아할 거야." 나는 그렇게 빌에게 장담했다. "얼어붙은 수은 바다를 상상해봐. 그런 광경은 다른 데서 볼 수 없어." 나는 우리가 지나칠 대초원, 평야, 산들에 대해 열변을 토하면서 마침내 야심 찬 나 자신으로 다시 돌아왔다.

"이건 좋은 아이디어가 아닐 수가 없어." 나는 그렇게 단언했고, 우리는 이 주장의 엉뚱함에 웃지 않을 수가 없었다. 그러나 동시에 그것이 사실이라는 생각도 확고했다.

밴에 짐을 실으면서 나는 빌이 학생들 몇 명에게 같이 가자고 제안했고, 그중 두 사람에게서 승낙까지 받아냈다는 것을 알고 더 놀랐다. 대학원생 테리도 그중의 하나였다. 그녀는 '진짜 세상'에서 컨설턴트로 10년을 일하다가 최근에 박사학위를 위해 학교로 돌아온 사람이다. 그래서 나는 테리가 사람들을 만나서 네트워크를 형성하는 일이 급선무라고 생각했다. 테리가 조지아주 바깥으로 많이 나가보지 않은 것 같다는 짐작은 했지만 그 여행 전까지는 그녀가 얼마나 여행을 하지 않았는지 몰랐다.

거의 모든 것을 해내는 천재 학부생이지만 그 일을 할 때 아무 말도 하지 않는 특징이 있는 노아도 가겠다고 (아마도 무언으로) 승낙했다. 그는 운전면허가 없었기 때문에 운전에는 도움이 되지 않겠지만 50시간이 넘는 자동차 여행 동안 우리에게 마음을 열게 될지도 모르는 일이고, 그렇게 되면 그에 대해서 잘 알 수 있게 될 것이라는 게 좋았다. 노아와 오랜 시간을 이미 같이 보낸 빌은 그런 내 희망에 대해 별로 낙관적이지 않았고, 벌써부터 그를 "따뜻한 피가 흐르는 짐짝"이라고 부르기 시작했다.

우리는 지도와 캠핑 장비들을 재점검한 뒤 쉐브론 주유소로 가서 이 16인승 밴의 비대한 기름 탱크를 채웠다. 그런 다음 식료품점에 가서 우리가 가진 커다란 아이스박스에 다이어트 콜라, 얼음, 빵, 싸구려 치즈, 소시지를 채워넣는 사이에 빌은 단 것들이 든 상자를 채웠다. 우리는 세 명의 운전자가 한 번에 세 시간씩 번갈아가며 운전을 하고 여섯 시간씩 휴식을 취할 수 있도록 정했다. 따라서 약 200분에 한 번씩 차를 멈춘 다음 운전자를 교체하고, 기름을 채우고, 화장실도 갈 계획이었다. 모든 음식은 아이스박스에 든 것으로 해결하고, 조수석에 탄 사람이 라디오 채널을 고를 권리와, 운전자가 원하는 대로 샌드위치를 만들어 줄 의무를 지기로 했다. 빌은 2리터짜리 병 네 개를 구해서 각자의 이름을 쓰고 뒷자리에 놔뒀다. 소변이 마려운 비상 사태에 대비하는 대책이었다.

우리 계획은 놀라울 정도로 잘 돌아가서 자동차 여행의 첫 24시간은 아무 일도 없이 지나갔다. 내가 운전하고 있던 자정경에 우리는 주간 고속도로 64번에서 벗어나 70번을 타고 미시시피강을 건너 미주리주로 들어갔다. 빌은 내 옆 좌석에 무릎을 꿇고 상반신 전체를 창밖으로 꺼낸 채 위를 쳐다보면서 세인트루이스의 게이트웨이 아치를 감상했다. 북쪽으로 향하면서 그 밑을 지나는 순간 보름달이 바로 위에서 빛나면서 아래쪽에서 쏘아올려지는 조명등 불빛과 완벽한 조화를 이뤘다. 올드 노스 세인트루이스를 빠져나오면서 서쪽으로 차가 향하기 시작했을 때에야 빌은 다시 의자에 제대로 앉았다. 그는 생각에 잠겨 아이러니라고는 전혀 없는 목소리로 말했다. "정말 아름다운 나라야."

나는 한 1~2분 기다리다가 대답을 했다. "맞아." 뒷좌석에 앉은 사람들은 모두 잠들어 있었다. 다섯 시간 후, 우리 뒤쪽에서 해가 뜨면서 끝없이 펼쳐진 바람 부는 캔자스의 들녘에 빛의 문을 열었다. "정말 아름다운 나라야." 빌은 다시 한번 혼잣소리로 중얼거렸고, 나도 다시 한번 대답을 했다. "맞아."

우리는 다음 날 저녁 식사 시간쯤 그릴리에 있는 캘빈('캘'로 통하는)과 린다의 집에 도착해서 오랫동안 사냥감을 쫓다가 집에 돌아오는 피곤에 전 사냥개들처럼 밴에서 줄줄이 내렸다. 애틀랜타를 떠나기 전에 전화해서 우리가 방문할 예정이라고 이야기했다. 나를 양딸처럼 대해주는 분들이었기 때문에 당연히 언제나 나를 반겨주고 친구들도 데려갈 수 있을 것이라고 생각했다. 내 생각은 틀리지 않았다. 캘과 린다는 수십 년 동안 교사 생활을 한 분들이었고 과분할 정도로 나를 사랑했다. 우리는 다리를 몇 번 펴는 운동을 하고 집 안으로 들어가서 두 분이 차려주는 따뜻한 음식을 허겁지겁 받아먹었다.

"그래, 무슨 일이기에 12월에 콜로라도 북쪽을 여행하고 있나?" 캘이 아무 일도 아니라는 말투로 물었다.

"텍사스 지도를 찾을 수가 없었거든요." 빌이 그렇게 대답했고, 나는 어쩔 수 없이 그 말이 맞다고 어깨를 한 번 들썩여 보일 수밖에 없었다.

헛간처럼 큰 집에 사는 린다와 캘은 우리 모두에게 침대 하나씩을 배치해줬고, 우리는 열 시간 동안 죽은 듯 곤히 잤다. 다음 날 아침 제일 먼저 자리에서 일어난 것은 빌과 나였다. 캘은 동네 커피숍에 같이 가자고 제안했고 우리는 기쁘게 따라나섰다. 커피를 마시면서 나는 캘에게 지금부터 하루하고 반나절 사이에 라라미까지 운전해 올라가서 솔트레이크시티를 지나고 그 다음에 리노를 거쳐서 시에라네바다를 건넌 다음 새크라멘토로 내려가서 샌프란시스코 쪽으로 갈 계획이라고 설명했다. 캘은 1940년대에 소를 키우는 큰 목장에서 자란, 말이 별로 없는 침착한 사람이었다. 그는 고개를 끄덕이며 내 말에 귀를 기울였다. 그러고는 신중한 어조로 충고했다. "큰 폭풍이 몰려오고 있어. 그레이트 디바이드(로키산맥)를 피하려면 70번 주간 고속도로를 타고 그랜드정크션을 통과해서 가는 게 더 낫지 않을까?"

"아니요, 그럴 수 없어요. 그렇게 가면 더 오래 걸릴 테니까요." 나는 그렇게 말하고 자랑까지 덧붙였다. "이미 모두 계산했거든요."

"흠, 그렇다 하더라도 큰 차이는 안 날 텐데." 캘이 선선한 어조로 대답했다.

나는 그것이 내가 이겨야 할 논쟁이라도 되는 것처럼 고집을 피웠다. "아니에요. 집에 가면 보여드릴게요." 우리는 콜로라도, 와이오밍, 유타주의 지도를 펴고 끈을 사용해서 두 경로를 비교했다. 나는 샤이엔을 거쳐가는 경로를 잰 끈이 약간 더 짧다는 것을 확인하고 만족스러운 승리감에 도취됐다. 캘은 고개를 한 번 젓고는 밴에 체인을 가지고 있는지 물었다. 나는 벌써 열 번째쯤 아니, 우리는 체인 같은 거 필요하지 않다고, 내가 미네소타에서 자라지 않았느냐고 대답했다. 캘은 다시 한번 고개를 젓고, 문밖 포치로 나가서 한참 동안 북서쪽 하늘을 올려다봤다.

내가 지금까지 살아오면서 가장 후회하는 일들 중의 하나가 그때 끈을 가지고 그 게임에서 이긴 일이다. 내가 정한 경로는 실제로 더 짧았다. 캘이 제안한 쪽보다 90킬로미터나 짧았다. 운전을 한 시간 절약하는 것 아닌가. 그것이 1990년대 최악의 겨울 폭풍 중심을 향해 직진하면서 내가 한 생각이었다.

우리가 밴에 다시 짐을 싣는 동안, 캘과 린다의 여덟 살배기 딸 올리비아는 세계 지도책에서 크레용으로 베낀 깃발로 우리 차 안을 장식해줬다. 서로를 껴안으며 작별 인사를 하는 동안 나는 잠깐 세상에서 내가 사랑하는 몇 되지 않는 사람들을 늘 이렇게 두고 떠나는구나 생각했다. 하지만 바로 그 생각을 떨쳐버리고 운전석에 앉았다.

내 임무는 와이오밍 주의 롤린스까지 운전하는 것이었고, 그후에는 테리가 운전대를 잡고 에반스턴까지 갈 계획이었다. 유타주로 들어가는 길목 근처였다. 운전을 하면서 나는 빌과 테리가 '델리'를 놓고 언쟁하는 것을 들었다. 식량이 모두 들어 있고 빌이 델리(간단한 조리 식품을 파는 가게를 뜻하는 '델리카트슨'의 줄임말—옮긴이)라고 부르는 아이스박스에는 5센티미터가 넘는 차가운 물이 출렁거리고, 그 위에 소시지가 둥둥 떠다니고, 축축한 치즈 위에 남은 얼음 조각 몇 개가 붙어 있었다. 너무 냄새가 심해서 테리는 새로운 규칙을 채택해야 한다고 주장하고 있었다. 아이스박스 뚜껑을 여는 것은 두 사람 이상이 원할 때만 가능하고, 그것도 유리창을 연 상태일 때만 허용된다는 규칙이었다. 나는 악취가 앞으로 며칠 동안 더 심해질 것이라는 것을 잘 알고 있었기 때문에 테리와 의견을 같이했지만 어쩐지 빌의 편을 들어야 할 의무감을 느꼈다. 아이스박스에 든 음식을 먹는 사람은 빌뿐이었기 때문이었다. 그 말다툼 때문에 운전자를 바꾸기 위해 롤린스 서쪽에 있는 주유소에 차를 세웠을 때는 모두가 (아마도 노아까지도) 기분이 나빠져 있었다.

모두들 화장실에서 돌아오기를 기다리는 동안 나는 서서 지평선을 보다가 오후 1시인데 하늘이 엄청나게 어둡다는 사실을 깨달았다. 바람이 세지면서 온도도 급강하하고 있었다. 테리가 주유소에서 나와 운전석에 올라 앉았다. 나는 경적을 울려서 다른 사람들에게 빨리 출발하자는 신호를 해달라고 부탁했다.

빌과 노아가 뒷자리에 타자 테리는 시동을 걸었다. 아직 저녁이 되려면 멀었지만 나는 피곤하고 따분했고, 손에 쥐고 있던 지도를 보니 앞으로 갈 길은 재미없는 평지일 것 같았다. 나는 신발을 벗고 맨발을 대시보드의 히터에 올렸다. 안전띠를 채울까 생각하다 그만뒀다. 지구상에서 가장 평평한 곳을 달리는데 무슨 일이 일어날 수 있겠는가?

80번 주간 고속도로에 들어서자 테리는 가속페달을 힘껏 밟았고 밴에 갑자기 속도가 붙었다. 마치 출근길 붐비는 애틀랜타 순환도로의 생존경쟁에 뛰어드는 느낌이었다. 나는 자리에 앉은 채 불안해서 몸을 뒤척였지만 1~2킬로미터 가는 동안은 아무 말도 하지 않았다. 차가 그레이트 디바이드로 들어가는 순간 날씨는 급격히 변했고, 눈발이 하나둘 날리는 것이 보였다.

젖은 도로를 보면서 나는 몇 분 안에 도로가 미끄러운 얼음으로 덮일 것이라는 사실을 깨달았다. 테리는 계속 가속페달을 힘껏 밟고 시속 130킬로미터로 쭉 달릴 계획인 듯했다. 나는 위험하고 복잡한 실험실 작업 중인 학생들에게 쓰는 침착하고 안정된 목소리로 말했다. "오케이, 이제 도로가 굉장히 미끄러워질 것 같아. 속도를 상당히 낮춰야…."

나는 그 문장을 끝내지 못했다. 서서히 속도를 줄이는 대신 테리는 브레이크를 콱 밟았다. 도로에 정말로 얼음이 덮였다는 것을 깨닫고는 브레이크를 더욱 꽉 밟자 브레이크가 잠겨서 작동을 하지 않게 됐다. 차가 미끄러지기 시작하자 그녀는 핸들을 마구 돌려서 차를 바로잡으려고 했고, 밴은 전속력으로 앞으로 질주하는 동시에 물고기 꼬리지느러미처럼 왔다 갔다 춤을 췄다. 완전히 차를 제어할 능력을 잃은 테리는 비명을 지르기 시작했고, 나는 이 상황이 충돌사고만으로 끝날 수가 없다는 공포스러운 사실을 깨달았다.

내 시야에 마지막으로 들어온 똑바로 선 물체는 제한속도 표지판이었지만, 반경 15킬로미터 내에 유일하게 서 있는 그 물체를 밴은 정면으로 들이박았고, 표지판은 막대사탕 부러지듯 넘어졌다. 계속 돌고 돌던 우리 차의 속도가 마침내 떨어졌을 때는 완전히 반대 방향으로 돌아서서 차들이 맞은편에서 전속력으로 질주해오는 것이 보였다. 오는 차와 부딪힐 것이라는 내 두려움은 밴이 한편으로 약간 기울어진 정도가 아니라는 것을 깨닫는 순간 구토로 대체되어 치밀었다. 차가 뒤집히기 시작한 것이다. 차가 천천히 옆으로 굴러서 도로 옆 배수로에 빠지는 동안 나는 대시보드를 꼭 붙잡고 버텨보려고 했다. 쇠가 우그러지고, 플라스틱이 깨지고, 테리가 높은 음으로 비명을 질러대는 소리가 남북전쟁의 시작을 알리는 장총 소리 같은 것과 어우러졌다.

모든 것이 얼마나 느리게 벌어지는지 놀라울 정도였다. 마치 롤러코스터가 가장 높은 지점에 도달하기 직전에 천천히 올라가는 그런 느낌이었다. 내 머리가 차가운 유리창에 부딪혔다가 튀어올라서 밴의 천장을 씌운 얇은 펠트천 위에 멈춰 섰다. 그리고 한순간 모든 것이 심오한 안정기에 들어갔다. 나는 눈을 뜨고 어정쩡하게 일어서봤다. 천장이 바닥이 되어 있었다. 다른 세 명의 승객들은 안전띠에 묶여서 낙하산 부대처럼 공중에 떠 있었다.

나는 밴의 천장 위를 이리저리 뛰어다니며 모두 괜찮은지 확인하기 시작했다. 내 코에서 피가 나오는 것 말고는 기적적으로 아무도 다치지 않았다. 내가 미친 듯이 웃기 시작하자 코피는 수도꼭지를 튼 것처럼 뿜어져 나왔다. 가장 먼저 벨트를 풀고 천장으로 꼴사납게 떨어진 건 빌이었고, 가만 보니 그다지 놀라지도 않은 것처럼 보였다. 저 뒤에 앉은 노아는 시무룩한 표정을 하고 자신의 지저분한 힙스터 스타일 머리를 두 손으로 다듬고 있었다. 테리는 그냥 맥없이 매달려 있었다.

나는 밴이 폭발할지도 모른다고 염려하기 시작했다. 영화에 보면 늘 충돌 사고 후에 차들이 폭발했기 때문이다. 하지만 어떻게 대책을 세워야 할지는 몰랐다. 그때 갑자기 밴의 뒷문이 열리더니 남자 목소리가 들려왔다. "나는 수의사입니다. 모두들 괜찮아요?"

뒤에서 차를 몰고 오다가 우리 차가 배수로에 굴러떨어지는 것을 보고 차를 세운 후 도우러 온 것이었다.

나는 터져나오는 안도감을 숨길 수가 없었다. 그 사람을 꼭 껴안고 입이라도 맞추고 싶었다. "아, 네, 저희 모두 괜찮아요." 내가 활짝 웃어보였다.

"날씨가 점점 나빠지고 있어요. 내가 시내로 데려다줄게요." 새로 생긴 우리 친구 뒤로도 착한 사마리아인들 한 부대가 비상등을 켜고 차를 멈추고 있었다.

"오케이." 나는 기쁜 마음으로 대답했다. "그럽시다!"

그 사람은 우리가 차에서 나오는 것을 도왔다. 차에서 가장 나중에 내린 것은 나였다. 침몰한 배의 선장이어서가 아니라 엉망진창으로 얽힌 밴 안의 짐 속에서 신발을 찾아 신어야 했기 때문이었다.

우리를 태워준 운전자가 누군지 알지 못했고, 거기가 어디인지도 몰랐고, 차도 없었고, 돈도 없었고, 아무런 계획도 없었다. 그리고 그보다 더 기분이 좋을 수가 없었다. 살아 있다는 것이 너무 기뻐서 심장이 밖으로 튀어나올 것만 같았다. 아무도 다치지 않았다는 것이 너무 기뻐서 목청껏 노래를 부르고 싶었다. 이제부터 내게 벌어지는 모든 일은, 그것이 무엇일지라도, 내가 바랄 자격도 없는 과분한 선물이 될 것이다. 차가 출발할 때 뒤를 보니 올리비아가 차 안에 매달아준 깃발들이 배수로를 가로질러 도로로 날아가는 것을 봤다. 검정과 초록 바탕에 노란 십자가가 그려진 자메이카 국기가 눈에 들어왔다. 나는 깃발이 빠른 속도로 사라지는 것을 보면서 미소 지었다.

20분 후 우리는 웨스트 롤린스의 스프루스 가에 있는 주유소에 버려졌다. 나는 우리를 구출해준 사람들에게 수없이 고맙다는 인사를 했다. 그러나 내가 말을 길게 하면 할수록 상대방이 빨리 출발하고 싶어 한다는 느낌을 받았다. 테리는 딱 죽고 싶다는 표정으로 일행 주변을 맴돌고 있었다. 우리를 구해준 사람 중 한 명이 노아를 한켠으로 데리고 가서 말했다. "이봐요, 너무 걱정 말아요. 굉장히 충격적인 사건을 겪은 거니까." 그제서야 나는 우리가 얼마나 더러운지 깨달았다. 밴이 뒤집혔을 때 밴

안의 모든 것도 함께 뒤집혔다. 우리의 '델리'도 함께. 게다가 우리 중 누군가가 2리터짜리 병을 사용한 다음 뚜껑을 제대로 닫지 않았다는 사실이 특히 불운이었다. 모습으로 봐도 그렇고 냄새를 맡아봐도 그렇고 사고가 나면서 그 병에 있던 누군가의 오줌을 노아가 뒤집어 쓴 것이 분명했다. 아마도 노아를 위로했던 사람은 이 불쌍한 청년이 사고 때 너무 놀라 자기 머리에 실례를 했을 것이라고 생각했던 것 같다. 나는 잠깐 그 사람에게 해명할까 생각했다.

그때 빌이 입을 열었다. "흠, 이런 행운이." 그가 밝은 목소리로 말했다. "트리플A 보험에 들어 있었네!" 차를 두고 오기 전에 그는 조수석 사물함에서 가스 주입용 카드를 꺼내왔고 거기 적힌 작은 글씨들을 읽어봤던 것이다. 그 뉴스를 들은 나는 기쁜 미소를 띠고 빌을 돌아봤다. "전화해서 차를 견인해달라고 할게." 그는 그렇게 말하면서 공중전화 쪽으로 걸어갔다.

"우리가 있는 곳이 슈퍼8 모텔이라고 말해!" 나는 조금 떨어진 곳에 있는 모텔을 보고 그에게 외쳤다. 빌이 전화를 하고 오자 우리는 짐을 들고 모텔로 걸어갔다. 모텔 로비의 악취가 너무도 심해서 우리가 내는 냄새를 걱정할 필요도 없었다.

나는 카운터 너머에 있는 여자에게 인사하고 말했다. "안녕하세요. 방이 있으면 여기서 묵고 싶은데요."

"싱글룸은 35달러, 더블룸은 45달러예요." 그녀는 우리를 올려다보지도, 입에 문 담배를 빼지도 않고 말했다.

테리를 보니 아직도 충격에서 벗어나지 못한 것 같았다. "방 세 개 주세요." 내가 말했다. "저 두 사람이 싱글룸을 하나씩 쓰고, 빌과 나는 더블룸을 쓰면 되겠네." 나는 빌과 나를 가리키며 덧붙였다. "115달러죠?"

"거기에 세금." 여자가 말했다.

"거기에 세금. 물론이죠." 나는 미소를 지으며 그렇게 말하고 자신 없는 태도로 신용카드를 내밀었다. 놀랍게도 그녀는 카드를 받아들고 영수증 발행 시스템에 쿵 하고 찍었다.

"좋아, 점점 일이 잘 되어가네." 나는 그렇게 말하고 "자, 저녁 먹고 싶은 사람?" 하고 덧붙였다.

테리는 뚱한 태도로 "그냥 자고 싶어요" 하고 말했다. 나는 그녀가 나한테 화가 난 건지 자기 자신한테 화가 난 건지 알 수가 없었다. 괜찮은지 묻고 싶었지만 어쩌면 그렇게 하는 것이 옳지 않은 일일지도 모른다는 생각이 들어 아무것도 하지 않았는데, 그것도 옳지 않은 일이라는 것은 알았다. 노아는 방 열쇠를 받자마자 사라졌다. 그래서 빌과 나는 모텔을 나와 식당을 찾기 위해 엘름 가를 따라 걸었다. 우리는 약간 지저분해 보이는 스테이크 집을 찾아서 등갈비 2인분과 콜라 두 병을 주문해서 게걸스럽게 먹어치웠다. 그제서야 우리가 얼마나 배고팠는지 깨달으면서 말이다.

모텔로 돌아가기 위해 걸었던 시간은 우리가 같이 걸었던 다른 많은 경우와 비슷했지만 뭔가가 변했다는 느낌이 들었다. 우리는 잘못된 사람을 죽인 두 명의 깡패와 같았다. 죽음을 겨우 모면한 이 큰 위기가 두 사람을 영원히 묶은 느낌이었다. 우리는 모텔로 돌아가 방에 들어갔다. 킹사이즈 침대가 있었고 그 위에는 괴상한 무늬의 자주색 누비 커버가 덮여 있었다. 그 아래에 아마도 커버를 교체하지 않은 이불이 들어 있을 것이었다. 어두운 패널이 대어진 벽과 두꺼운 나일론 커튼에서는 담배 연기와 들척지근한 소독약 냄새가 배어나왔다. 카펫에 너무 얼룩이 많고 끈적거려서 신발은 그냥 신고 있기로 했다.

늦은 밤이었고, 몸은 지칠 대로 지쳐 있었지만 정신은 말짱하고 총총했다. 부딪혔던 곳들이 멍이 지고 욱신거리기 시작했고, 식당 화장실에 갔을 때 소변에서 피가 좀 보였지만 걱정은 되지 않았다. 그날 밤 나는 이제 세상에서 걱정할 필요가 있는 일은 다시 일어나지 않을 것처럼 느꼈다.

빌과 나는 침대에 나란히 앉아 방 안에 단 하나 있는 책상 램프의 어두운 불빛에 비친, 물이 샌 자국이 있는 천장을 바라봤다. 목욕탕의 수도꼭지에서 물이 똑똑 떨어지는 것이 부드럽고 꾸준한 북소리처럼 들렸다. 20여 분쯤 지난 뒤에 빌이 말했다. "흠, 드디어 일이 나고야 말았어. 언젠가 학생들 중 한 명이 우리를 죽이려고 들 거라 생각했지."

그렇게 말하니 어처구니없는 지금의 상황이 더 웃겨서 나는 킥킥거렸다. 킥킥거리던 웃음은 큰 웃음으로 변했고 나는 계속 웃고 또 웃었다. 웃음은 내 몸 깊숙한 곳까지 더 깊게 더 강하게 퍼져나갔다. 배가 아프고 숨을 제대로 쉴 수 없을 때까지 나는 웃었다. 자신을 제어할 수 없고, 속옷이 약간 젖을 때까지 웃었다. 웃는 것이 아플 정도가 되어서 웃으면서도 나 좀 그만 웃게 해달라고 애원할 때까지 계속 웃었다. 웃음소리가 우는 소리처럼 들릴 때까지 계속 웃었다. 그리고 빌도 같이 웃었다. 우리는 죽음의 신을 속였고, 그것도 크게 속였다는 기쁨과 감사함에 웃었다. 우리의 이 큰 행운은 하늘이 내려주신 선물이었고, 이 세상이 두고 떠나기엔 너무 달콤한 곳이라는 걸 깨닫는 계기가 되었다. 우리는 과분한 날을 하루 더 살게 될 것이고 그날을 함께할 것이다. 마침내 웃음이 좀 잦아들었지만 그것은 우리 몸이 지쳐서였다. 나는 다시 쿡쿡거리고 웃음이 나올 때까지 쉬었다. 그러다가 다시 웃기 시작했고, 빌도 웃었다. 우리는 다시 그렇게 웃었다. 나란히 누워서, 옷을 모두 다 입고, 신발도 벗지 않은 채 웃고 또 웃었다.

빌이 일어나서 목욕탕으로 갔다가 바로 다시 나왔다. "맙소사, 화장실이 막혔어. 어쩐지 차에서 나올 때 병을 들고 오고 싶더라니."

"그냥 카펫에 눠." 내가 아이디어를 냈다. "다른 사람들도 다 그렇게 한 것 같아."

그는 구역질 난다는 반응을 보였다. "우리가 짐승도 아니고. 욕조 물은 잘 빠져." 나는 일어나서 그의 조언에 따랐다. 그런 다음 다시 누웠다. 나란히. 그리고 천장을 계속 쳐다봤다.

"있잖아, 테리가 마음에 걸려." 내가 고백했다. "아마 나를 미워하고 있을 거야."

"말도 안 돼. 자기가 살아 있다는 것만으로도 기뻐해야지." 빌이 단호하게 말했다.

"'우리 모두'가 살아 있다는 것도 기뻐해야지." 나는 그렇게 강조를 했지만 여전히 마음이 편치 않았다. "이렇게 된 게 내 탓이라고 생각하고 있을 게 분명해. 그리고 생각해보면 내 잘못이야. 테리를 샌프란시스코 회의에 데리고 오겠다고 한 게 나잖아."

"아무 대가도 없이 나라 반대편까지 데리고 가주는 게 잘못이라고? 졸업한 뒤에 취직하는 데 도움이 될 사람들을 만나게 될 텐데? 맞아, 너 나쁜 선생 맞아. 우리 모두 애틀랜타에 남아서 내가 계속 테리의 실험실 작업이나 대신해주고 있었어야 해."

그렇게 말하는 빌의 목소리에 이전에 한 번도 들어본 적이 없는 날카로운 불만이 섞여 있었다. "테리도 다 큰 어른이야." 그는 계속 말을 이었다. "제기랄, 아마 서른다섯인가 그럴 거야. 우리보다 훨씬 어른이라고."

"그래 봤자 별 성과도 없을 거야." 내가 대꾸했다. "내가 학생이었을 때 학회에 가면 아무도 거들떠보지 않았어." 나도 나 자신의 불만 속으로 몸을 숨겼다.

"잘 들어. 어차피 학생들하고 친구가 될 수는 없어. 그러니 그런 희망은 지금 당장 버려." 빌이 한숨을 쉬었다. "너랑 나는 뼈가 닳도록 일을 하고, 똑같은 걸 계속 가르치고, 학생들을 위해서 목숨까지 걸겠지. 그래도 학생들은 늘 우리를 실망시킬 거야. 그게 우리 직업이야. 우리 둘 다 그렇게 해서 돈을 버는 거고."

"네 말이 맞아." 나도 빌의 냉소적인 태도를 받아들여보려고 했지만 잘 안 됐다. "진짜 그렇게 믿는 건 아니지, 그렇지?"

"맞아, 그렇게 믿는 건 아냐." 빌이 인정했다. "하지만 오늘 밤에는 그래."

나는 눈을 감고 누워서 목욕탕 수도꼭지에서 떨어지는 물소리를 들었다. 부드럽고 규칙적인 소리였다. 마침내 빌이 말했다. "하지만 같이 일하는 사람들하고는 절대 친구가 될 수 없다는 건 알지?"

나는 눈을 떴다. 그의 말이 왠지 모르게 상처가 됐기 때문이었다. 나는 물었다. "우리는? 내 말은, 우리는 친구잖아, 아니야?"

"아니야." 그가 대답했다. 그리고 말을 이었다. "너랑 나랑은 어딘지도 모르는 데서 길을 잃은 불쌍한 바보들이야. 호텔비 25달러 아끼려고 발버둥치는. 그러니 입 닥치고 잠이나 자." 그래서 우리는 그렇게 했다. 커다란 침대 맞은편에서 옷을 다 입고, 신발도 벗지 않은 채. 나는 가족이라는 것이 바로 이런 느낌일 것이라고 생각하고 오늘을 주신 신께 감사하고, 한 김에 내일도 미리 감사했다.

다음 날 아침 우리는 늦잠을 잤다. 방에서 나와보니 맑고 청명한 날이었다. 테리는 화가 머리 끝까지 치민 채 로비에서 나를 기다리고 있었다. 전날 밤 한숨도 자지 않은 것 같은 모습이었다.

우리는 길을 건너서 빅 릭 트럭 기사 식당에 가서 베이컨과 계란 1인분을 시켰다. 네 명이 함께 먹을 수 있는 양이 나왔다. 빌이 커피를 여덟 잔쯤 마신 후, 테리가 나를 보며 말했다. "솔트레이크시티 공항으로 데려다주세요. 비행기 타고 집으로 돌아가게." 나는 고개를 끄덕이며 다 이해하니 그렇게 하겠다고 말하려고 했다.

내가 입을 열기도 전에 빌이 폭발했다. "뭐라고?" 그는 들고 있던 스푼을 던지고 지구가 흔들리기라도 하듯 테이블을 움켜잡았다. "밴을 구르게 만든 다음에 한다는 말이 여기서 집에 갈 테니 나머지는 모두 우리가 처리하라고?" 그가 물었다. "냉정하네. 진짜 피도 눈물도 없구먼." 그는 끔찍하다는 듯 고개를 저었다. 테리는 서둘러 일어서서 자리를 떴다. 아마도 화장실에 가서 울려는 것 같았다. 나는 그녀를 따라가서 모든 게 괜찮을 것이고, 누구나 실수는 하는 것이고, 이 여행 자체가 바보 같은 일이었으니 우리 모두 그냥 집으로 가자고 말할까 생각했다. 그러나 과학자로서 내 본능은 그렇게 쉽게 그만두는 것이 잘하는 일이 아니라고 내게 속삭이고 있었다.

나는 그 자리에 앉아서 먼지가 가라앉을 동안 생각에 잠겼다. 실험실에 일어나는 모든 일과 마찬가지로, 어제의 사고는 궁극적으로 내 책임이었다. 모든 책임은 내게 있었다. 어젯밤에도 아침이 오면 침대에서 기어나와 이 문제를 처리해야 된다는 것을 알고 있었다. 그 일 처리를 아직 시작도 하지 않고 있었다. 밴이 어디 있는지, 내 가방이 어디 있는지도 몰랐다. 심지어 우리가 솔트레이크시티에서 얼마나 멀리 있는지 혹은 가까이 있는지조차 몰랐다. 한 가지 아는 것은 학회에서 예정된 내 발표 시간이 24시간도 남지 않았고, 아직도 건너가야 할 주가 세 개나 된다는 사실이었다. 그러나 무엇보다도 이런 문제들을 해결할 수 있을 정도로 살아 있다는 것이 기뻤다. 그날은 죽을 것 같지 않다는 생각이 들었다. 이제는 좋은 날이라는 것이 죽지 않고 살아서 지나가는 것으로 기준이 바뀌었다. 베이컨을 조금 더 먹고 모든 것을 즉흥적으로 처리하는 것밖에 다른 도리가 없어 보였다.

앞으로 전진하는 것이 옳은 방향이라는 것에는 동의를 했지만 빌의 반응은 나를 놀라게 했다. 나는 빌이 나를 버리는 것을 고려해봤을 것(아직은 행동으로 옮기지 않았지만)이라는 사실을 천천히 깨달았다. 그리고 처음으로 그가 조지아주에서의 생활을 버리고 떠나는 선택을 할 수 있다는 생각이 들었다. 빌은 어제 일어난 이 괴상하고도 공포스러운 사건을 평소의 그답게 아무렇지도 않게 받아들이고, 자기는 아무런 책임도 없는 이 거대한 재난에서 빠져나오기 위해 노력하는 데 초점을 맞추는 것 말고는 다른 도리가 없다는 것을 깨달았을 것이다. 사실 이런 사고 같은 것이 그를 걱정시키는 것 같지는 않았다. 그를 걱정시키는 것은 다른 누군가가 우리를 버릴지도 모른다는 가능성이었다. 그 가능성 자체가 우리가 지금까지 실제로 겪었던 일보다 훨씬 그를 화나게 했다.

나는 잠들기 전에 하고 있던 생각을 마무리지었다. 이것이 내 인생이고, 빌은 내 가족이었다. 학생들은 계속 오고, 그리고 떠날 것이다. 학생들은 학생들이다. 어떤 학생들은 큰 희망을 품고 오고, 어떤 학생들은 가망이 없을 것이다. 그러나 우리는 그들에게 애착을 가지지 않을 것이다. 중요한 것은 나와 빌이고, 우리가 함께할 수 있는 일들이다. 나머지는 모두 배경 소음에 지나지 않는 일들이다. 나는 나 자신을 잘난 척하고, 욕심 많고, 젠체하는 학계의 기대들로부터 해방시켰다. 나는 세상을 바꾸지도, 새로운 세대를 교화하지도, 내가 속한 기관에 영광을 가져다주지도 않을 것이다. 실험실에 몸을 담고, 모든 것, 육체와 영혼이 무너지지 않게 지키는 것이 의미 있는 일이다. 내가 그 밴에서 산채로 기어나왔을 때 내가 가진 것을 확인해보니 중요한 것 딱 한 가지가 있었다. 바로 신의였다. 나는 자리에서 일어나 계산을 하고 일행이 식당에서 모두 나갈 때까지 문을 잡고 서 있었다. "자, 자, 여러분, 이제부터는 괜찮아질 거야." 내가 말했다. "그래야 하고."

모텔로 걸어가면서 보니 주차장에 우리 밴과 비슷하게 생긴 차가 서 있는 것이 보였다. 있을 수 없는 일이라고 생각했다. 우리 차이기엔 너무 멀쩡해 보였다. 그런데 가까이 가서 보니 차는 정말 멀쩡했다. 조수석 쪽만 보면 말이다. 다른 쪽은 구겨진 맥주 깡통처럼 움푹 들어가 있었고, 운전석 쪽 사이드미러가 보이지 않았다. 와이퍼와 함께 부러져버린 것이 분명했다. 그러나 조수석 쪽 문은 모두 멀쩡하게 열고 닫혔다. 빌은 문을 열고 안을 들여다본 다음 차 안의 "절제된 사치"에 대해 코멘트를 했다.

사고가 나면서 '델리'의 뚜껑이 열렸고, 차 안은 소변, 썩은 소시지와 치즈 냄새로 진동했다. 한쪽 창문에 더러운 것들이 붙어 있었다. 전날 밤새 밴이 배수로에 누워 있는 동안 쓰레기가 거기 고여 얼어붙었기 때문이었다.

빌은 우리 가방이 모두 차 안에 있다고 발표한 다음 운전석에 앉아 시동을 걸었다. 열쇠를 돌리자마자 엔진은 즉시 반응을 했고 기분 좋게 그르렁거렸다. 빌의 얼굴에 커다란 미소가 떠올랐다. "영업개시야!" 그가 외쳤다. 나는 코를 움켜쥐고 조수석에 올라탔고, 테리와 노아는 뒷자리에 앉았다.

우리는 고속도로로 진입해서 와이오밍 주 록스프링스를 향해 서쪽으로 달리기 시작했다. 노아는 차선이 빌 때마다 말없이 신호를 보내는 운전석 사이드미러 역할을 했다. 그러고 보니 여행을 하는 내내 그가 한 마디도 하지 않았다는 사실이 떠올랐다. 나는 안전띠를 매고 제대로 채워졌는지를 몇 번이고 확인했다.

고속도로를 탄 다음 나는 샌프란시스코까지 몇 시간이나 남았는지를 계산했다. 열여섯 시간, 길어야 열일곱 시간이면 충분할 것 같았다. 제시간에 도착할 수 있었다. 그때만 해도 시에라에 불어닥친 눈보라를 계산에 넣을 수가 없었지만 그것은 한참 후에나 문제가 될 일이었다. 그 순간만큼은 모든 것이 괜찮아 보였다. 빌이 갑자기 외쳤다. "제기랄! 사고 난 곳에 멈춰서 사이드미러 찾아보는 걸 깜빡했어." 그런 다음 덧붙였다. "그거야 뭐 오는 길에 해도 되지."

나는 충격에 빠졌다. 샌프란시스코에 가는 것에만 너무도 집중한 나머지 이 다 부서진 깡통을 몰아서 다시 온 나라를 건너야 한다는 사실을 잊고 있었던 것이다. 나는 거기에 대해 무슨 말인가 하려고 했다. 그러나 내 마음을 읽은 듯 빌은 나를 가리키며 말했다. "아니, 아무 말도 듣고 싶지 않아. 거기 앉아서 내일 할 발표에 대해서나 생각해." 그러고는 덧붙였다. "이렇게 고생해서 가는 거니 발표라도 잘해야 할 거야."

도착하기까지 겪은 고생에 비하면 닷새 동안의 학회는 평온히 흘러갔다. 학회가 끝나자마자 우리는 애틀랜타로 다시 운전을 해서 돌아갔다. 이번에는 주간 고속도로 10번을 거쳐 20번을 탔다. 애리조나주, 뉴멕시코주, 그리고 지도도 없이 텍사스주를 320킬로미터 정도 여행했다. 날마다 빌은 이 나라가 아름답다고 말했고 나는 거기 동의했다. 피닉스에 도착할 즈음 테리는 다시 자기 자신으로 완전히 돌아왔고, 지나간 일은 지나간 일로 덮였다.

애틀랜타에 도착한 날 나는 밴을 늦은 저녁에 반납하고 자동차 열쇠는 근무 외 시간 무인 반납 박스에 집어넣은 다음 거기서 나왔다. 한 달이 채 지나지 않아서 대학의 모든 행정 직원들은 내게 엄청나게 화가 나 있었다. 나는 운전한 것이 나였고, 전혀 반성하고 싶지 않으며, 우리를 안전하게 보호해준 그 기적을 트집 잡기에는 내가 살아 있다는 것이 너무 기쁘다는 것이 그 이유라고 반복해서 말했다. 그들은 내 말을 이해하지 못했고, 나도 마침내 그들을 이해시키는 것을 포기했다. 그러나 내 말을 이해한 사람, 그 모든 것을 이해한 사람이 한 명 있었다. 그리고 나는 그가 내 곁에 있다는 것이 얼마나 큰 행운인가를 마침내 완전히 깨달았다.

11

시트카라는 작은 도시는 아마도 알래스카주에서 가장 매혹적인 곳일 듯하다. 알래스카 만이 바라보이는 바라노프섬에 있는 그곳은 태평양의 따뜻한 난류 덕분에 엄마 손길처럼 따스하다. 월평균 기온이 절대 영하로 떨어지지 않기 때문에 거기 사는 몇 천 명의 사람들은 온화하고 쾌적한 기후 속에서 생활한다. 시트카에서는 그다지 큰 사건이 일어난 적이 없었다. 단 한 번의 예외는 1867년 며칠 동안 전 세계의 이목이 이곳에 집중되었을 때였다.

시트카는 알래스카 매매가 이루어진 곳이다. 러시아(매도자)와 미국(매입자)의 외교관들이 참석한 공식 행사도 있었다. 그들은 미국 상원에서 승인한 1에이커당 2센트에 50만 제곱마일(알래스카의 면적은 한반도의 약 일곱 배에 달한다—옮긴이)의 새 땅을 미국이 구입한다는 내용의 조약을 축하하기 위해 모였다. 미국이 러시아에 지급한 금액 700만 달러는 이제 막 끝난 남북전쟁의 폐허를 마주한 보통 미국사람들에게는 말도 안 되는 엄청난 금액이었다. 여론은 완전히 갈렸다. 이 조약에 찬성하는 사람들은 브리티시 콜럼비아(캐나다 서남부)를 전략적으로 인수하는 데 필요한 단계라고 주장했고, 반대하는 사람들은 이 사람이 살지 않는 땅은 미국에 또다른 부담을 지워줄 뿐이라고 맞섰다. 남북전쟁이 끝난 후 미국에서 이 조약은 현실도피적인 드라마의 역할도 했다. 또 한 번 선과 악의 싸움이 벌어지는 것이었지만 이번에는 멀리 있는 낯선 땅에서 일어나는 드라마였던 것이다.

1980년대에 시트카에서는 두 번째 드라마가 벌어졌다. 이번에는 나라들 사이의 조약이 아니라 생물종 사이의 전쟁이었다.

나무들은 시트카를 사랑한다. 해가 긴 여름날에 온화한 기후까지 갖춘 바라노프섬은 춥고 어두운 겨울 때문에 아주 크게 자랄 수는 없지만 식물들이 살고 자라기에 너무도 적합한 곳이다. 시트카 가문비나무, 시트카 오리나무, 시트카 물푸레나무, 시트카 버드나무 등은 모두 이 지역에서 처음 발견된 종들이다. 이 시트카 나무들은 브리티시 컬럼비아를 성공적으로 점령했고 나아가 워싱턴주, 오리건주, 캘리포니아주까지 퍼져나갔다. 그럼에도 이들은 겸손한 나무들이다. 특히 시트카 버드나무는 눈에 띄는 식물이 아니다. 완전히 성장한 나무의 키가 7미터 정도이니 숲의 거인이라고 부르기엔 미미하다. 그러나 다른 모든 나무들과 마찬가지로 시트카 버드나무들도 겉으로 보이는 것 이상의 큰 비밀을 지니고 있다.

유칼립투스들 사이를 지나갈 때면 톡 쏘고 매콤하면서도 약간 비누향 비슷한 냄새에 휩싸인다. 유칼립투스들이 만들어 분출해서 공기 중에 퍼져 있는 화학물질, 즉 휘발성 유기 화합물을 감지한 결과다. 이 휘발성 유기 화합물은 2차적 화합물의 기능을 하도록 제조되었다. 이 말은 이 화합물이 아무런 영양분을 제공하지 않기 때문에 기초 생명기능에 부수적인 기능을 한다는 뜻이다. 휘발성 유기 화합물의 여러 가지 용도를 과학자들은 밝혀냈지만, 아마도 밝혀내지 못한 기능들이 아직도 많을 것이다. 유칼립투스가 발산하는 휘발성 유기 화합물은 잎이나 나무껍질에 상처가 났을 때 감염을 방지해서 건강하게 유지하는 소독약 기능을 한다.

대부분의 휘발성 유기 화합물에는 질소가 들어 있지 않기 때문에 식물들이 만들어내는 비용이 상대적으로 적게 들어간다. 따라서 소모품이다. 나무가 휘발성 유기 화합물을 대량으로 뿜어내도 그다지 손해 볼 것이 없기 때문에 인간의 코가 감지하는 유칼립투스 특유의 향기 같은 것이 존재한다. 그러나 나무들이 생산해내는 휘발성 유기 화합물의 대부분은 인간의 코로 감지할 수 없는 것들이다. 어차피 우리에게 향기를 제공하는 것은 원래 목적이 아니니 아무 문제가 없다. 숲 안에서 생산되는 휘발성 유기 화합물의 양은 늘었다 줄었다 한다. 모종의 신호에 따라서 개별적인 화합물의 제조를 껐다 켰다 할 수 있기 때문이다. 그중 한 신호는 재스몬산으로, 식물에 상처가 나면 대량으로 만들어지는 물질이다.

4억 년에 걸친 식물과 곤충 사이의 전쟁에서 양쪽은 모두 얼마간 피해를 입었다. 1977년, 워싱턴주 킹 카운티에 있는 주립대학 연구용 숲은 곤충의 습격을 받아 완전히 폐허가 됐다. 공격에 앞장선 것은 텐트나방 애벌레들이었다. 잔혹하고도 만족할 줄 모르는 전사들인 텐트나방 애벌레들은 나무 몇 그루의 이파리들을 남김 없이 먹어치우고 다른 많은 나무들도 회생불가능할 정도로 피해를 준 다음 그 지역에서 여러 종류의 활엽수 나무종들의 숫자가 엄청나게 줄어드는 현상을 촉발시켰다. 전투에서는 패배해도 전쟁에서는 이길 수 있다는 것을 우리 모두 알고 있지만, 나무들의 역사를 보면 그 사실이 너무도 극명히 나타난다.

1979년, 워싱턴 주립대학의 실험실에서 연구원들은 공격에서 살아남은 나무들에서 딴 이파리들을 텐트나방 애벌레들에게 주고 그들이 잎을 먹는 것을 관찰했다. 그들은 이 애벌레들이 보통 애벌레들보다 훨씬 천천히 자라고 병색이 완연해진다는 것을 깨달았다. 그리고 2년 전 같은 나무의 이파리를 먹고 자란 애벌레들과 비교해도 자라는 속도가 훨씬 느렸다. 간단히 말하자면 이파리에 들어 있는 어떤 화학물질이 그들을 병들게 하고 있었던 것이다.

그러나 정말로 흥분되는 일은 1~2킬로미터 떨어진 곳에 자라는 건강한 시트카 버드나무들, 즉 한 번도 공격을 당하지 않은 버드나무들도 텐트나방 애벌레들 입맛에 맞지 않는 화학물질을 만들어내고 있다는 사실이었다. 멀리서 자라는 건강한 나무들에서 딴 이파리들을 먹은 애벌레들도 시들시들하고 병이 들어 2년 전처럼 순식간에 숲을 파괴할 힘을 잃은 듯 보였다.

과학자들도 뿌리에서 뿌리로 전달되는 신호 체계에 대해서는 이미 알고 있었다. 땅속에서 화학물을 분비해서 이루어지는 현상이다. 그러나 위 연구에서 관찰된 시트카 버드나무 두 집단은 너무 멀리 떨어져 있어서 흙을 통해 의사전달이 이루어지는 것은 불가능했다. 분명 땅 위에서 서로 신호를 주고받은 것이 분명했다. 과학자들은 이파리들이 처음 상처를 입었을 때 나무가 잎에 애벌레 독을 가득 채웠고, 그로 인해 휘발성 유기 화합물의 생성도 촉발되었을 것이라고 추측했다. 그리고 이 휘발성 유기 화합물들이 적어도 1~2킬로미터는 퍼져나갔고, 다른 나무들은 이를 조난 신호로 받아들여서 이파리에 미리 애벌레 독을 주입했을 것이라는 가정을 했다. 1980년대 내내 애벌레들은 대대로 이 독 때문에 비참하게 굶어죽었다. 이렇게 장기적인 전략을 채택해서 나무들은 전세를 유리한 쪽으로 바꿨다.

몇 년에 걸친 관찰 끝에 연구원들은 위의 현상을 설명하는 데 땅 위의 신호체계가 가장 설득력 있는 가설이라고 결론지었다. 과학자들도 나무들이 사람이 아니고, 감정이 없다는 사실을 알고 있었다. 그것은 사람에 대한 감정이 없다는 말이다. 우리를 향해서는. 그러나 어쩌면 서로에 대한 감정과 관심은 있는지도 모른다. 어쩌면 위기가 닥치면 나무들은 서로를 돌보는 것인지도 모른다. 시트카 버드나무 실험은 모든 것을 바꾼 아름답고도 훌륭한 연구의 예다. 문제가 하나 있기는 했다. 그 연구 결과를 사람들이 믿기까지 20년이 넘는 세월이 필요했다는 사실이다.

12

잠들긴 하는데 계속 잘 수가 없었다. 1999년 이른 봄 몇 주 동안 내내 잠이 들었다가 깨기를 반복했다. 새벽 2시 반쯤 눈이 떠지면 다시 잠들지 못하는 나 자신에 대해 점점 더 짜증을 내며 날을 지새우곤 했다. 빌은 실험실을 완벽하게 운영했고, 각 실험은 시계 장치처럼 정확히 성공했다. 그럼에도 연구 자금을 확보할 수 있는 계약이 계속 성사되지 않았기 때문에 더욱 좌절감이 들었다. 계약이 승인되기 위해서는 엄격한 동료 평가를 통과해야만 했다. 평가는 '실적'에 큰 비중을 뒀고, 이 '실적'이라는 것이 이전 계약의 결과로 얻은 의미 있는 발견이 몇 개나 되는지를 뜻했기 때문에 새로 이 분야에 발을 들인 연구자들은 큰 불이익을 당할 수밖에 없었다.

그리고 과학자들이 평가를 가장해 개인적인 분풀이를 하는 것도 흔한 일이었다. 내가 받는 피드백은 '본 평가자는 본인이 자격을 취득한 같은 기관에서 이 연구원의 능력이 박사학위를 취득하기에 충분하다고 판단했다는 사실에 경악하지 않을 수 없다' 류의 독기 어리고 쓸데없는 것들이었다. 거의 죽을 뻔한 고비를 넘기면서 참석한 샌프란시스코 학회에서 식물과 물의 소비에 대한 내 의견을 발표하는 도중 화가 머리끝까지 난 중견 과학자(몇 년 후에 실망스럽게도 좋은 사람인 것으로 판명이 난)가 접이식 의자에서 일어나 내가 하던 말을 중도에 끊으면서 "그런 말을 하다니 믿을 수가 없어요!" 하고 외쳤다. 충격과 혼란에 빠진 나는 "어디가 아프신가요?" 하고 마이크에 대고 말했고, 그 발언은 분위기를 친근하게 만드는 데 전혀 도움이 되지 않았다.

진실을 말하자면 문제는 그보다 훨씬 전부터 시작됐었다. 논문을 쓰던 나는 휴식 시간에 새로 부임한 교수님을 찾아갔다. 고식물학계에서 뛰어난 연구 업적을 쌓은 그녀의 부임을 오래 기다려온 터였다. 나는 그녀가 소장한 많은 양의 화석을 짐에서 꺼내 분류하고 라벨을 붙여서 정리하는 것을 도왔다. 화석에는 지구상에 가장 먼저 피었던 꽃들의 자취가 들어 있었고, 그녀는 콜롬비아의 보고타 변경에 있는 정글에서 목숨을 걸고 그 돌들을 수집했다. 이 퇴적물들은 1억 2000만 년이나 된 것들로, 교수는 화석화된 꽃잎들 밑에 붙은 꽃가루와 양치류의 포자를 추출할 계획이었다. 추출한 꽃가루와 포자를 현미경으로 들여다본 후, 각 입자의 모양을 상세하게 묘사하고 퇴적층에 따라 이 입자들의 숫자가 어떻게 변화하는지도 기록할 것이다. 그렇게 해서 얻은 통계를 사용해서 양치류 식물의 숫자가 변화함에 따라 꽃의 모양이 어떤 영향을 받았는지 그 관계를 알아내고, 식물학적 혁명을 가능하게 한 식물군락의 어두운 하층부에 얼마만큼 그늘이 져 있었는지를 측정할 수가 있다.

암석 표본들은 뾰족뾰족하고 잘 부서졌다. 그리고 너무 어두운 색을 띠고 있어서 나는 질량분석계에서 측정이 가능할 정도로 충분한 양의 유기 탄소가 들어 있을지 모르겠다고 말했다. 시험용 표본을 측정해보니 필요한 양을 능가하는 양의 유기 탄소가 들어 있다는 것이 밝혀졌다. 사실 거기에는 새로운 형태의 화학적 분석도 가능한 양의 유기 탄소가 들어 있었다. 이 새 테크닉은 보통 발견되는 탄소핵과 중탄소핵의 비율을 측정하는 기술이었다.

우리의 연구는 고대 육지 암석에 들어 있는 탄소 13(탄소의 안정 동위원소—옮긴이)을 최초로 분석한 시도가 됐다. 이 연구에 필요한 실험 작업은 2년도 안 걸렸지만 거기서 얻은 데이터를 해석해서 내 연구 결과를 출판하기까지 결국 꼬박 6년이 걸렸다. 따라서 교수가 돼서 보냈던 처음 몇 해는 내가 독특한 표본들을 비전통적인 방식으로 분석해서 아직 검증된 적이 없는 해석을 통해 놀라운 결과를 얻었다는 사실을 세상에 설득하며 보내야 했다. 이 모든 것이 예상치 못한 뜻밖의 결과였고, 나는 나보다 수십 년 먼저 연구의 신빙성을 인정받은 동료 학자들을 설득할 수 있을 것이라고 순진하게 믿었다. 내 커리어는 시작부터 길고도 오랜 학문적 추락의 모든 요소를 가지고 있었다.

초짜 교수였던 시절 몇 년 동안 내내 반복해서 학문적 냉소라는 두터운 벽에 부딪히면서 어리둥절해하던 내가 결국 깨달은 것은 이 일에 능력이 있다는 것을 충분한 수의 학자들에게 증명해 보이기 위해서는 수많은 학회 참석과 서신 교환, 그리고 엄청난 양의 지적 자기반성을 거치지 않으면 안 된다는 사실이었다. 문제는 내게 시간이 그리 많지 않다는 사실이었다. 실험실을 시작하기 위해 대학에서 보조받은 돈이 떨어지고 나자 우리는 실험을 계속하기 위해 버려진 건물의 먼지 낀 지하실에서 화학 약품, 장갑, 시험관 그리고 바닥에 고정되어 있지 않은 것은 무엇이든 가져다가 썼다. 나는 이런 행동들을 '적어도 유용한 데 쓰기라도 하니까'라며 속 보이는 나의 자기 정당화를 하곤 했다. 그러나 우리는 쓰레기통, 재활용함을 뒤지는 것을 거쳐 마침내 공학과 건물의 실습용 실험실에까지 손을 뻗치기 시작했다. 그들은 너무도 부자여서 이것 저것 좀 없어졌다 해도 눈치 채지 못할

게 분명하다고 애써 위안했지만, 점점 이런 정당화가 공허하게 들리기 시작한 것은 어쩔 수 없었다.

마지막으로 빌의 월급 줄 돈이 바닥났다. 학생들이 용기를 내서 그에게 "학교 건물에서 사는 사람"이 당신이냐고 물으면 빌은 늘 크게 화를 내고 자기 도덕성에 흠집이 나기라도 하는 것처럼 과장해서 반응하는 척했지만 이 모든 상황에 우리 둘 다 지쳐가기 시작했다. 처음에는 빌도 자신의 빈곤이 독특한 모험, 임시로 경험하는 보헤미안 생활이라고 생각했지만 몇 달 동안 그런 상황이 계속되면서 그 쥐꼬리만 한 매력조차 사라지고 말았다. 그가 집 없이 지내는 기간 동안 날마다 우리 집에서 저녁 식사를 먹이는 정도의 작은 노력으로 죄의식을 상쇄하곤 했지만 최근 들어서는 내가 우리 두 사람 모두의 인생을 망치고 있다는 사실이 점점 더 명백해지고 있었다.

나는 또 실존적 두려움에 휩싸여 있었다. 작은 소녀였을 적부터 나는 진짜 과학자가 되는 것이 소원이었다. 그런데 그 목적에 마침내 가까워졌는데 모든 것을 잃을 위험에 빠진 것이다. 나는 점점 더 많은 시간을 일하는 데 바쳤다. 그러나 그다지 효율적이지도 않은 밤샘 작업은 상황을 해결하는 데 별 도움이 되지 않았다.

밤에 순찰을 돌다가 누군가 깜빡 불을 켜놓고 퇴근한 줄 알고 내 사무실 문을 연 건물 관리인은 "당신이 아무리 일을 사랑해도 일은 당신을 사랑해주지 않아요" 하고 말하면서 측은하다는 듯 고개를 저으며 문을 닫았다. 나는 그게 옳지 않다고 말하고 싶었지만 점점 그 말이 무슨 의미인지 깨닫기 시작했다.

실험실을 잃을지도 모른다는 악몽은, 내 구체적인 꿈이 그것밖에 없었기에 더 공포스러운 일이었다. 대학을 다니는 동안 나는 진정한 학자가 되면(그것을 증명해주는 것은 문에 내 이름이 걸린 실험실을 갖는 것이었다) 모두가 나를 믿을 것이고, 당연히 과학적으로 큰 돌파구가 열려서 평탄한 인생을 걷게 될 것이라는 생각에 내 모든 것을 걸었다. 이 보상에 대한 확신으로 나는 석박사 과정을 달리다시피 해서 마쳤다.

따라서 교수가 된 후 첫 몇 해 동안 겪은 이런 실패는 너무 당황스러운 경험이었고, 평생 처음으로 우주의 정기를 모아 만들어진 내 운명의 잠재력을 성취해내지 못하고 자신의 뜻을 펼치지 못한 여성 조상들(나는 그들을 늘 잿물에 팔꿈치까지 담그고 침대보를 빠는 모습으로 상상했다)의 기대를 저버릴지도 모른다는 깊은 우려를 하게 됐다. 잠을 이루지 못하고 내 감정과 자기 연민에 빠진 나날이 계속되는 동안 나는 불쌍한 성 스테파노에 대해 생각하기 시작했다. 그는 갖은 오물과 식초, 그리고 성령을 뒤집어쓰고 열심히 선교했지만 예루살렘을 벗어나기도 전에 도시의 변경에서 사람들의 손에 잡혀 돌에 맞아 죽었다. 그 일이 있기 불과 며칠 전만 해도 스테파노는 멀리 나아가 복음을 전달할 행운의 7인 중 한 명으로 선택받았다. 그는 자신의 혁신적인 시각이 사람들을 격노하게 만들 위험이 있다는 설명을 미리 들었을까? 물론 그는 극도로 신앙심이 강한 사람이었겠지만 마지막에는 속았다는 생각이 약간이라도 들지 않았을까?

성경은 늘 자세한 세부사항에 약하다. 스테파노의 본능적인 자기 보존 본능이 순교의 길을 조금이라도 방해하지 않았을까? 누군가가 머리에 돌을 던지면 우리는 본능적으로 그 돌을 피하게 되지 않는가? 팔을 들어 머리를 보호하지 않을까? 아니면 눈을 감은 채 일이 벌어지기를 기다리며 관자놀이를 세게 얻어맞을 각오를 하고 있었을까? 사람들이 던진 돌은 도대체 어디서 난 것일까? 사람들이 거기로 모여들면서 돌을 집어들고 갔을까? 돌을 던진 사람들은 각자 돌이 몇 개나 필요하다고 생각했을까? 돌을 집어들면서 잘 살펴보고 나름의 기준을 적용해서 어떤 돌은 버리고 어떤 돌은 골랐을까? 여자들도 돌을 던졌을까, 아니면 라파엘의 그림처럼 근처에서 울먹이며 보기만 했을까? 나는 이 끔찍한 일을 관장한 장로 사울에 대해서도 생각했다. 결국은 사울도 스테파노와 같은 시각을 갖게 되었고, 제국 전체를 돌며 그 사상을 전파하면서 적지 않은 유명세를 타게 됐지만 그 모든 일이 스테파노가 제대로 죽은 후에 벌어진 것 아닌가?

쓸데없는 생각이 이런 식으로 꼬리에 꼬리를 물고 머릿속에 떠오를수록 나는 더 초조해졌고, 온몸이 견딜 수 없이 아파왔다. 그 통증은 무릎과 팔꿈치에서 시작해서 발목과 어깨로 번져갔다. 그럴 때면 침대 끝에 앉아서 관절을 주무르고 몸을 앞뒤로 흔들기를 30분 넘게 하다가 결국 더 참지 못하고 빌에게 전화하곤 했다. 그가 자는 사무실 벽에 붙은 오래된 전화의 벨소리가 화재경보기와 비슷한 소리를 내면, 빌은 재빨리 전화를 받았다. 내 걱정이 돼서라기보다는 벨소리를 얼른 잠재우기 위한 의도가 더 컸다.

"벌써 마녀가 활동할 시간이야?" 전화를 받은 그가 말했다.

"나, 상태가 별로 안 좋아." 그렇게 대답하는 목소리가 떨려서 폭포수처럼 나를 엄습하는 걱정을 숨길 수가 없었다.

"너 진짜 목소리가 거지 같다. 나 내려준 다음에 뭘 먹은 거야?"

"영양 음료 좀 마셨어." 그렇게 대답하는 내 말을 듣고 그는 화가 난 듯 한숨을 내쉬었다. 그리고 긴 침묵이 흘렀다.

한참 후 그가 한 번 끙 소리를 낸 다음 말했다. "바로 이 대목에서 모든 게 괜찮을 거라고 말해야 하는 거겠지."

나는 무너지지 않으려고 애를 쓰고 있었다. "하지만 괜찮아지지 않으면 어떡하지? 내가 절대 연구 기금을 못 따게 되면? 내가 능력이 없으면? 우리가 가진 모든 걸 잃게 되면 어떡하지?" 나는 흥분해서 횡설수설했다.

"이렇게 되면, 저렇게 되면. 그런 말은 집어치워. 그런 말 해봤자 달라질 건 아무것도 없어!" 빌이 소리쳤다. "연구 기금을 못 따면 어떡하냐고? 혹시 최근에 확인해봤는지 몰라서 하는 말인데 네가 지금 나한테 주는 돈보다 덜 주는 건 가능하지가 않아. 네가 해고되면 어떡하냐고? 여기 들어올 수 있는 열쇠가 우리 손에 있잖아. 내일 가서 그 열쇠들, 복사해둘게. 꼭 돈 받는 직원이 아니더라도 여기서 날마다 일할 수 있다는 의심이 요새 계속 들던 참이야. 넌 계속 그 멋진 파워 정장을 입고 면접에 나가서 우리 물건을 팔아봐. 그런 다음 여기서 제발 빠져나가자고. 이 거지 같은 실험실, 한 번 만들어본 걸 두 번 못 만들라는 법은 없어. 아니면 모든 걸 집어치우고 야반도주해버릴 수도 있지. 옆 타운에서 넌 손풍금을 치고 나는 모자 들고 동전을 거두면 되잖아."

그의 훈계에 위로를 받고 나는 희미하게 웃기 시작했다. 그리고 또 긴 침묵이 흘렀다.

"우리 '마시복음'이나 읽을까?" 내가 제안했다.

"이제야 말 되는 소리를 좀 하는구나." 빌이 동의하자 나는 침대 밑에서 두꺼운 책 한 권을 꺼내 아무 페이지나 폈다.

우리는 최근 과 대학원에서 공부한 학생 중 한 명에게 '마시'라는 별명을 붙였다. 그녀가 좋아하는《피너츠》만화 캐릭터 중 하나였다. 그러나 결국 그는 마시보다는 페퍼민트 패티에 가까워서, D-학점을 여러 번 받고도 긍정적인 태도로 그 결과를 받아들이는 성향을 보였다(둘은 가까운 친구 사이로, 마시는 우등생, 페퍼민트 패티는 공부와는 거리가 먼 왈가닥으로 그려진다—옮긴이). 마시는 최근에 우리 실험실과 좋은 관계를 유지한 채 결별했다. 논문이 통과될 정도로 향상시킬 가치가 없다고 스스로 판단한 뒤에 내린 결정이었다. 떠나면서 그녀가 우리에게 주고 간 선물은 한 번 고칠 때마다 엄청나게 양이 늘어난 그녀의 '논문'이었고 나는 그 논문이야말로 새로운 문학 형식의 도래를 알리는 신호탄이라고 주장했다. 그 논문은 모든 면에서 말이 안 됐다. 14폰트 크기의 팔라티노 서체부터 제본할 때 불행하게도 몇 페이지를 거꾸로 묶은 것에 이르기까지. 불면증의 밤이 지나가기를 기다리며 나는 말이 안 되는 마시의 세 페이지짜리 문단 하나를 읽고, 바로 뒤를 이어 제임스 조이스의《피네간의 경야》한 부분을 읽었다. 그리고 빌에게 어느 것이 누구 작품인지 알아맞추고 비판적 분석과 함께 그 이유를 대라고 말했다. 그 전날 밤에는 '마시복음'의 '방법론' 부분과《고도를 기다리며》의 유명한 '럭키의 생각' 독백 부분을 비교 분석했다.

정말 비열한 짓을 공모한다는 데서 오는 독특한 카타르시스를 기다리며 빌과 나는 박식을 가장한 단어들을 사용하면서 서로를 자극했다. 최근 들어 빌과 하는 이런 긴 전화 말장난만이 치닫는 내 생각에 고삐를 걸고 잠이 들 수 있도록 해주는 유일한 방법이었다.

대화를 하다가 잠깐 말이 멈춘 것이 긴 침묵으로 이어졌다. 창밖을 봐도 해가 뜰 기미조차 보이지 않았다. 시계를 보고 내가 말했다. "와아, 새벽 4시다. 거의 다 됐어. 신기록이야." 내 불안감이 잦아들어 있었다.

"이런 짓을 하면서 제일 싫은 게 뭔지 알아? 우리 야수도 잠을 못 잘 거라는 사실이야, 제기랄." 빌이 개탄했다. 레바를 보니 정말 침대 발치에 있는 자기 바구니에 앉아서 눈을 똑바로 뜨고 나를 보고 있었다.

또다시 긴 침묵이 흘렀다. "아이참, 왜 병원이나 그런 델 안 가보는 거야?" 그렇게 묻는 빌의 목소리에 거의 애정이라고 할 수도 있을 감정이 묻어 있었다.

나는 그의 제안을 웃어넘겼다. "돈도 없고, 시간도 없고, 그리고 뭐 하러?" 내가 대답했다. "기껏 스트레스 좀 덜 받게 하라고 할 게 뻔한데."

"의사가 프로잭(우울증 치료제—옮긴이)이라도 처방해주게 말이야."

"난… 난 프로잭 같은 거 필요 없어." 내가 말했다.

빌은 바로 쏘아붙였다. "그럼 먹지 마. 네 실험실에 사는 집 없는 남자한테 주면 되잖아."

새로운 죄책감이 몰려왔다. 이것은 빌이 자기만의 방법으로 자신이 행복하지 않다는 사실을 나한테 알리는 것이었기 때문이다.

"생각해볼게." 내가 약속했다. 그리고 진짜 하고 싶은 말을 삼키는 소리를 빌이 듣지 않도록 수화기를 손으로 막았다. 그리고 마침내 하고 싶었던 말을 일부만, 작은 소리로 속삭였다. "전화했을 때 받아줘서 고마워."

"그래서 너한테 엄청나게 월급을 많이 받잖아." 빌은 그렇게 말하고 전화를 끊었다.

* * *

그후로 상황은 더 나아졌다. 6개월 후, 우리는 이삿짐 밴을 빌려서 과학 장비들을 싣고 레바를 앞자리에 앉히고, 우리답지 않게 안전띠까지 맨 다음 볼티모어를 향해 북쪽으로 차를 몰았다. 내가 존스홉킨스 대학교에서 우리 둘이 일할 수 있는 자리를 찾은 것이다. 그리고 두 대학 모두에게 실험실 장비를 버리느니 옮겨서 계속 쓰는 것이 더 낫다고 설득하는 데도 성공했다. 이사한 후 나는 빌의 충고를 받아들여 의사를 보러 갔다. 나에게 맞는 약을 받아서 건강하게 먹고, 규칙적으로 잠을 잘 수 있었고, 더 튼튼해졌다. 빌은 담배를 끊었다. 우리는 일을 멈추지 않았고, 문을 두드리는 것도 멈추지 않았고, 언젠가는 그 문들이 열리기 시작할 수밖에 없다고 믿는 것을 멈추지 않았다.

사랑과 공부는 한순간도 절대 낭비가 아니라는 점에서 비슷하다. 애틀랜타에 도착했을 때보다 떠날 때 나는 훨씬 더 많은 것을 알고 있었다. 지금까지도 나는 으깬 풍나무 이파리의 냄새를 떠올리려면 눈만 감아도 그 이파리들이 내 손에 들려 있는 것처럼 생생하게 떠올릴 수 있다. 실험실에 있는 어느 물건을 가리켜도 나는 그것을 사는 데 얼마나 지불했는지 몇 센트까지 정확히 알고 있고, 어느 회사가 가장 싸게 파는지까지도 말할 수 있다. 수업을 듣는 학생들이 하나도 빠짐없이 처음에 알아들을 수 있도록 수압승강기 이론을 설명할 수도 있다. 이유는 아직 반쯤 밖에 밝혀지지 않았지만 루이지애나의 토양수에는 미시시피의 토양수보다 중수소가 더 많이 들어 있다는 것도 나는 알고 있다. 그리고 내가 신의의 초월적 가치를 알기 때문에 다른 방법으로는 절대 갈 수 없는 곳에 가보는 경험을 할 수 있었다.

3부

꽃과 열매

1

수십억 년 동안 지구의 땅 표면은 풀 한 포기 없는 완전히 황폐한 곳이었다. 바다가 생명으로 넘치기 시작한 후에도 땅 위에 생명이 자라기 시작했다는 뚜렷한 증거는 없었다. 대양저에 삼엽충들이 우글거리고 그것들을 잡아먹는 아노말로카리스(래브라도 레트리버만큼이나 큰 분절 바다 곤충)가 바닷속을 누비고 다닐 때에도 땅 위에는 아무것도 없었다. 해면체, 연체동물, 달팽이, 산호, 이국적인 바다나리 등이 근해와 심층 해안을 점령할 때까지도 육지 위에는 역시 아무것도 없었다. 최초의 턱이 있는 물고기와 턱뼈가 없는 물고기들이 출현해서 뼈를 가진 동물로 진화할 때까지도 육지 위에는 아무것도 없었다.

600만 년이나 더 지난 다음에 육지 위에 생명이 출현했지만, 그것도 겨우 바위 틈에 단세포 생물 몇 개가 엉겨 붙어 있는 정도였다. 그러나 첫 식물이 어찌어찌 육지로 진출한 후, 처음에는 습지로 시작해 숲으로 변화하면서 모든 대륙이 초록으로 뒤덮이는 데는 몇 백만 년밖에 걸리지 않았다.

30억 년 동안 진행된 진화 과정에서 출현한 생물 중 단 한 종의 생물만이 이 모든 과정을 뒤집어 지구를 훨씬 덜 푸른 곳으로 만들 능력을 지녔다. 도시화는 식물들이 4억 년 전에 고생 끝에 푸르게 만들었던 곳에서 식물의 흔적을 없애고 땅을 다시 딱딱하고 황폐한 곳으로 되돌리고 있다. 미국 내 도시 지역 면적은 향후 40년 사이에 두 배가 될 것이라는 예측이 나와 있어서 펜실베이니아주 크기만큼의 보호 수림 지역이 없어질 전망이다. 심지어 개발도상국들에서는 도시화 현상이 이보다 더 빨리 진행되고 있어서 훨씬 더 큰 지역과 훨씬 더 많은 사람들이 영향을 받게 된다. 아프리카 대륙에서는 5년마다 펜실베이니아주 크기의 삼림이 도시로 변하고 있다.

미국 동부 지역에서는 볼티모어가 가장 나무가 없는 지역으로 꼽히는데, 그곳도 원래는 상대적으로 습한 기후 때문에 빽빽한 삼림이 있었던 곳이다. 볼티모어 시내 지역으로만 치면 주민 다섯 명당 나무가 한 그루밖에 되지 않는다. 우주에서 내려다보면 볼티모어 시의 30퍼센트만이 초록이고 나머지는 완전히 아스팔트로 덮여 있다. 볼티모어에 빌과 내가 도착한 바로 그날, 나는 계약금 없이 100퍼센트 담보 대출로 대학 근처에 있는 낡은 연립주택을 샀다. 빌은 다락방으로 들어왔고, 공공건물에서 자지 않는 생활에 금방 적응했다. 조지아주를 떠나는 것은 달콤하면서도 씁쓸한 경험이었다. 우리 둘 다 많이 성장한 곳이었기 때문이다. 그러나 태초의 식물들처럼 우리도 퍼져 나갈 새로운 장소가 필요했고, 이 황폐한 돌 위를 우리 집으로 삼기로 결정했다.

2

“정말로 이게 불법이라고 생각해?” 나는 CB(일반인용 주파수 대—옮긴이) 무전기로 빌에게 물었다.

“맙소사. 나도 몰라. 공용 주파수 대역에서 공개적으로 한번 잘 생각해보자.” 빌의 목소리는 더할 나위 없이 선명하게 들렸다. 사실 빌이 모는 차가 내 차 바로 앞에 가고 있으니 놀랄 일도 아니기는 했다. 우리는 신시내티에 잠깐 갔다가 볼티모어에 있는 우리의 ‘아직도 새집’으로 돌아가고 있었고, 둘 중 하나는 렌트한 대형 이삿짐용 밴을 몰고 있었다.

“아, 그냥 이런 생각이 들었어.” 나는 소리 내서 생각을 말했다. “아직 650킬로미터 정도 더 가야 하는데, 경찰이 차를 세우고 안을 들여다보면 ‘신시내티 대학교 비품’이라고 도장이 찍힌 실험 장비 수백 달러어치가 실려 있는 거잖아. 메릴랜드 주 운전면허로 저 물건들이 우리 거라는 증명을 할 수 있을까?”

“에드가 남긴 유서 복사본이라도 없어? ‘본인은 몸과 마음이 모두 은퇴했으니 이에 실험실의 모든 소유물은 오염 여부와 상관없이 내 학문적 손녀에게 물려주나니 그녀는 이 재산을 가지고 나아가서 내 학문적 업적을 증식하고 번창케 하라’고 쓰인 유서 말이야.” 빌은 사실 나와 기꺼이 이야기를 나누고 싶은 기분이었다. 그리고 나는 자기 차에 달린 스테레오가 고장이라는 것을 발견한 다음 말을 계속하라는 엄중한 명령을 받은 바 있었다.

“아니, 없어. 그리고 에드가 이 일을 글로 써서 증거로 남기는 걸 원했을 것 같지 않아.” 나는 생각에 잠긴 채 말했다. “어쩌면 괜한 걱정을 하고 있는 걸지도 모르지. 내 말은, 경찰이 본다 해도 비커 몇 개를 가지고 우리가 무슨 범죄를 계획하고 있다고 생각하겠어?"

"흠, 바보 같으니라고. 웨스트버지니아에 흔해빠진 메타암페타민(필로폰의 주성분—옮긴이) 제조 공장을 또 만들 수도 있다는 생각은 안 해봤어?" 빌이 이렇게 세상 물정에 밝은 이야기를 할 때마다 나는 항상 감동받곤 한다.

빌이 그 물건들을 가지고 가는 데 나만큼 열의를 보였던 걸 생각하면 지금의 이 태도는 그다지 협조적이지 않다고 생각했다. 렌트한 밴에 짐을 넣다가 빼고 다시 넣기를 모두 세 번이나 한 사람이 바로 빌 아니었던가? 매번 다시 짐을 실을 때마다 더 많은 물건을 쑤셔넣는 데 성공해가면서 말이다.

"맞아, 네 말이 맞아. 중요한 게 뭔지 잊지 말아야지. 그리고 이 모든 쓸데없는 쓰레기들이 모두 공짜였다는 사실도 기억해야지." 그가 도덕적으로 이 상황이 아무 문제가 없다는 것을 확실히 했다.

그다음 날에도 우리는 존스홉킨스 대학교 지질학과 지하실에 있는 커다란 방을 웅장한 실험실로 바꾸는 일을 계속했다. 그 일은 1999년 여름 이사한 후 시작한 프로젝트였다. 대규모 공사를 하는 중간중간에 우리는 생물학, 생태학, 지질학 등등 전국 규모의 학회에는 모두 얼굴을 내밀었다. 내 이름을 알리고 새로운 실험실을 선전하기 위한 것이었다. 1999년 가을 덴버에서 열린 미국 지질학회에서 연구 장비를 홍보하는 홀을 서성거리다가 내가 제일 좋아하는 '학문적 삼촌' 에드를 만났다. 그는 급하게 아내의 생일 선물을 찾고 있었다. 마지막으로 만난 지 시간이 좀 지나 에드는 흰머리가 약간 늘긴 했지만 내가 기억하던 아버지 같은 인상은 여전했다. 그는 하던 일을 멈추고 인사하기 위해 가까이 다가간 나를 꼭 껴안으며 반겨줬다.

에드는 내 논문 지도교수와 함께 박사학위를 했고(그래서 삼촌이라고 부른다) 영겁의 세월 동안 해수면이 어떻게 오르내렸는지를 밝혀낸 과학자 중의 한 명이었다. 에드와 그의 팀은 바닷물 표면에서 살다가 죽은 미세 동물들이 남긴 작은 바다 조개껍데기 수천 개를 분석했다. 60년대에 시작된 이 작업은 일련의 우연과 간접적인 관련성으로 인해 조개껍데기의 화학 성분을 분석하면 북극에 얼음이 얼마나 있었는지를 계산할 수 있다는 것을 증명했다.

극지방의 여름 온도가 낮으면 겨울에 내린 눈이 녹지 않고 쌓여서 그 무게에 눌려 무겁고 단단해지다가 가장 아래층에서 거대한 얼음들이 떨어져 나오게 된다. 그렇게 얼음이 떨어져 나온 증거가 멀게는 일리노이에서까지 발견된다. 이런 증거가 발견되면서 추운 여름이 계속되면 북극에서 남극까지 지구 전체가 얼음으로 덮인 '스노우볼'이 되었을지 여부에 대해 논쟁이 생겨났다. 증발이 되어야 비나 눈도 오는 것이니 극지방 얼음이 넓은 지역을 덮고 있으면 해수면도 지금보다 몇 미터씩 낮았을 것이다. 바다가 그런 식으로 낮아졌으니 새로운 땅이 노출되고, 그에 따라 식물, 동물, 인간들이 살 수 있는 면적이 넓어졌다. 수천 년 동안 동물들을 갈라놨던 물이 마르면서 모든 것이 섞이기 시작했다. 얼음에 덮인 세상은 정복할 새 땅과 도전해야 할 힘의 균형으로 넘쳐나는 멋진 신세계였다.

에드와 그의 동료들은 이 냉각과 온난 현상이 주기적으로 일어났다고 하는 대담한 이론을 내세웠지만 새로 얼음층이 형성될 때마다 그전 얼음층의 흔적을 모두 지워버렸다는 사실을 매우 애석해했다. 그 때문에 마지막 빙하기 이전에 일어났던 일을 알아낼 수 있는 새로운 방법을 개발해냈다. 커졌다 작아졌다를 반복하는 대양의 바닥에는 수면에서 잠깐 살다가 스러져간 작은 유기체들이 남긴 빈 껍데기들이 쌓여 있다. 그리고 원유를 찾기 위해 대양저를 파내려가는 과정에서 이 껍데기들이 보존된 암석층이 여러 층 발견됐다.

각각의 작은 껍데기 속에 들어 있던 생물은 자기가 산 시대의 바다에 살면서 얼음이 얼고 남은 물에서 헤엄쳤다. 이렇게 헤엄치는 사이 바닷물의 화학 성분이 조개껍데기의 화학 성분에 각인이 되었다. 이에 착안해서 화석화한 조개껍데기를 분석하면 지구 전체를 덮었던 얼음, 즉 빙하기 역사를 알 수 있을 것이라는 이론이 나왔다. 에드는 수십 년 동안 이 이론을 증명하기 위해 꾸준히 일했고, 가능성 없는 몽상에 불과하다고 치부되었던 가설이 이제는 모든 지질학 교과서 서문에 소개되는 구체화된 이론이 되었다. 이 일을 위해 에드는 현대식 장비가 가득한 커다란 실험실을 운영했다. 그 '현대'라는 것이 1970년이긴 했지만 말이다.

요즘 무슨 연구를 하는지 묻는 에드에게 나는 존스홉킨스대학교에서 새로운 실험실을 만들고 있다고 대답했다. 빌을 소개했지만 에드는 버클리에서 빌을 만난 걸 기억하지 못했다. 에드를 마지막으로 만난 후에 그가 학장으로 승진했다는 소식을 들은 것이 생각나서 학장 일은 어떠냐고 물었다. 그는 보석 원석을 모아놓은 쟁반을 뒤적이며 "별로 재미없어" 하고 대답했다. "올해 말에 은퇴할 예정이야."

에드의 나이가 일흔이 훨씬 넘은 게 분명해 보였지만 나는 그래도 이 선언에 충격을 받았다. 멘토 세대가 일선에서 물러난다는 소식을 접할 준비가 되어 있지 않았기 때문이었다. 그나마 막후에서 내 편을 들어주던 에드 같은 소수의 사람들이 무대에서 사라지면 학계의 기성세대들은 나를 어떻게 대할지 생각해봤다.

"그럼 지금 실험실은 어떻게 되는 거죠?" 나는 믿을 수 없다는 듯 물었다.

"방 자체는 최근에 고용한 지구물리학자들이 사용할 컴퓨터 센터로 사용될 거야." 그가 슬픈 표정으로 말했다. "장비는 전부 쓰레기통으로 직행이고. 아, 좀 가져다 쓰고 싶어?"

갑자기 피가 머리로 몰렸다. 빌을 봤더니 입이 약간 벌어져 있었다. 다음 주 우리는 내 차를 타고 오하이오 주로 향했다. 신시내티에 도착한 후 우리는 볼티모어에서 반환할 수 있는 이삿짐 밴을 렌트했다.

우리는 에드의 실험실이 있는 건물 앞에서 그를 만났다. 화요일 늦은 아침이었다. 그는 우리를 안으로 데리고 들어가 모든 사람들에게 소개했다. 처음 이 분야에 발을 들여놓은 학생일 때부터 나를 알았는데 이제는 대단한 일을 하는 교수가 됐고, 자기가 쓰던 장비들을 폐기하기엔 과학적인 가치가 너무 크기 때문에 오늘 그것들을 가지러 왔다는 이야기도 했다. 그는 또 나를 볼 때마다 반복하고, 아마 내가 없을 때도 반복했을 이야기를 또다시 반복했다. 내가 그의 논문을 보고 긴 편지를 써서 실험의 뒷이야기와 자세한 사항들 그리고 '실수담'까지 물었다는 이야기였다. 그리고 같이 토질 현장 탐사를 갔을 때 내가 해 떠 있는 동안 텐트를 치고 거두는 시간을 낭비하기 싫어서 차에서 잠을 잤다는 이야기도. 그리고 내가 자신이 본 것 중 가장 열심히 공부하는 학생이었고, 처음 만난 순간부터 특별한 사람이라는 것을 알았다고도 말했다. 나는 창피해서 웃는 내 얼굴을 아무도 보지 못하게 고개를 푹 숙이고 이야기가 끝나기를 기다리면서 한 발로 서는 실험을 해봤다.

그가 이야기를 끝내고 "고마워" 하고 말하자 나는 고개를 들었다. 그러고는 다시 몸이 움츠러드는 경험을 했다. 소개받은 사람들이 한 명 한 명 나를 위아래로 훑어봤기 때문이다. 모두의 얼굴에는 이제 내게 익숙한 표정이 떠올라 있었다. "저 여자가? 그럴 리가. 뭔가 실수가 있었겠지." 전 세계 공공기관 및 사립 기구들에서는 과학계 내 성차별의 역학에 대해 연구하고 그것이 복잡하고 다양한 요소로 이루어져 있다고 결론지었다. 내 제한된 경험에 따르면 성차별은 굉장히 단순하다. 지금 네가 절대 진짜 너일 리가 없다는 말을 끊임없이 듣고, 그 경험이 축적되어 나를 짓누르는 무거운 짐이 되는 것이 바로 성차별이다.

"머리를 두 갈래로 땋아내리고 얼룩이 묻은 티셔츠나 입고 다니는 것도 별로 도움이 안 되지." 빌은 내가 차별받는 것이 억울하다는 표정을 지으면 그렇게 말하곤 했고, 그 말이 어느 정도는 맞는다는 걸 나도 인정을 하지 않을 수 없었다.

에드는 우리를 지하실로 데리고 내려가 열쇠로 실험실을 열어줬다. 그 방 안에서 지난 몇 년 동안 어떤 실험도 이루어지지 않았었다는 것이 분명했다. 그럼에도 90제곱미터의 방 안에는 먼지를 뒤집어쓴 실험도구와 상당한 양의 화학약품들이 빼곡히 차 있었다. 방 한구석에 선 빌의 표정을 보니 방의 부피와 우리가 렌트한 밴의 부피를 즐거운 마음으로 비교하고 있는 듯했다.

분명 이 방에 있는 모든 것을 그대로 밴으로 옮기고 싶은 게 뻔했고, 서랍 한가득 들어 있는 귀마개를 포함해서 무엇이라도 놔두고 가게 설득하려면 상당히 애먹을 것을 나는 이미 알고 있었다.

"우리가 가져가면 안 될 물건이 어떤 건지부터 알려주세요." 가슴이 욕심으로 미어터질 것 같아서 외교적으로 말하기가 힘들었다.

에드가 미소 지었다. "이봐, 이제는 이 물건들이 뭔지도 가물가물해. 실험실에서 일했던 사람이 있는데 헨릭이라고, 네가 만나봤어야 하는데. 하여튼 헨릭이 실험기구들을 대부분 직접 만들었어. 우리는 30년이나 함께 일했지. 헨릭은 3년 전에 은퇴해서 지금은 시카고에서 살고 있어. 하지만 물어보고 싶은 게 있으면 언제라도 연락하면 돼. 공장에서 나온 것도 상당히 많이 고쳐 썼었지. 팔이 하나밖에 없었거든."

긴 침묵이 흘렀다. 침묵은 빌이 두 손을 들고 만세를 부르며 이렇게 외치면서 끝이 났다. "맙소사, 그러니까 그 사람이 불구였단 말이에요? 내가 참을 수 없는 게 딱 하나 있는데 바로 실험실에 괴물이 있는 거예요! 구역질 나!"

그 직후 흐른 잠깐의 시간에 에드는 나를 보고 "이런 놈을 어디서 찾았어?" 하는 표정으로 나를 바라봤다. 나는 그런 상황에서 늘 그렇듯 평화로운 미소를 띠고 온몸이 얼어붙은 채 서 있었다. 에드는 고개를 젓고 시간을 확인한 다음 말했다. "학장실로 돌아가야 할 시간이야. 정비실 사람들한테 부탁하면 무거운 것 드는 걸 도와줄 수 있을 거야. 짐을 다 싣고 나면 사무실로 찾아와. 위층에 있는 비서가 학장실이 어딘지 알려줄 거야." 그는 가방에서 넥타이를 꺼내고 양복 윗옷을 입은 다음 실험실에서 나갔다.

빌과 눈이 마주치자 나는 활짝 웃어 보이며 말했다. “이래서 널 아무 데나 데리고 다닐 수가 없어.” 나는 한숨을 쉬었다.

빌은 오른손 일부가 없다. 게다가 오른손잡이다. 무슨 이유에서인지 사람들은 빌과 몇 년 정도 가까이에서 일해야 그 사실을 알아차리곤 했고, 끝까지 모르는 사람들도 많았다. 흉터가 큰 걸 보면 처음에는 온전했는데 언젠가 잘린 것이 확실했다. 아마 아주 어렸을 때 일어난 일인지 빌은 손의 일부를 잃게 된 사건을 기억하지 못한다. 내 생각에는 실제로 무슨 일이 일어났었는지를 정확히 아는 사람은 빌의 부모님뿐인데 아무도 그 이야기를 그다지 하고 싶지 않은 듯했다. 빌의 어머니가 스웨덴 혈통인 걸 감안하면 이 정보 부족의 배경을 이해할 수 있었다.

빌은 1.7개의 손을 가지고 세상 대부분의 사람들이 두 개의 손으로 할 수 있는 것보다 훨씬 많은 일을 해낼 수 있다. 그래서 그의 사지가 표준 규격이 아니라는 사실은 그 일로 웃을 수 있을 때에만 언급되곤 했다. 나는 빌의 부상이 실험실 장비를 다루다가 벌어진 일이라는 듯한 암시를 사람들에게 하면서 묘한 쾌감을 느꼈고, 빌의 취미는 날카로운 칼을 가지고 작업을 하는 학생들 뒤에 다가가서 “손가락 조심!” 하고 외치는 것이었다.

우리는 가져간 상자들과 뽁뽁이를 들고 실험실로 내려가서, 가구들을 옮겨 갖고 싶은 물건들을 포장할 작업 공간을 만들었다. 빌이 큰 물건들을 분해하고 나는 작은 물건들을 분류하고 포장해서 상자에 넣기로 결정했다. 우리는 몇 시간 동안 내내 일했다. 처음에는 용도가 확실한 물건들에 먼저 초점을 맞췄다. 사용하지 않은 장갑, 표준 규격이 아닌 플라스크들, 이동식 변압기,

펌프, 전원장치 등이 먼저 상자로 들어갔다. 그런 다음 자주 사용하지는 않지만 비싼 물건들, 예를 들어 극도로 차가운 액체들이 공기 중에 노출되었을 때 갑자기 끓어오르는 것을 방지하는 용기 같은 물건들을 챙겼다. 물건을 하나씩 포장할 때마다 나는 우리가 쓰지 않아도 될 수백 달러를 상상하면서 계속 셈을 했다. 빌은 커다란 물건들을 공책에 조심스럽게 그려넣고, 모든 방향에서 사진을 찍은 다음 분해했다. 돌아가서 조립할 때 참조할 조립설명서가 없었기 때문이다. 그는 또 자기 작업을 하면서 내가 하는 모든 일에 간섭하는 놀라운 멀티태스킹 실력을 보여줬다.

"뭐해? 그러다가 뽁뽁이 다 쓰고 말겠어. 조금만 써." 빌이 내게 명령했다.

"아, 미안해." 내가 대답했다. "난 정말 바보야. 박사학위를 하면서 유리가 깨지기 쉽다는 걸 배웠던 거 같아서 그랬지. 물론 네가 전문대에서 배운 게 더 맞겠지만."

"뽁뽁이를 조금만 쓰라고. 그러면 더 오래 쓰고 부피가 줄어서 더 많이 가져갈 수 있어." 빌이 으르렁거렸다. "내가 천천히 운전할게."

"왜 그렇게 기분이 안 좋아?" 내가 물었다. "내가 이 도적질을 도모한 것만으로도 기뻐해야 당연한데 말이야."

"아, 그거야 나도 모르지." 그가 말했다. "어쩌면 네가 쿨쿨 자는 동안 밤새 운전해서 그런 건지도 모르지."

"내가 제대로 고맙다는 말을 하는 걸 잊어먹었나?" 나는 눈을 크게 뜨고 대꾸했다. "흠, 하는 수 없어. 이제 너무 늦었지 뭐. 쏟아진 물이니."

우리는 방 다른 쪽에 서 있는 수제 질량분석계를 두고 의견충돌이 있을 것이라고 잘못 생각하고 그 문제를 피하고 있었다. 우리 둘 다 그 기계를 원했지만 가지고 갈 수 없다는 것을 알고 있었다. 결국 그 근처까지 가게 된 빌과 나는 그 주변을 돌면서 약삭빠른 사냥감을 살피듯 모든 각도에서 기계를 살폈다. 그것은 아주 컸고, 붙박이가 아니었다. 소형 자동차만큼이나 컸고, 춤추며 움직이는 것을 멈춘 지 오래된 바늘들이 달린 아날로그 계기판들이 앞에 달려 있었다. "저 물건은 반은 유리, 반은 쇠, 반은 합판이네." 우리 둘의 시선이 주입구에서 탐지기, 전선, 게이지를 거쳐 기계 바깥쪽에 손으로 써 붙인 '너무 꽉 조이지 마시오' 안내문까지 따라가는 동안 빌이 그렇게 농담했다.

나는 내 질량분석계를 체중계에 자주 비교하곤 한다. 둘 다 물체의 질량을 측정해서 스펙트럼 위에서의 그 물체 위치를 분석한 결과를 보여준다. 체중계의 경우 그 범위가 10킬로그램에서 100킬로그램 정도 될 것이다. 체중을 재는 사람이 체중계에 올라가면 용수철이 기계적으로 압축되고, 그 힘이 바늘 아래에서 돌아가는 다이얼로 전달된다. 다이얼에 적힌 숫자는 용수철을 누르는 힘이 클수록 올라가도록 되어 있다.

체중계는 무게를 재는 물체가 20킬로그램 남짓인지 70킬로그램에 가까운지 알려줄 수 있다. 체중계로 어른과 아이의 무게 차이를 재는 것은 아무 문제가 없지만 가령 크리스마스 카드의 무게를 재서 거기 맞는 우표를 붙이는 것은 불가능하다. 그런 일에는 우체국에 있는 저울을 써야 한다. 우체국에서는 곧잘 접시에 카드를 놓고 추를 옮기면 카드의 무게를 정확히 알려주는 막대 저울을 사용한다.

체중계와 우체국 저울은 서로 다른 방법으로 동일한 목적,

즉 동일한 형태의 측정을 하도록 만들어진 두 가지 다른 기계다. 그런 식의 적용을 계속할 수 있다. 가령 두 세트의 원자의 무게를 알고 싶고, 중성자가 몇 개 더 들어간 세트 쪽이 얼마나 더 무거운지를 알고 싶다고 하자. 그 무게를 잴 수 있는 기계를 만들어야 한다. 좋은 소식은 이런 기계는 한 번만 만들면 된다는 사실이다. 이런 물건으로 집에서 체중을 잰다든지 정부 기관에서 편지 무게를 재겠다고 우리에게 제작 요청하지는 않을 것이기 때문이다. 그러므로 기계는 미워도 되고, 엉뚱해도 되고, 쓰기 불편해도 되고, 비효율적이어도 된다. 그냥 필요한 정보를 얻을 수 있는 기계이기만 하면 되는 것이다. 과학 연구를 위한 기구들은 이런 식으로 만들어진다.

필요로 인해 시작된 창조 과정은 무척 재미있고 괴팍한 결과로 이어지고, 그것을 만드는 사람에 따라 독특한 성격을 띤다. 모든 예술 작품과 마찬가지로, 이 과학적 창조물들도 시대의 영향을 받고, 그 시대에 직면한 문제 해결을 시도하려는 노력의 산물이다. 또 모든 예술 작품과 마찬가지로, 과학적 창조물도 그 덕분에 가능해진 미래의 시각에서 보면 구식이고 고물로 보이게 마련이다. 그럼에도 하던 일을 멈추고 선배 과학자들의 손길이 닿은 이런 창조물들을 들여다보면 독특한 매력에 빠져들지 않을 수 없고, 지엽적인 요소에까지 세심한 신경을 쓴 것을 보고는 점묘화에서 수평선 멀리 있는 작은 배를 표현한 수백 번의 붓 자국을 볼 때와 마찬가지로 경탄하지 않을 수 없다.

50년 전, 에드 같은 과학자들은 거대한 자석을 가지고 작업을 했다. 자석은 질량분석계로 발전한 장치의 고동치는 심장이었다. 자석에서 발생한 전자기장은 질량에 비례해서 작용을 한다. 따라서 커다란 자석은 서로 다른 원자들 사이에서 관찰이 가능할 만큼 다르게 작동할 정도로 강력한 전자기장을 만든다. 그 시대 과학자들은 두 세트의 원자들을 가속해서 동일한 자석을 지나가게 한 다음 전자기장을 지나갈 때 각각 얼마나 경로가 변화했는지를 측정하고, 그 경로에 따라 어느 쪽이 중성자를 더 많이 함유하고 있는지를 알아냈다.

자석이 질량의 영향을 받는다는 사실은 수백 년 전부터 알려진 것이기 때문에 간단한 계산만으로도 이것이 어떻게 행동할지 알 수 있다. 입자를 가속시키고 굴절을 측정하는 일에 따르는 실질적인 문제들, 말하자면 실제로 그 이론을 행동에 옮기는 일은 시카고 대학교에서 일하던 비교적 소수의 연구원들이 해결했고, 그 실험실에 속해 있던 학생들이 후에 캘리포니아 공과대학에 가서 더 향상된 방법을 고안해냈다. 그들이 개발한 테크닉은 결국 신시내티 같은 곳까지 퍼져나갔고, 세월이 많이 흐른 후 작동이 간편한 자동화된 기술이 개발되어서 내 실험실에서도 사용하게 되었다.

초기에도 지금처럼 기체 형태의 표본이 측정에 사용되었고, 가속하기 전에 이온화됐다. 자기편향된 입자를 쏘는 기계가 표본을 뿜어내면 목표물에 가서 맞는 입자마다 미세한 전기 신호를 남긴다. 일렬로 세워진 탐지기가 이 전기 자극 결과를 모아서 스펙트럼 안에서 어떤 위치에 있는지를 기록하고, 그 그래프의 꼭대기 부분이 질량에 해당한다. 체중계와 마찬가지로 이 질량 분석계도 알려진 무게를 가진 익숙한 물질들을 기준으로 눈금을 매겨야 하지만, 기체 상태로 만들 수 있는 것은 무엇이든 사용할 수가 있다 . 대양저에서 발견한 조개껍데기도 거기 포함됐다.

우리가 보고 있는 기구(에드의 오래된 질량분석계)는 하이테크 고철 모습을 하고 있었고 아마도 무게가 1톤은 되어 보였다. 표본을 주입하기 전에 기계의 전실은 펌프를 사용해서 진공으로 만들어야 한다. 가속된 원자가 지나갈 관도 마찬가지로 진공 상태가 되어야 한다. 에드가 활동하던 시절에는 오토바이 엔진을 강철 상자에 넣어서 사용하는 것이 고작이었고, 강한 흡입력을 형성할 정도로 빠르게 모터를 돌리면, 전력 공급이 되는 한, 그리고 소음을 참아낼 수 있는 한 진공 상태가 유지됐다.

기체는 짐을 실은 배가 일련의 댐 수문을 지나가는 것과 비슷하게 다음 방이 충분히 진공 상태가 될 때까지 그 전 단계에서 기다린다. 기체를 이렇게 대기실에 밀봉하기 위해 액체 수은을 흘려 넣어 벽을 형성하게 하고, 더는 필요하지 않게 되면 수은을 비워낸다. 이 용도에 사용하기에 수은은 거의 완벽한 조건을 가지고 있다. 화학 반응을 일으키지 않고, 압축이 불가능하고, 전기 전도성이 있기 때문이다. 수은의 독성이 극도로 강하다는 사소한 문제가 있기는 하다. 빌과 나는 이 오래되고 아름다운 기구를 넋을 잃고 바라봤다. 우리에게는 아무 소용이 없는 물건이라는 것을 알고, 반짝이는 수은이 엄청나게 많이 들어 있는 유리로 된 용기를 보면서 고개를 젓긴 했지만 말이다.

구식 온도계가 깨져서 그 안에 들어 있는 수은이 한 방울만 떨어져도 위험물 제거 절차를 제대로 밟아야 할 정도로 독성이 강하다. 몇 리터 크기의 용기에 수은이 가득 차 있는 것을 보기만 해도 우리는 경이로움을 느꼈고, 에드(혹은 빌이 지적했듯, 유능한 헨릭)가 수십 년간 그것을 가지고 작업하면서 감당했을 위험은 상상할 수조차 없었다. 혈압계 밴드를 변형해서 수은을 주입했다 빼냈다 하는 도구로 사용을 한 듯했다. 게다가 아마도 한 손으로 작동이 가능했을 것이다. 오랜 세월 동안 조심스럽게 돌리고 또 돌린 끝에 몇몇 손잡이는 페인트칠이 다 벗겨져 있었다. 그리고 반복적인 아마추어 납땜질로 인해 용접 부분이 너무 두꺼워져 있었다. 아무도 원하지 않겠지만 기계 자체에 아버지가 할 만한 조언들이 쓰여 있었다. "H2는 껐는가?" 그리고 "이 스위치를 마지막으로 꺼야 함"과 같은 조언이 빨강과 검정 매직으로 밸브들 위에 크게 쓰여 있었다. 한 곳에는 빨강 리본이 묶여 있었다. 잊기 쉽지만 꼭 필요한 단계를 빼먹지 않도록 표시해둔 것일까? 아니면 행운을 위해서 묶어둔 것일까?

그 기계를 가능한 모든 각도에서 살펴본 다음 나는 "이걸 버리다니 정말 아깝다. 누가 어느 박물관에 기증하면 좋겠어" 하고 말했다.

"아무도 그렇게 하지 않을 거야." 빌이 말했다.

다른 쪽으로 걸어가다 보니 기계 뒤쪽에 뭔가가 기대어 있는 것이 보였다. 사방 30센티미터 정도 되어 보이는 나무판에 열 개 정도 되는 나사못의 날카로운 쪽이 튀어나와 있었다. 그 뾰족한 부분은 격자무늬로 배열되어 있었고 나사못 하나하나마다 그 못의 지름이 적혀 있었다. 16분의 1, 8분의 3, 8분의 5, 16분의 9 등등. 엄청나게 유용한 물건이었다. 너트나 볼트, 나사받이가 빠져서 돌아다니면 여기다 맞춰보고 재빨리 그 정체를 파악해서 어디서 빠져나온 것인지, 혹은 어디에 사용할 수 있는지를 알 수 있기 때문이다.

"에드가 국립 학술원에 들어간 데는 다 이유가 있었어." 내가 말했다. "이건 가져가야 해."

"안 돼." 빌이 말했다. "그건 여기 둬야 해." 나는 그의 단호함에 놀랐다. "미쳤어? 작은 데다가 포장 안 해도 되잖아." 나는 간청을 했다.

빌은 생각에 잠겨 그 물건을 바라보고 있었다. "아냐. 이건 그 사람들 거야. 에드랑 함께 있어야 해."

"하지만 이건 정말 천재적인 물건이야." 내가 주장했다. "서양 문명에 혁명을 가져올 물건인 거 너도 알잖아."

"걱정 마. 내가 하나 만들어줄게." 빌이 말했다. "약속할게."

트럭에 짐을 모두 실은 다음 우리는 에드의 사무실에 가서 문을 두드렸다. 그가 문을 열자 나는 종이 넉 장을 건네며 말했다. "우리가 가져가는 물건들 리스트를 만들었어요. 그냥 가지고 계시라고요." 에드는 우리를 배웅하기 위해 바깥까지 나와서 트럭 안을 들여다보고는 다시 한번 모든 것이 움직이지 않게 고정시키는 것을 도왔다. 그리고 출발할 때가 됐다.

"모든 게 정말 고맙습니다. 저한테는 큰 의미가 있어요." 뭔가 더 의미심장한 말을 하고 싶었지만 더는 할 말이 생각나지 않았다. "덕분에 해고되기 전에 2년 이상은 더 버틸 수 있을 거 같아요." 내가 미소를 지으며 덧붙였다.

"아, 넌 잘될 것 같은 느낌이 들어." 에드가 고개를 저으며 웃었다. "그때까지 너무 지치지 않도록 조심해. 알았지?"

내 몇 년에 걸친 노력을 완곡하게 인정해준 그의 말 덕분에 이별이 더 가슴 아팠고, 갑자기 목이 메어왔다. 주차장에서 우리, 두 과학자는 그의 삶의 도구들을 내게로, 그의 커리어를 내 커리어로 이전하는 소박한 의식을 거행했다.

지구 해양화학이 완전히 재편될 수 있다는 에드의 제안은 그가 젊었을 때만 해도 위험한 생각이었고, 그는 자기가 아는 사람들이 조 디마지오의 경기를 보고 매카시 재판에 대해 논쟁을 벌일 때 밤을 새워 공부했다. 40년이 지난 지금 나는 애매한 미래에 발걸음을 내딛으면서 그의 생각을 당연한 진리로 받아들인다. 우리 모두 일하며 평생을 보내지만 끝까지 하는 일에 정말로 통달하지도, 끝내지도 못한다는 사실은 좀 비극적이라고 나는 생각했다. 그 대신 우리의 목표는 세차게 흐르는 강물로 그가 던진 돌을 내가 딛고 서서 몸을 굽혀 바닥에서 또 하나의 돌을 집어서 좀더 멀리 던지고, 그 돌이 징검다리가 되어 신의 섭리에 의해 나와 인연이 있는 누군가가 내딛을 다음 발자국에 도움이 되기를 바라는 것이다. 그때까지 나는 우리의 비커와 온도계와 전극봉을 관리할 것이다. 내가 은퇴할 때 전부 다 쓰레기 취급당하지는 않기를 바라면서 말이다.

그런 생각에 빠져 있다가 에드를 보니 갑자기 다시 만나기 전에 그가 죽어버릴 것 같은 비이성적인 공포가 몰려와 그를 힘껏 껴안았다. 나는 에드가 빌의 오른손을 쥐고 악수를 하면서 작별인사를 하는 것을 지켜보고 있을 수가 없었다. 하지만 내가 차에 타서 운전대를 잡은 즈음에는 그들의 악수가 따뜻한 포옹으로 변해 있다는 것을 알았다.

우리는 시내에서 빠져나오다가 길을 잃었다. 겨우 주간 고속도로에 오른 다음에 빌의 목소리가 무전기를 통해 들려왔다. "제기랄, 한두 시간 후면 차에 기름이 떨어지겠어. 네가 저기서 〈곰 세 마리〉에 나오는 '금발이' 놀이를 하고 있을 때 가서 기름이나 넣어둘걸 그랬어."

나는 그를 꾸짖었다. "입 닥쳐, 난쟁이. 동화처럼 꿈 같은 직업을 가진 걸 고맙게 생각해. 너처럼 자기를 먹이는 '백설' 같은 손을 물고도 무사한 사람은 거의 없어."

"그래, 너도 이런 트럭에 자동으로 짐이 실어지는 게 아니란 거 잘 알 테지. 네 진짜 친구가 누군지 기억해야 할 거야." 그가 대꾸했다.

나는 빌이 모는 대형 밴에 붙은 펜실베이니아주 번호판에 쓰인 주 슬로건("미국은 여기서 시작한다!")을 보면서 미소를 지었지만 그의 말에 대답하지는 않았다. 차 스테레오에 디스크를 집어넣었다. 드라마 〈도슨의 청춘일기Dawson's Creek〉 사운드트랙이었다. 나는 무전기 마이크의 '송신' 단추를 전선으로 감아서 고정시켰다. 그러고는 마이크를 카오디오의 스피커 앞에 조심스럽게 내려놨다. 이 버블검팝 앨범의 3번 트랙에 이를 때쯤이면 빌은 거의 돌 지경이 될 것이라는 확신이 있었다. 우리는 서행차선을 유지하면서 동쪽으로 운전해 갔다. 누가 누구를 따라가는지 확실치가 않았다.

3

눈 속에서 사는 식물들에게 겨울은 여행이다. 식물은 우리처럼 공간을 이동하면서 여행하지 않는다. 일반적으로 식물은 장소를 이동하지 않는다. 대신 그들은 사건을 하나하나 경험하고 견뎌내면서 시간을 통한 여행을 한다. 그런 의미에서 겨울은 특히 긴 여행이다. 나무들은 오지를 긴 시간 여행하는 여행자에게 주어지는 조언과 똑같은 조언을 따른다. 짐을 단단히 싸라는 조언 말이다.

지구상에 사는 대부분의 살아 있는 것에게 꼼짝 않고 한 자리에 서서 아무것도 입지 않은 채 영하의 날씨 속에서 3개월을 견디라고 하는 것은 사형 선고나 다름이 없다. 하지만 많은 종의 나무가 이런 일을 몇 억 년 이상 해내면서도 죽지 않고 살아 있다. 가문비나무, 소나무, 자작나무, 그리고 알래스카, 캐나다, 스칸디나비아, 러시아 등지를 덮고 있는 나무들은 매년 길게는 6개월까지도 영하의 날씨를 견뎌내왔다.

살아남기 위한 제일 중요한 열쇠가 얼어 죽지 않아야 한다는 것이다. 이는 그다지 놀라운 팁이 아니다. 살아 있는 유기체들은 대부분 물로 이루어져 있고, 나무도 예외가 아니다. 나무를 이루는 모든 세포는 기본적으로 물이 든 상자이고, 물은 정확히 섭씨 0도에 얼어붙는다. 물은 또 얼면서 팽창한다. 대부분의 액체와 반대인 이 특징으로 인해 물을 안에 함유하고 있는 것들은 물이 얼면서 터질 수 있다. 냉장고 안쪽이 너무 차가워졌을 때 쉽게 관찰할 수 있는 현상이다. 약간만 서리가 껴도 그 안에 있던 셀러리는 축 처지고 시들어버린다. 세포 안에 들어 있던 물이 얼면서 세포벽이 터지기 때문에 채소가 먹을 수 없게 돼버리는 것이다.

동물의 세포는 영하의 온도를 짧은 기간 동안은 버텨낼 수 있다. 끊임없이 당을 태우면서 열에너지를 만들어낼 수 있기 때문이다. 그와 반대로 식물은 빛에너지를 흡수해서 당을 만들어낸다. 기온이 영상으로 유지되지 못할 정도로 햇빛이 약하면, 나무의 체온도 영상으로 유지되지 못한다. 지구의 자전축이 1년 중 일정 기간 동안 태양에서 먼 쪽으로 기울어져 있어서 위도가 높은 지역에 닿는 태양열이 줄어들고, 그러면 북반구에 겨울이 온다.

긴 겨울 여행에 대비하기 위해 나무들은 '경화' 과정을 거친다. 먼저 세포벽의 투과성이 극적으로 증가해서 순수한 물은 흘러나오고 세포 안에 남은 당, 단백질, 산이 농축된다. 이 화학물질들은 효과적인 부동액 역할을 해서 온도가 0도보다 훨씬 더 떨어져도 세포 안에 든 액체는 시럽 같은 액체 상태가 유지된다. 세포들 사이의 공간은 세포에서 나온 고도로 정제된 물로 채워지는데, 이 물은 너무도 순수한 상태여서 여기엔 얼음 결정의 핵이 돼서 자라도록 하는, 혼자 떨어져 돌아다니는 원자가 하나도 없다. 얼음은 분자가 3차원적인 결정을 만드는 구조이기 때문에 얼음이 생기려면 핵, 즉 모종의 화학적 돌연변이가 있어야 그것을 기초로 얼음 결정이 쌓아올려지는 것이다. 핵이 될 만한 디딤돌이 전혀 없는 순수한 물은 영하 40도까지 '초냉각'을 해도 얼음이 없는 액체 상태로 존재할 수 있다. 이렇게 일부분은 화학물질로 가득 채우고, 또다른 부분은 완전히 순수한 상태로 유지하는 '경화' 과정을 거쳐 중무장하고 나무는 겨울 여행을 떠나 서리, 진눈깨비, 눈폭풍을 견뎌낸다. 이 나무들은 겨울 동안 자라지 않는다. 그냥 그 자리에 서서 지구라는 행성을 타고 북극이 태양을 향해서 기울고 다시 여름을 맞이할 수 있는 태양의 저편까지 여행을 한다.

북쪽 지방에서 자라는 나무들의 대부분은 겨울 여행을 할 준비를 잘해내므로, 서리 때문에 죽는 경우는 극도로 드물다. 가을 날씨가 따뜻하건, 춥건 상관없이 경화 과정은 시작된다. 기온의 변화가 아니라 24시간의 순환주기 중 빛이 존재하는 시간이 감소하는 것을 감지해서 낮이 점점 짧아지는 것을 알고, 월동준비에 들어가기 때문이다. 한 해는 온화했다가 한 해는 혹독했다가 하는 식으로 겨울 기온은 변덕을 부리더라도 가을에 낮이 짧아지는 변화는 해마다 똑같다.

빛을 가지고 한 여러 건의 실험을 통해 이 '일광'의 변화가 나무들의 경화 과정을 촉발한다는 것이 증명됐다. 인공 빛을 가지고 나무를 속이면 이 경화 과정은 7월에도 시작될 수 있다. 날씨는 변덕을 부릴 수 있지만, 언제 겨울이 올지 알려주는 태양은 신뢰할 수 있기 때문에 억겁의 세월 동안 나무들은 경화 과정에 의존해 겨울을 날 수 있었다. 식물들은 세상이 급속도로 변화할 때 항상 신뢰할 수 있는 한 가지 요소를 찾아내는 것이 중요하다는 것을 알고 있다.

4

나는 온몸에 마르고 납작해진 낙엽들을 뒤집어쓰고 있었다. 머리카락에도 낙엽이 잔뜩 끼어 있었고, 머리에 붙은 바삭바삭한 잎맥들이 셔츠 깃으로 떨어지고 있었다. 부츠 안에도 부서진 낙엽들이 들어 있었고 양말 안에까지 끼어들어갔다. 손목은 장갑을 꼈다 벗었다 할 때마다 묻은 마른 낙엽 먼지로 까맸고, 재채기를 하면 콧물에 낙엽 가루가 섞여 나왔다. 입안에서도 건조한 낙엽 조각들이 서걱서걱 씹혔다. 칼을 쥔 손을 위로 뻗을 때마다 꽉 눌린 마른 잎들이 내 몸으로 쏟아져 내렸다. 조각들이 눈에 들어가는 것을 막을 고글 같은 것은 써도 별 효과가 없어서 이제는 고개를 숙이고 눈을 꼭 감았다.

빌과 나는 알래스카 북쪽 해안에서 더 북쪽으로 1,100킬로미터 정도 되는 곳에서 여름을 보내고 있었다. 그곳은 광활한 캐나다 누나부트 준주準州의 일부인 액슬하이버그섬이었다. GPS 덕분에 우리가 정확히 지구의 어느 지점에 있는지 센티미터 단위까지 정확하게 알 수 있었지만, 실제로는 완전히 잊힌 땅에 와 있는 느낌이 컸다. 반경 500킬로미터 안에 인간이라고는 열두 명의 과학자로 이루어진 우리 팀밖에 없었다. 캐나다군이 몇 주에 한 번씩 비행기를 타고 와서 우리가 죽지 않았는지 확인하고 갔지만 그것 말고는 완전히 같이 간 일행밖에 없었다.

이렇게 수백 킬로미터 떨어진 외딴곳에 있을 때 가장 묘한 것 중의 하나가 엄청나게 안전한 느낌이 든다는 사실이다. 놀랄 만한 일은 아무것도 일어나지 않을 것이다. 모르는 사람을 우연히 만나게 될 일도 없다. 영구 동토층이 녹으면서 물이 스며 나와 흙이 스펀지처럼 변하고 너무 부드러워져서 넘어져도 다칠 수가 없었다. 이론상으로는 배고픈 북극곰들이 헤매다가 내륙으로 들어와 우리를 잡아먹을 수도 있었지만, 그곳에서 10년 이상 일해온 과학자는 한 번도 그렇게 내륙 깊이 들어온 북극곰을 본 적이 없다고 했다.

사방이 언덕도 없이 평평하고 공기가 너무 깨끗해서 15킬로미터가 넘는 곳까지 또렷이 보였다. 풀도 없고, 덤불도 없고, 나무는 더욱 없다. 동물도 별로 보이지 않는다. 먹을 것이 없기 때문이다. 어쩌다 만나는 생명체들(바위에 붙어 자라는 지의류라든가 멀리 지나가는 사향소, 머리 위를 지나가는 이름 모를 새)은 그야말로 어쩌다 만나게 된다.

해는 절대, 절대 지지 않는다. 그냥 하늘 주변을 빙빙 도는 느낌이다. 가운데 서 있는 나를 중심으로 빙빙 돌아가는 회전목마처럼 하늘에 낮게 뜬 채 빙빙 돌아갈 뿐이다. 삶은 조용하고 비현실적이 된다. 오늘이 며칠이고 지금이 몇 시인지를 확인하는 습관을 버리게 된다. 깰 때까지 자고, 배부를 때까지 먹고, 피곤해질 때까지 일을 한다. 그리고 그 세 활동을 돌려가며 되풀이한다. 북극에서 얼마나 오래 일하는가에 상관없이 결국 있는 기간은 단 하루다. 그런 다음 겨울을 피하기 위해 집으로 돌아간다. 겨울에는 석 달 동안 밤이 계속되고 태양은 한 번도 뜨지 않는다. 나는 거기 없지만 그 지의류랑 그 새들, 그 사향소는 거기 남아 어둠 속에서 더듬더듬 먹을 것을 찾아다닐 것이다.

북극에서 우리가 일을 하는 곳에서 가장 가까운 나무는 1,600킬로미터 이상 떨어진 곳에서 자라고 있었지만, 그곳이 항상 그런 환경이었던 것은 아니다. 캐나다와 시베리아에는 엄청난 양의 풍성한 낙엽침엽수림 잔해가 묻혀 있다. 숲은 5000만 년 전에 시작해서 수천만 년 동안은 북극권 한계선을 훨씬 넘어 북쪽까지 퍼져 있었다. 나무 위에서 사는 설치류들은 이 삼림을 이루는 나무들의 가지에 올라가서 거대한 거북이들과 악어를 닮은 파충류들을 내려다봤을 것이다. 이 동물들은 모두 이제는 멸종됐지만 현대에 볼 수 있는 어떤 곳보다 '이상한 나라의 앨리스'를 더 많이 연상시키는 그런 생태계를 이루고 살았다. 그 시대에 극지방의 기후가 지금보다 더 따뜻했던 것과 지금과 같은 양보 없는 만년설로 덮인 얼어붙은 땅이 없었다는 사실은 의심할 여지가 없다.

그러나 식물학자로서 우리를 어리둥절하게 만든 것은 이 숲이 매년 석 달 동안 계속되는 완전한 암흑에 이어 석 달 동안 계속되는 여름의 태양을 모두 견뎌냈다는 사실이다. 현대 식물들은 이런 식의 극단적인 빛의 환경 속에서 살게 되면 스트레스를 많이 받아 일반적으로 1년을 넘기지 못하고 죽고 만다. 반면, 4500만 년 전 북극에서는 수천 킬로미터의 낙엽수림이 이 극단적인 조도의 차이에도 크게 융성했다. 어둠 속에서 살 수 있는 나무를 발견하는 것은 물속에서 살 수 있는 인간을 발견하는 것이나 다름없는 일이다. 과거의 나무들이 현재의 나무들은 할 수 없는 무언가를 할 수 있었든지, 아니면 현재의 나무들이 이 재능을 이제 사용하지 않고 그런 적응력이 적힌 카드를 어딘가 깊숙한 곳에 숨기고 있든지 둘 중의 하나라고 결론지을 수밖에 없다.

빌과 나, 그리고 펜실베이니아 고생물학과 소속의 열 명의 과학자들은 네 명씩 짝을 지어 헬리콥터를 타고 액슬하이버그섬에 도착했다. 그것도 토론토에서부터 옐로우나이프, 레졸루트 등을 거치면서 비행기를 몇 번씩 갈아타고, 마지막에는 쌍엽기까지 타고 이동한 끝에 탄 헬리콥터였다. 진흙 밭에 서서 헬리콥터가 멀어져가는 것을 보던 우리는 배낭을 한 번, 서로를 한 번씩 보고 몇 안 되는 동료들을 제외하면 우리가 얼마나 세상으로부터 고립되어 있는지를 깨달았다.

그후 5주 동안, 고생물학자들은 한곳에 며칠씩 달라붙어 화석화된 나무들의 표본 하나를 땅에서 발굴해내곤 했다. 그들은 기본적으로 칫솔 열 개로 참호를 파는 것처럼 그 작업에 공을 들였다. 그 결과 놀라운 화석들이 발굴됐다. 지름이 2미터 가까이 되는 나무 둥치가 거의 아무런 손상 없이 나왔다. 땅이 얼어 있었기 때문에 태양이 맨 위 토양을 녹이는 대로 화석을 둘러싼 침전물을 1센티, 1센티 벗겨내야 했다. 마치 너무 꽁꽁 언 아이스크림을 떠먹는 것과 다르지 않았다. 고생물학자들은 몇 가지 다른 종류의 표본을 발굴하고 있었고, 이를 위해 작은 플라스틱 카드를 사용하고 있었다. 자동차 유리창에 낀 얼음을 운전면허증으로 긁어내는 것과 그다지 다르지 않았다. 그들은 몇 가지 화석을 돌아가며 발굴했고, 계속 떠 있는 태양이 그들의 작업을 느린 속도로 돕고 있었다.

화석들은 여전히 목재였고, 그래서 그 표본들이 더욱 귀중했다. 우리가 머리에 떠올리는 대부분의 나무 화석들은 오랜 세월 동안 액체가 지나가면서 광물질 분자가 원래 분자를 대체한 끝에 결국 완전히 암석으로 변한 것들이다. 그에 반해 액슬하이버그섬의 화석들은 아직까지 목재의 조직이 변하지 않고 남아 있어서 태우면 목욕물을 데울 수 있을 정도였다. 1980년대 이 지역을 처음 탐사했던 곰처럼 거친 남성 지질학자들은 그랬다는 전설도 있다.

우리와 같이 온 고생물학자들은 전형적인 산사람 이미지의 지질학자들보다는 좀더 길이 잘 들여진 사람들이었지만 여전히 일도 열심히 하고, 술도 열심히 마시고, 북극곰의 공격에 대비해 캐나다 정부가 지참할 것을 요구한 총에도 크게 관심을 보였다. 내가 이런 부류의 동료 과학자들과는 거리를 유지해야 한다는 것을 배운 지는 오래다. 그들은 나도 그들과 동등한 학자로서 이 현장에 참여하고 있다는 것을 절대 받아들이지 않을 것임을 알기 때문이다. 연구 자금을 댄 기관에서 나를 인정했다는 사실은 별 상관이 없다. 그들의 눈에 나는 괴상한 사람을 달고 와서 20킬로그램 정도의 짐도 들지 못하는 지저분한 작은 여자아이에 불과했다. 나는 그 이미지를 없애려고 굳이 노력하지 않았다. 그렇게 해서 결국 그들이 나에 대해서 신경을 완전히 끌 정도로 나를 무시하기를 바랐다. 어찌어찌해서 그들이 잠을 잘 때 빌과 내가 작업을 하고, 우리가 잘 때 그들이 작업하는 일과가 정착됐다.

빌과 나는 더 권위 있는 동료 과학자들과는 근본적으로 다른 접근법을 가지고 작업을 했다. 나는 기가 막히게 멋진 각각의 화석보다 놀랄 만큼 오래, 안정적으로 유지됐던 숲 전체에 천착하고 있었다. 이 숲은 번갯불에 콩 볶듯 순간적으로 나타났다 사라진 생태계가 아니었다. 이 형태의 생태계는 수백만 년 동안 존재했었다. 그 수백만 년의 세월 동안 엄청난 양의 탄소와 물이 극지방에서 소비되면서 이파리와 목재를 만들었고, 1년에 한 번씩 땅에 떨어져 식물 조직을 대량으로 남겼다. 도대체 어떻게 이 생태계는 지속되었을까? 이제는 땅속 영양분은 말할 것도 없고 그 정도 되는 액체 상태의 담수도 극지방에 존재하지 않는다.

빌과 나는 나무 그루터기 몇 개를 파내서 한순간의 단면을 살피기보다는 수직으로 파내려가 보존된 목재와 이파리, 나뭇가지들의 화학 성분에 시간에 따라 생긴 미묘한 변화를 살펴보기로 결정했다. 그렇게 하려면 수백만 년 동안 쌓인 압축된 죽은 식물과 흙을 층층이 파내고 표본을 채취해야 했다. 마르거나 썩어버린 이파리들의 단면들을 수직으로 파내려가면서 우리는 1센티미터마다 표본을 채취하고 정확히 어디서 채취했는지를 기록해나갔다. 세 번의 여름 현장 작업을 한 끝에 수직 30미터에 해당하는 기간의 표본들을 채취하는 데 성공했고, 그 결과 그 숲이 견뎌내는 데 성공한 적어도 하나의 큰 기후변화를 식별해냈다. 이 관찰 결과를 기초로 해서 우리는 이 고대 극지방의 생태계를 '안정적'이라기보다는 '회복 탄력성이 높다'고 규정하는 것이 적합하다고 주장했다.

우리는 고생물학자들이 발굴 작업을 하는 곳에서 멀리 떨어진 분지 쪽을 선택해 둘이서 몇 주 동안 내내 자갈과 침적토가 섞인 3미터가 넘는 퇴적층을 파내려갔다. 매주 우리는 3.5미터가 넘게 쌓아올려진 4000만 년 된 새로운 거름 더미 속에서 허우적거리며 작업을 했다. 게다가 종종 딛고 있는 흙이 자꾸 무너져 내리는 부드럽게 경사진 절벽 한쪽 끝에 매달린 채 작업해야 해서 거름 더미와 함께 언덕 밑으로 굴러떨어지기 일쑤였다.

오염되지 않은 표본을 채취하고 기준 고도를 기점으로 우리 위치가 어딘지를 기록하느라 발을 디딜 곳이 확실치 않은 상태에서 땅을 파곤 했다. 그러나 그런 환경에서 정확한 작업하기란 어처구니없을 정도로 어려워서 걸핏하면 언덕 아래로 굴러떨어졌다. 긴 작업 기간 동안 우리 기분은 쏟아지는 웃음과 분노를 동반한 좌절감 사이를 오갔다. 한 번은 망치의 갈라진 쪽으로 땅을 파는데 뭔가 이상한 것이 깨지면서 머리 위로 투명하고 반짝이는 호박이 왕창 쏟아져 내렸다. "그러니까 지렁이 기분이 바로 이런 것이군." 특히 큰 산사태로 인해 굴러떨어진 다음 빌이 말했다. 그 말을 듣고 나는 그의 관찰들이 늘 얼마나 적확한지에 감동해서 하던 일을 잠시 멈춰야 했다.

적어도 하루에 한 번은 우리도 다음과 같은 방법으로 기분전환을 했다. 허리까지 쌓인 바삭바삭한 잔해 위에 털썩 주저앉아 스스로에게 주는 선물을 꺼낸다. 아무도 없는 허허벌판에서 먹는 스니커즈 초코바와 보온병에 담긴 뜨거운 커피만큼 맛있는 것은 없다. 우리는 하루에 한 번씩 동지애가 느껴지는 침묵 속에서 이 즐거움을 만끽하는 데 온 에너지를 집중했다.

하루는 마지막 한입 남은 스니커즈를 삼키려는데 빌이 팔을 들더니 몇 미터 떨어진 곳에 있는 회색점을 아무 말 없이 가리켰다. 잠깐 어리둥절했던 나는 이윽고 그가 가리키는 것이 북극토끼라는 것을 깨달았다. 극지방에서 동물을 만난다는 것은 그게 어떤 동물이든 보통 기쁜 일이 아니다. 흔치 않은 이끼와 풀을 먹기 위해서 초식동물은 먼 거리를 이동해야 하고, 육식동물도 이렇게 움직이는 먹이를 찾기 위해 계속 움직이기 때문이다.

토끼는 바위틈을 살피며 가까이 왔다가 멀어지기 시작했다. 빌과 나는 일어서서 상당한 거리를 두고 그 토끼를 따라갔다. 장비는 모두 버려둔 채였다. 우리는 아무 말도 하지 않고 토끼를 보면서, 황량하고 단조로운 풍경에 대비되는 이 신기한 광경을 음미하면서 1~2킬로미터를 걸었다. 토끼는 셸티종 개만큼 컸고, 그와 비슷한 털에 긴 귀, 그리고 길고 늘씬한 몸을 가지고 있었다. 400미터 정도 거리를 두고 우리가 따라가는 것을 토끼는 별로 신경 쓰지 않는 듯했다. 그래서 우리는 멀리서 약 한 시간 정도 그 토끼를 따라다녔다. 길은 잃어버릴 수가 없었다. 하루 종일 걸어도 뒤를 돌아보면 캠프사이트에 친 밝은 주황색 텐트들이 보이기 때문이다.

몇 안 되는 사람들과 함께 완전히 고립된 생활을 하면 그 사람들로 인해 금방 숨 막히는 기분이 들기가 쉽다. 그들도 예외가 아니었다. 그러나 빌은 그렇지 않다는 것을 나는 깨달았다. 그곳에 가기 전에 나는 누구와도 몇 주 내내 하루 24시간을 붙어서 살아본 적이 없다. 우리는 날이 갈수록 같이 있는 것이 어려워지기는커녕 더 쉬워졌다. 늘 다른 텐트에서 묵었지만 자나 깨나 우리는 한 번도 1~2미터 이상 떨어져 있지 않았다. 어떤 날은 쉬지 않고 말을 했고 어떤 날은 몇 마디밖에 건네지 않았다. 그리고 우리는 무슨 말을 했는지, 무슨 말을 하지 않았는지, 우리가 말을 얼마나 하는지 혹은 하지 않는지에 관심이 없어졌다. 그냥 우리 자신답게 행동할 뿐이었다.

그 토끼를 따라간 날, 결국 우리는 그 일대에서 물리적으로 가장 높은 지점을 찾았다. 거기 서서 돌아보니 같이 온 일행들이 먼 거리에 희미한 점으로 보였다. 그들에게도 우리가 그렇게 보였을 것이다. 다른 쪽에 두꺼운 서리처럼 보이는 것은 몇 킬로미터 떨어진 빙하가 시작되는 곳이었다. 나는 풍경을 음미하기 위해 앉았고, 빌도 1미터 정도 떨어진 곳에 앉았다. 우리는 30분여를 아무 말도 하지 않고 앉아 있었다. 그러다가 마침내 빌이 입을 열었다. “일을 하지 않으니 기분이 이상해.”

“무슨 말인지 알겠어.” 내가 말했다. “근데 표본 채취하면서 모든 지층을 두 번씩 파들어갔잖아. 그걸 또다시 하는 건 별로 의미가 없어.”

“하지만 뭔가를 해야만 하잖아.” 빌이 반대의견을 냈다. “그렇지 않으면 저 곰 같은 아저씨들이 우리가 이 탐사 여행에 뭐 하러 왔나 의아해하기 시작할 거 아냐?”

나는 웃음을 터뜨렸다. “저 아저씨들은 어차피 내가 여기서 뭐 하나 이미 의아해하고 있어. 땅을 파서 중국까지 갔다가 돌아온다 해도 내가 제대로 된 과학자라는 걸 납득하지 못할 게 뻔하고.”

“정말?” 빌이 나를 놀란 표정으로 보았다. “나는 내가 여기 있지 말아야 할 사람이라고 느끼는 게 나만의 문제인 줄 알았는데.”

“아냐.” 내가 그를 안심시켰다. “저 사람들 좀 봐. 난 이 일을 앞으로도 30년 넘게 할 것이고, 저 사람들하고 마찬가지로 열심히 할 것이고, 저 사람들만큼 혹은 더 많이 성과를 내겠지만 나를 여기 정당하게 속한 사람으로 인정해줄 사람들은 아무도 없을 거야.”

“흠, 그래도 적어도 넌 두 손 다 멀쩡하잖아.” 빌은 잘려나간 손가락을 꼼지락거리면서 대꾸했다. “그것만 해도 행운이야.”

나는 그 자리에 누워 하늘을 보았다. “그런 말도 안 되는 소리는 하지도 마. 아무도 네 손이 그런 줄 눈치 못 채잖아.” 내가 말했다. “솔직히 말해서 내가 아는 사람들 중에 네가 제일 정상으로 보이는 사람이야. 왜 네가 그걸 모르는지 난 이해가 안 돼.”

"정말 그렇게 생각해? 어린애들한테 여론 조사를 좀 해보지 그래?" 빌이 물었다. "내가 2학년 때 같은 반이었던 애들이라든지. 3학년 때 애들이라든지. 고등학교 때 애들이라든지. 모두 다."

나는 깜짝 놀라 벌떡 일어나 앉았다. "애들이 놀렸었어? 학교에서? 네 손을 가지고?" 그 생각을 하니 화가 벌컥 났다.

"응." 빌은 조용히 대답했다. 여전히 하늘을 보고 있었다.

나는 계속 그 이야기에 집착했다. "그래서 그렇게 사는 거야? 그 상처를 지금까지 가지고 있었던 거야? 그런 거야? 구덩이 파고 들어가 살고, 친구도 안 사귀고?"

"대충 그렇지." 빌이 인정했다.

"보이스카우트 같은 데도 안 들어가고, 운동 팀에도 안 들어가고?" 나는 크면서 늘 당연하게 받아들였던 성장의 이정표들을 나열했다.

"데이트도 한 번 안 해봤지. 그렇지?" 내가 물었다. 그 질문은 대화의 다음 단계로 자연스럽게 떠올랐고 나는 그냥 물어보는 게 나을 것 같은 느낌이 들었다.

빌은 일어서서 두 팔을 끝없이 펼쳐진 청백색 하늘을 향해 들어올렸다. 밝디밝은 7월 그날의 하늘은 절대 어둠이 범접할 수 없어 보였다. "나는 졸업무도회에도 가본 적이 없어!" 그가 울부짖듯 외쳤다.

둘이서 한참을 웃어대다가 이윽고 웃음이 잦아들자 나는 잠시 생각에 잠겼다가 말했다. "지금 가는 건 어때?" 내가 제안했다. "이렇게 외딴곳에서 아무도 볼 사람도 없으니. 지금 춤 춰도 되겠다."

한동안 침묵이 흘렀다. “어떻게 추는지 몰라.” 빌이 말했다.

“출 수 있어.” 내가 고집을 피웠다. “아직도 늦지 않았어. 자, 여기까지 왔잖아. 맙소사, 그게 바로 우리가 여기까지 온 이유였어. 이제야 알겠네. 바로 여기가 네가 춤을 출 곳이야.”

놀랍게도 빌이 이번에는 그걸 농담으로 받아넘기지 않았다. 그는 빙하 쪽으로 몇 걸음 걸어가서 내게 등을 보인 채 오랫동안 거기 서서 그쪽을 바라봤다. 그러더니 서서히 원을 그리고 돌기 시작하면서 발을 구르고, 사이사이 훌쩍 뛰기도 했다. 처음에는 어색하게 시작했지만 얼마 가지 않아 전력을 다해서 빙빙 돌고, 발을 구르고, 훌쩍훌쩍 뛰면서 열정적으로 춤을 췄다. 그리고 자신을 잊은 듯 몸을 움직였다. 그러나 그 동작은 미친 듯 아무렇게나가 아니라 신중한 계획에 따라 하는 움직임으로 보였다.

나는 빌의 바로 앞에 앉아서 고개를 쳐들고 그를 바라봤다. 빌이 지금 하고 있는 일, 빌이라는 인간, 그리고 그 순간의 모든 것을 똑바로 목격하는 증인으로서 그를 바라봤다. 그곳, 세상의 끝에서 그는 끝이 없는 대낮에 춤을 췄고, 나는 그가 되고 싶어 하는 사람이 아닌 지금의 그를 온전히 받아들였다. 그를 받아들이며 느껴진 그 힘은 나로 하여금 잠시나마, 그 힘을 내 안으로 돌려 나 자신도 스스로 받아들이는 것이 가능하지 않을까 생각하도록 했다. 알 수가 없었다. 그리고 나는 속으로 그 부분은 언젠가 다시 한번 생각해봐야겠다고 스스로 약속했다. 오늘은 이미 할 일이 있었다. 오늘은 정말 대단한 사람이 눈 속에서 춤을 추는 것을 지켜봐야 했다.

5

지구상에서 벌어지는 모든 성행위는 오직 한 가지 진화적 목적을 달성하도록 생물학적으로 만들어져 있다. 바로 서로 상관없는 두 개체의 유전자를 섞어서 부모와 완전히 다른 새로운 유전자를 가진 개체를 만들어내는 일이다. 이 새로 섞인 유전자 안에는 기존의 약점은 없어지고, 새로운 약점이 생긴다 하더라도 그마저 강점으로 변화할 수도 있는 전에 없는 가능성들이 숨어 있다. 바로 이런 메커니즘을 통해 진화가 진행되어왔다.

모든 성행위는 접촉을 필요로 한다. 두 개체의 살아 있는 조직이 접촉하고 서로 부착되어야 한다. 다른 개체와 접촉하고 부착되는 것은 식물에게는 큰 문제다. 한곳에 고정되어 있고, 그렇게 굳건히 닻을 내리고 있는 것 자체가 생존에 필수적이기 때문이다. 그럼에도 대부분의 식물들은 매년 어김없이 새로이 꽃을 피우고 비록 수정될 확률이 작다 하더라도 자손증식의 절반을 책임져야 하는 자신의 의무를 다한다.

대부분의 꽃들은 단순한 구조를 가지고 있다. '암'과 '수' 기관을 꽃잎이 연단처럼 둘러싸고 있는 구조다. 바깥쪽에 수컷 기능을 하는 요소가 자리 잡고 있어서 긴 수술이 뻗어나오고 그 끝에 꽃가루가 느슨하게 듬뿍 묻어 있다. 가운데에 미끄럼틀처럼 쑥 내려가 아래쪽에 자리 잡고 있는 부분이 암컷 기능을 하는 씨방이다. 뚜껑이 없는 이 미끄럼틀을 타고 내려가는 모든 것들 중에 수정을 할 수 있는 것은 단 하나, 같은 종의 식물이 생산해낸 꽃가루 한 톨뿐이다. 자가 수정이 될 확률이 살짝 더 높다. 이것은 같은 꽃에서 나온 꽃가루에 의해 수정이 되는 경우다. 자가 수정으로도 씨가 맺히고, 새로운 개체가 탄생할 수 있지만 새로운 유전자를 획득하는 데는 실패한 경우다. 어떤 종이 계속 대를 잇고 진화하기 위해서는 주기적으로 타가 수정이 일어나지 않으면 안 된다. 이를 위해서 꽃가루는 30센티미터, 혹은 3미터, 혹은 3킬로미터 떨어진 곳에 있는 씨방에 성공적으로 도착해야 한다.

어떤 말벌은 무화과나무 꽃 밖에서는 번식하지 못한다. 이 무화과꽃은 또 말벌의 도움 없이는 수정하지 못한다. 암컷 말벌은 무화과꽃 안에 알을 낳으면서 자기가 부화할 때 다른 무화과꽃에서 묻혀온 꽃가루를 씨방에 떨어뜨린다. 이 두 유기체들(말벌과 무화과)은 이런 관계를 거의 9천만 년 동안 유지해오면서 공룡이 멸종하고 지구가 몇 번의 빙하기를 거치는 동안 함께 진화해왔다. 이 둘의 이야기는 다른 위대한 사랑의 서사시와 마찬가지로 그 불가능성 때문에 더욱 매력이 더해진다.

이런 식의 특수한 관계는 식물의 세계에서는 극도로 희귀하다. 사실 너무 희귀해서 이런 생태계의 영혼의 동반자들 사이에 벌어지는 마음 따뜻한 예를 들 필요가 있을 때면 모를까 다른 용도로는 그다지 언급할 가치도 없다. 세상에서 만들어지는 꽃가루의 99.9퍼센트는 어디에도 가지 못하고, 아무것도 수정시키지 못한다. 그리고 자기가 가야 할 곳에 진짜 도착한 극소수의 꽃가루들에게는 어떻게 거기까지 도달했는지를 따지는 것은 전혀 의미가 없다. 바람, 곤충, 새, 설치류 혹은 택배 상자… 식물의 대부분은 꽃가루가 어떤 방법으로 전달되건 전혀 신경 쓰지 않는다.

목련, 단풍나무, 층층나무, 버드나무, 앵두나무, 사과나무 모두 파리, 딱정벌레 가리지 않고 달콤한 꿀로 유혹하되 조금 맛만 보는 양만 제공해서 꽃가루를 퍼뜨린다. 꽃가루 매개자로서 이 곤충들의 가치는 그들이 이동하는 거리에 있기 때문에 꽃잎에 앉아서 우물쭈물하는 시간이 짧을수록 공중에서 비행하는 거리가 길어진다. 북미와 유럽에서 자라는 많은 덤불 식물들은 곤충이 누르면 튕겨내는 꽃잎을 가진 꽃들을 피워낸다. 꽃잎에 앉은 벌에게 꽃가루를 듬뿍 묻힌 다음 엉덩이를 한 번 툭 쳐서 갈 길로 보내는 것이다.

그에 반해 느릅나무, 자작나무, 떡갈나무, 포플러, 호두나무, 소나무, 가문비나무, 그리고 풀 종류는 모두 꽃가루를 바람에 날려보낸다. 그렇게 하면 곤충에 묻혀 보내는 것보다 더 멀리 이동을 하는 장점이 있지만 다른 꽃으로 직접 가 닿지는 못한다. 바람에 실린 꽃가루는 수 킬로미터를 날아가다가 무차별적으로 아무데나 떨어진다. 하지만 충분한 양이 가야 할 목적지에 도착하는 것은 분명하다. 그렇지 않다면 캐나다의 침엽수림, 태평양 북서해안의 거대한 삼나무숲, 북유럽과 시베리아의 드넓은 가문비나무숲이 땅을 그렇게 뒤덮진 못했을 것이다.

씨방 하나를 수정시켜 씨로 자라는 데 필요한 것은 꽃가루 단 한 톨이다. 씨 하나가 나무 한 그루로 자랄 수 있다. 나무 하나는 매년 수십만 송이의 꽃을 피운다. 꽃 한 송이는 수십만 개의 꽃가루를 만들어낸다. 성공적인 식물의 생식은 드문 일이긴 하지만, 한번 일어나면 초신성에 버금가는 새로운 가능성이 열린다.

6

서른두 살이 되던 해에 나는 하루아침에 인생이 변할 수 있다는 것을 배웠다.

결혼한 사람들 사이에서 서른이 넘은 싱글 여성은 커다랗고 순한 집 없는 개에게 향하는 것과 같은 동정심의 대상이 되곤 한다. 부스스해 보이는 외모와 자급자족적인 성향 때문에 주인이 없다는 것은 금방 알 수 있지만 그 개가 사람들과의 접촉에 본능적으로 목말라하는 것을 보면 언젠가 더 행복한 시절이 있었을 것이라 짐작할 수 있다. 피부병 같은 것에 걸리지 않았다는 걸 확인하고 나서는 집 앞 포치에서 밥이라도 먹게 해줄까 고려해보지만 얼른 그 생각을 접는다. 달리 갈 곳이 없어서 너무 귀찮게 치댈까 봐 걱정이 되어서다.

장소에 따라서, 가령 야외에서 간단하게 피크닉하는 자리라면 집 없는 개는 호기심의 대상이고 심지어 모임에 도움이 될 수도 있다. 진흙을 묻히고 우스꽝스러운 짓을 하고 다니는 집 없는 개는 단순하게 사는 존재의 걱정 없는 삶을 장밋빛으로 보이게 할 수도 있기 때문이다. 모든 사람의 애정의 대상이지만 누구의 책임도 아니고, 건전하지는 못할지 모르나 성격이 좋고, 고생스러운 삶을 사는데도 놀라울 정도로 행복하다. 그런 모임에서 30대 독신녀를 집 없는 개에 비유할 수 있다면 30대 독신남은 햄버거 그릴을 담당하는 사람에 비유할 수 있다. 그는 자기가 동물을 좋아하든 싫어하든 상관없이 처음부터 끝까지 개에게 시달릴 것이 분명하다.

클린트를 만난 것은 그런 종류의 모임에서였다. 그가 손을 저어 나를 쫓아내려 했다 하더라도 그렇게 하지 못했을 것이다. 내가 본 남자 중 가장 아름다운 사람이었기 때문이다. 일주일이 지난 후 나는 용기를 내서 모임을 주최한 여자에게 그의 이메일 주소를 물어 저녁 식사에 초대하는 메시지를 보냈다. 그가 초대를 받아들이자 나는 전화를 걸어 장소를 알려줬다. 워싱턴 디시에 있는 듀퐁 서클 근처의 식당들 중 가장 멋져 보이는 식당이었다. 물론 나는 거기 한 번도 간 적이 없었지만 사람들이 멋진 데이트를 할 때 가는 곳 같았고 워싱턴 디시가 볼티모어보다 훨씬 더 쿨한 곳이라는 것은 나도 아는 사실이었다. 그에게 찾아가는 길을 설명한 후 조건을 붙였다. "내가 계산할 수 있도록 해준다고 약속해요." 지금까지 늘 내 비용은 내가 부담하는 생활을 해왔고, 이제 와서 그것을 포기할 생각은 없었다.

"좋아요." 그는 기분 좋게 웃으며 승낙했다. "하지만 다음엔 내가 낼 수 있도록 해줘야 해요." 나는 아무런 약속도 하지 않았지만 그의 대답이 좋은 징조라고 생각했다.

저녁 식사 내내 나는 아무것도 먹을 수가 없었다. 뭔가 훌륭하고 대단한 일이 일어나고 있다는 사실 이외에 딴 곳으로 주의를 돌리고 싶지 않았기 때문이다. 우리는 세 시간에 걸쳐 식사하는 동안 웨이터가 못마땅한 표정으로 계속 우리를 노려본 것에 대해 웃으며 식당을 떠났다. 그리고 몇 블록 떨어진 곳에 있는 펍에 가서 주문한 술에는 손도 대지 않은 채 몇 시간 내내 이야기를 했다. 우리는 무엇을 측정하는 것과 표본으로 만드는 것 사이의 기본적인 차이에 대해 이야기했고, 이끼와 양치식물에 관해 이야기했다. 알고 보니 우리는 둘 다 버클리에 다녔고, 같은 시기에 같은 공부를 했다. 그의 친구들과 동급생들 중 내가 아는 사람들이 많았고, 그도 내 친구들과 동급생들을 많이 알았다. 우리는 심지어 여러 번 같은 방에서 같은 세미나를 들으며 앉아 있었다는 것도 알아냈다. 그리고 도대체 어떻게 지금까지 서로 만나지 못했을까 궁금해했다. 그동안 잃어버린 시간을 이제라도 보충해야 하는 것이 당연했다.

가게가 문을 닫았지만 나는 아직 집에 가고 싶지 않았다. 우리는 그의 집으로 가기로 결정했고, 그는 내게 걷고 싶은지 택시를 타고 싶은지 물었다. 그리고 내 얼굴에 떠오른 표정을 본 그는 인도에서 찻길로 내려서며 손을 흔들어 택시를 불렀다. 내가 자란 곳에서 택시는 영화에서나 볼 수 있는 것이었다. 택시는 너무나 세련되어 도저히 걸을 수조차 없을 것처럼 보이는 신발을 신고 집을 나서는 사람들이나 타는 것이었다. 택시 기사들은 미지의 세계로 이끄는 가이드, 무심한 듯 지혜로운 말을 뱉고, 혼자서는 절대로 찾을 수 없을 중요한 곳에 틀림없이 데려다주는 사람들이었다. 나를 사랑한다는 궁극적인 증거가 영웅적인 행동이 아니라 미소를 짓게 해주는 쉽고도 쓸데없는 행동들이라는 것을 깨닫고 나는 깜짝 놀랐다. 누구에겐가 줘야 할 나의 사랑이 작은 상자에 너무 오랫동안, 너무 단단히 들어가 있어서 상자의 뚜껑을 열자 한꺼번에 쏟아졌다. 그리고 그 상자 안에는 더욱더 많은 사랑이 들어 있었다.

우리가 서로 사랑한 것은 사랑하지 않을 수 없었기 때문이었다. 우리는 사랑하기 위해 노력하지도 희생하지도 않았다. 너무도 쉬웠고, 내게 과분했기에 더 달콤했다. 되지 않을 일은 천지가 개벽할 정도로 노력해도 되지 않고, 마찬가지로 어떤 일은 무슨 짓을 해도 잘못될 수가 없다. 나는 이 사실을 단박에 알아차린다. 그가 없이도 살 수 있다는 것을 나도 안다. 내 일이 있고, 이루어야 할 목표가 있고, 돈이 있다. 그러나 그렇게 살고 싶지가 않다. 정말로 그렇게 살고 싶지가 않다. 우리는 계획을 세운다. 그는 자신의 강인함을 나와 나눌 것이고, 나는 내 상상력을 그와 나눌 것이다. 그리고 서로에게서 말도 안 되게 남아도는 것들을 요긴하게 쓸 용도를 찾을 것이다. 우리는 코펜하겐으로 날아가서 주말을 지내고 매년 여름을 남프랑스에서 보낼 것이다. 우리는 우리가 이해하지 못하는 언어로 진행되는 결혼식을 올릴 것이다. 말도 기를 것이다(슈거라는 이름의 암말). 우리는 아방가르드 풍의 연극을 보고 커피하우스에서 처음 만난 사람들과 그 연극에 대해 토론할 것이다. 우리 할머니처럼 쌍둥이를 낳을 것이고, 개를 기를 것이고(하!), 언제나 택시를 타고 영화처럼 살 것이다. 우리는 그중 어떤 것은 하고, 어떤 것은 하지 않는다(말을 기르는 일 같은 것). 실제는 영화보다 더 낫다. 끝나지 않고, 우리가 연기하는 것이 아니며, 나는 화장하고 있지 않기 때문이다.

* * *

2주도 되지 않아서 나는 클린트가 워싱턴 디시에서 다니던 직장을 그만두고 볼티모어의 우리 집으로 이사하도록 설득하는 데 성공했다. 그가 가진 엄청난 수학적 재능이면 어디서든 쉽게 직장을 구할 수 있다는 것을 알고 있었기 때문이다. 이사한 직후 그는 다시 학계로 돌아와 존스홉킨스 대학교에서 지구의 땅속을 연구하는 일을 시작했다. 연구실은 내 실험실과 같은 건물에 있었다. 그는 하루 종일 앉아서 엄청나게 정교한 컴퓨터 모델을 만들어 상상할 수 없을 정도로 뜨겁고 압력이 센 환경과 화산의 용암이 부글거리는 곳에서 수천 마일 더 들어간 곳에 존재하는 준고체 형태의 암석이 앞으로 100만 년 동안 어떻게 흐를 것인지 예측해내는 일을 했다. 나는 그가 자기도 모르게 계속 볼펜을 물어뜯어 잉크로 입술 한쪽을 물들인 채 어떻게 지구를 머리로만 연구할 수가 있는지, 어떻게 그가 그렇게 유창하게 써내려가는 괴상한 등식을 통해서 그 암석들의 행동을 상상하고 관찰할 수 있는지 이해하지 못했고, 지금도 이해하지 못한다.

나는 눈으로 직접 확인해야 진실이 되는 과학을 한다. 표본을 내 손에 쥐고 작업할 수 있어야 한다. 나는 식물이 자라는 것을 관찰하고 그것들을 죽게 하면서 연구해야 한다. 나는 내가 제어할 수 있는 대상에서 답을 얻어야만 한다. 그는 세상을 돌아가게 놔둔 다음 그 흐름을 관찰하는 쪽을 선호한다. 키 크고 마른 체형에 카키색 옷을 즐겨 입는 그는 사람들이 과학자라고 하면 떠올리는 바로 그런 모습으로 그런 행동을 한다. 그래서 과학계에 받아들여지는 것은 그에게 항상 어려운 일이 아니었다. 그럼에도 그의 상냥하고, 안정되고, 사랑을 베푸는 성격은 내가 그것들을 발견하고 절대 놓아주지 않겠다고 결심하기 전까지 아무도 발견하지 못한 보물이었다.

클린트와 나는 2001년 초에 만났다. 그해 여름 우리는 노르웨이로 여행을 갔다. 내가 가장 사랑하는 장소들을 그에게 보여주기 위해서였다. 분홍색 화강암으로 된 길고 낮은 언덕의 돌틈에 보라색 들꽃들이 고개를 내밀고, 엄한 얼굴의 바다오리들이 감독관처럼 지켜보는 반짝이는 피오르 해변, 하얀 자작나무에 물든 옅은 주황색 석양이 밤새 계속되는 곳. 여행 중 오슬로에 머무는 기간은 즉흥적인 웨딩 파티로 변했다. 번호표를 받고 20분을 기다린 후 로드후스(시청)에서 결혼했기 때문이다.

볼티모어에 돌아온 후 우리는 이 기쁜 소식으로 빌을 놀래 주기 위해 곧장 그의 집으로 갔다. 빌은 내가 사귀는 남자들에 대해 한 번도 코멘트한 적이 없었다. 아마도 코멘트할 만한 남자도 별로 없었기 때문이었을 것이다. 그러나 클린트가 내 삶에 들어온 이후부터 빌은 이상하게 행동했다. 그는 마음을 고쳐먹은 범죄자가 교도소 쪽으로 차를 몰지 않는 것처럼 우리를 피했다. 클린트는 빌이 이 상황에 적응할 시간이 필요할 뿐이라고 자신했다. 자기의 세 여동생과 내가 적응하는 데 시간이 필요한 것과 마찬가지라고.

한 달 전쯤 빌은 우리 집에서 몇 채 떨어진 곳에 있는 낡은 집을 사서 이사했다. 그는 이제 4층짜리 주택의 주인이 됐다. 한때 아름다웠을 집이 분명했지만 그런 시절은 아주 오래전인 듯이 보였다. 이사를 한 빌은 며칠에 걸쳐 하나씩 우리 집에서 옮겨 간 자기의 소지품을 모두 1층에 던져뒀다. 몇 가지 중요한 물건들(커피포트, 면도기, 드라이버)은 잘 때 기어들어갔다가 깰 때 기어나오는 빨래 더미 옆에 뒀다. 그는 그 집을 멋지게 고칠 큰 계획을 가지고 있었지만 그해 여름 그 집은 아편이 없다는 것만 빼면 아편 소굴과 하나도 다르지 않아 보였다.

노르웨이에서 돌아온 다음 날, 우리는 빌의 집 문을 세게 두드리고 벨도 눌렀다. 마침내 안에서 누군가가 움직이고, 열쇠가 열리는 소리가 들렸다. 문이 열리고 찢어진 티셔츠에 빛 바랜 수영복 차림의 빌이 서 있었다. 헝클어진 머리를 하고 눈을 비비는 걸로 봐서 우리가 그를 깨운 것이 분명했다. 오후 3시였다.

"안녕!" 클린트에게 안긴 채 내가 인사를 했다. 그런 다음 바로 외쳤다. "무슨 일이 있었는지 알아? 우리 결혼했어!"

빌이 멍한 얼굴로 우리를 보는 동안 긴 침묵이 흘렀다. "그럼 내가 선물을 사줘야 하는 건가?" 그가 물었다.

"아니" 하고 클린트가 대답을 했고, 나는 동시에 "응!" 하고 대답을 했다.

클린트와 나는 얼굴에 행복한 미소를 띤 채 거기 잠시 그렇게 서 있었다. 마침내 내가 빌에게 말했다. "얼른 옷 입어. 포트 맥헨리 시내에서 남북전쟁 재연이 있다고. 얼른 가자."

"남북전쟁이라면 가겠지만 네가 말하는 그건 1812년 전쟁일 거야, 이 바보야. 게다가 난 할 일이 너무 많아." 빌이 불편한 표정으로 대답했다.

"말조심해, 이 지저분한 히피 같으니라고." 내가 그를 꾸짖었다. "그런 식으로 조국을 위해 희생한 영웅들을 깎아내리는 건 용서할 수 없어. 자, 아무 바지나 주워 입고, 미국인답게 굴라고. 차에나 타."

빌은 계속 우리를 보고 있었다. 그리고 나는 그가 승낙할 것인가 말 것인가 갈등을 겪고 있다는 것을 알았다. 나는 남편, 내가 만난 사람 중 가장 강하고 가장 친절한 남자를 바라봤다. 내 사랑을 받는 사람은 누구나 당연히 그의 사랑도 받을 자격이 있다는 믿음이 있었다.

"자, 어서 가자고, 빌. 이제부터 우리랑 함께야." 클린트는 그렇게 말하면서 자기 차 열쇠를 내밀었다. "운전할래?" 빌은 그 열쇠를 받아들었고 우리 셋은 포트맥헨리에서 사과 물어올리기

놀이, 양초 만들기 체험, 말굽 만들기 체험 등을 하면서 하루 종일 시간을 보냈다. 우리는 핫도그와 솜사탕을 먹고 이인삼각을 보고 동물을 만질 수 있는 어린이용 동물원에서 동물들을 쓰다듬었다. 그리고 어딜 가나 입장료 할인을 받았다. 가족 할인이었다.

7

농학자들과 삼림학자들은 식물 수백 종의 성장을 기록하고 그 패턴을 주시해왔다. 이런 작업의 시작은 1879년 독일 과학자들이 옥수수의 무게 증가를 그 식물이 자란 날짜수에 대비시켰을 때 묘하게도 느슨한 S자 곡선을 그린다는 것을 깨달은 때부터였다. 그 과학자들은 화분에 심어놓은 식물의 무게를 날마다 쟀지만 첫 1개월 동안에는 무게 변화가 거의 없었다. 그러다 2개월째로 접어들면서 식물의 무게가 급격히 늘어 일주일마다 크기가 두 배로 증가하면서 3개월 즈음에 자랄 수 있는 최대 크기가 될 때까지 계속 그 속도로 성장했다. 과학자들은 이 시점부터 무게가 다시 줄어드는 것을 보고 놀랐다. 꽃이 피고 열매를 맺을 즈음의 무게는 최고 무게의 80퍼센트에 지나지 않았다. 이 관찰 결과는 그 실험 한 번에 그친 것이 아니다. 그후 수천 그루의 옥수수나 무를 대상으로 한 측정이 모두 동일하게 느슨한 S자 곡선을 그리는 것으로 증명됐다. 우리는 어째서 그렇게 되는지 정확히 알지 못하지만 옥수수는 중간에 좀 헤매는 듯 보이긴 해도 자신이 무엇을 해야 하는지 제대로 알고 있다.

다른 식물들은 이와 매우 다른 성장 곡선을 보인다. 밀에서 이파리가 자라는 과정을 그린 곡선은 우리의 맥박을 그린 곡선과 비슷하다. 순간적으로 펄쩍하고 성장 곡선이 올라갔다가 스르륵 감소 추세로 돌아서는 모양이기 때문이다. 사탕무의 성장 곡선도 증가 후에 감소가 나타난다. 그러나 이 곡선은 하지를 중심으로 길고도 낮은 호를 그린다. 귀찮기 짝이 없는 잡초인 갈대의 성장 곡선은 피라미드형이다. 태어나서 자라는 과정과 시들고 죽는 과정이 완전히 대칭을 이룬다. 이런 곡선들은 곡물이나 목재를 수확하는 것을 목표로 밭과 숲을 관리하는 데 귀중한 자료가 된다. 성장하고 있는 식물이 표준 성장표의 어느 지점에 있는지를 짐작할 수 있으면 수확 날짜를 가늠할 수 있고, 그에 따라 월급과 대금을 지급할 날짜도 계획할 수 있다.

나무들의 성장 곡선은 작은 식물들에 비해 훨씬 더 분산되어 있고 제멋대로 퍼져나간 것처럼 보인다. 성장이 한 계절에 집중돼서 벌어지는 것이 아니라 수백 년에 걸쳐 진행되기 때문이다. 각 종은 자기들만의 독특한 성장 곡선을 가지고 있다. 몬터레이 소나무는 노르웨이 가문비나무에 비해 두 배나 빨리 자라지만 두 나무 모두 비슷한 둘레가 됐을 때 종이 제조용으로 벌목된다. 결과적으로, 노르웨이의 종이 제조사들은 미국의 종이 제조사들에 비해 일반적으로 더 좋은 부채 상환 능력을 갖추고 있고, 토지 보유량도 두 배 정도 된다.

같은 숲속에서도 비슷한 연령의 나무들 사이의 크기 차이는 동물을 포함한 다른 유기체들의 동종 간 차이보다 훨씬 크다. 미국에서 자라는 열 살배기 소년 중 가장 큰 아이의 키는 가장 작은 아이의 키에 비해 약 20퍼센트 정도 크다. 이 정도의 차이는 다섯 살, 스무 살의 연령 그룹에도 비슷하게 적용된다. 늘 그 연령대에서 가장 큰 사람은 가장 작은 사람보다 약 20퍼센트 더 큰 것으로 나타난다. 소나무 숲에서는 가장 두꺼운 10년 된 소나무의 두께는 가장 가는 같은 연령의 소나무 두께보다 네 배 정도 굵다. 나무가 100살까지 사는 데 '옳은' 방법과 '틀린' 방법은 없다. 오직 성공적인 방법과 그렇지 않은 방법이 존재할 뿐이다.

나무가 되는 것은 긴 여정이다. 그래서 경험이 굉장히 많은 식물학자라도 나뭇가지나 묘목만을 보고 그 나무가 향후 50년 사이에 어떤 나무로 자라게 될지 정확히 예측할 수 없다. 나무의 성장표가 추측하는 데 유용하기는 하지만 그 표는 미래가 아니라 과거만을 보여준다는 사실을 잊어서는 안 된다. 성장표는 지금은 대부분 죽어 없어진 나무들에서 모은 데이터를 기초로 뽑아 만든 한시적 성격이 강한 선에 불과하다. 이 성장선을 만든 데이터는 영구적인 것이 아니라 새 나무가 자랄 때마다 새 정보가 보태질 수 있고, 그때마다 전체적인 패턴이 살짝 변형되고, 따라서 성장 곡선 자체가 달라진다. 이 곡선의 모양을 수학적으로 예측하는 것은, 최근 등장한 엄청난 용량의 컴퓨터를 동원해도 불가능하다. 이 성장 곡선으로는 특정 나무가 어떤 모습이어야 하는지를 절대 알 수가 없다. 이 곡선으로 알 수 있는 것은 나무가 과거에 어떤 모습이었는지뿐이다. 모든 나무는 자기 나름의 성장 패턴을 찾아내서 그에 따라 자라는 수밖에 없다.

식물학 교과서들에는 수많은 성장 곡선들이 나와 있다. 그러나 학생들을 가장 혼란스럽게 만드는 것은 언제나 느슨한 S자 모양의 곡선들이다. 왜 최대 생산성에 이르기 직전에 식물의 질량이 감소할까 의아해하는 것이다. 나는 학생들에게 이 질량 감소는 번식을 시작하겠다는 신호임이 밝혀졌다고 설명한다. 초록이파리를 많이 거느린 식물은 최대 성장점에 도달을 하면 일부 영양소를 빼내 꽃과 열매를 만드는 쪽으로 재배치한다. 새로운 세대를 만들어내는 작업은 부모에게 상당한 타격을 준다. 옥수수 밭에 가보면 그것을 바로 육안으로 확인할 수 있다. 아주 멀리서 봐도 말이다.

8

임신은 내가 그때까지 평생 해본 일 중 가장 힘든 일이었다. 숨도 쉬기 힘들었고, 앉기도, 서기도 힘들었다. 비행기에서 음식을 놓는 테이블을 내릴 수도 없었고, 엎드려 잘 수도 없었다. 지난 34년 내내 엎드려 잔 사람이 말이다. 나는 어떤 하늘에 사는 신이 도대체 몸무게 50킬로그램짜리 여자가 15킬로그램이나 나가는 임신한 배를 견뎌내야 한다고 정했는지 궁금했다. 나는 레바의 호위를 받으며 동네를 끝없이 돌고 돌았다. 내가 움직일 때만 아기가 조용했기 때문이다. 아기는 장난스럽게 '엄마, 나 여깄어요' 하는 식으로 차는 것이 아니라 구속복에서 빠져나오기 위해 괴롭게 몸부림치듯 배를 찼다. 낯선 이교도의 다산 의식을 홀로 패러디하듯 나는 걷고, 걷고, 또 걸으면서 이 숨 막히는 관계를 나와 아기 모두 얼마나 괴로워하고 있는지를 생각했다.

임산부는 조울증을 앓고 있어도 데파코트도 테그레톨도 세로켈도 리튬도 리스페달도 먹을 수가 없다. 지금까지 몇 년 동안 환청을 듣고 자기 머리를 벽에 반복해서 박아대지 않기 위해 날마다 먹어왔던 어떤 약도 먹을 수가 없다. 일단 임신 사실이 확인되면 그때까지 먹던 모든 약을 당장 끊고(약을 끊는 것 자체만으로도 조울증 증상이 촉발되는 것으로 밝혀졌다) 기찻길에 서서 달려오는 기차와 정면으로 부딪히기를 기다리듯 재앙이 닥치기를 기다리는 수밖에 없다. 통계 수치는 상당히 간단하다. 조울증을 앓는 여성이 임신 중 큰 발작을 일으킬 확률은 임신 전이나 출산 후보다 일곱 배나 높다. 의사들은 아무런 약도 먹지 않고 임신 기간의 첫 6개월을 버티라고 고집하고, 임신한 여성은 그 끔찍한 현실을 받아들이지 않을 수 없다.

임신 초기에 나는 잠에서 깨어나 심하게 구토하곤 했다. 너무 심한 구토로 목욕탕 바닥에 쓰러져서도 계속 헛구역질과 울기를 반복하다가 결국은 자포자기해서 기절이라도 해보려고 벽이나 바닥에 머리를 부딪혀대곤 했다. 예수님께 도와달라고 간청하고, 그게 안 되면 내 의식이라도 빼앗아가는 자비를 베풀어 달라고 애원하던 어린 시절 습관이 되살아났다. 시간이 흘러 의식을 되찾고 나면 콧물, 피, 침, 눈물이 내 얼굴과 타일 바닥 사이에 뒤엉켜 차갑게 식어 있는 것을 느끼지만 말할 수도, 내가 누군지도 알 수 없었다. 늘 변함없는 남편은 미친 듯이 전화를 해서 나를 찾다가 결국 집으로 뛰어 들어와 나를 안아 올리고, 씻기고, 다시 한번 의사를 부른다. 의사는 나를 병원에 입원시키고 전에 시도했던 모든 것을 다시 시도해보지만 일주일도 안 돼서 나는 다시 그 상태로 돌아가고 만다. 이런 일은 내가 온 세상에서 클린트와 개 말고는 누구의 이름도 알아듣지 못할 때까지 계속된다.

나는 진지한 마음으로 병원에 가서 한 번에 몇 주씩 거기 머무른다. 의사들은 다른 치료로도 아무런 효과를 보지 못하면 나를 묶어두고, 수없이 많은 전기 경련 요법을 시도한다. 그 결과 나는 2002년의 대부분을 기억하지 못한다. 나는 의사들과 간호원들을 붙잡고 도대체 왜, 왜, 왜 나에게 이런 일이 벌어지는지 묻고 또 묻지만 그들은 대답을 하지 않는다. 우리 모두 할 수 있는 일은 내가 필요한 약을 먹어도 괜찮은 날이 오기만 기다리며 날짜를 세는 것밖에 없다. 임신 26주차라는 것은 마술 같은 날이다. 그때부터 나는 임신 7개월에 접어들고, 그때부터는 산모의 건강을 돌보기 위한 향정신성 의약품을 사용해도 된다고 미국식약청이 승인했기 때문이다.

의학적으로 괜찮다고 생각되는 시기가 되자마자 나는 이 약, 저 약을 복용하기 시작하고 내 상태는 서서히 안정을 찾아간다. 나는 직장에 다시 꾸역꾸역 출근하기 시작하지만, 사무실 바닥에 누워 자는 날이 많다. 노력해봤지만 강의하기에는 체력이 너무 달렸기 때문에 병가를 낸다. 임신 8개월의 어느 날 아침 나는 터덜터덜 건물 현관까지 들어가서 잠깐 쉬면서 이 15킬로그램이라는 짐을 달고 지하실에 있는 내 실험실까지 가기 위한 힘을 모으고 있었다. 물론 나는 화학물질을 전혀 다룰 수 없지만 웅웅거리며 돌아가는 기계들 옆에 앉아서 거기서 나오는 판독값들을 보면서 마치 기계들이 내 승인과 격려를 받아야 다음 일을 할 수 있기라도 하는 것처럼 생각하며 마음을 위로받곤 했다.

나는 엘리베이터를 타고 지하실로 내려가는 어려운 여정을 위해 마음의 준비를 하면서 복사기 옆 방문객용 의자에 앉아 커다란 배를 내밀고 기대어 있었다. 그리고 선언한다. “이제 알겠어. 이게 바로 새로운 나야. 아기는 절대 나오지 않을 거야. 지금부터 18년 후가 되면 내 몸속에 성인 남자 한 명이 살고 있을 거야.” 사실 농담으로 한 말이 아니었지만 과 비서들이 동정한다는 표정으로 쿡쿡 웃는다.

그때 학과장 월터가 걸어들어왔고 나는 상관을 만난 군인처럼 자동으로 일어섰다. 100년의 역사를 자랑하는, 담쟁이덩굴이 무성한 존스홉킨스 대학교에서 여자로서는 처음이자 유일하게 종신 교수직을 받기 직전이던 나는 임신에 동반되는 어떤 육체적 약점도 보이면 안 된다는 것을 본능적으로 알고 있다.

불행하게도 너무 빨리 일어섰는지 피가 아래로 쏠리면서 현기증이 난다. 나는 늘 하는 것처럼 자리에 앉아서 무릎에 머리를 대고 엎드린다. 1~2분이면 지날 증상이었다. 늘 저혈압이고, 음식 먹는 것을 좋아하지 않고, 먹는 것 자체를 늘 반복해야 하는 귀찮은 일로 여기는 경향이 있는 나는 이런 현기증에 익숙했다. 월터는 어리둥절한 표정으로 두리번거리다가 물 밖으로 나와 모래사장에 엎어져 있는 고래 같은 포즈를 취한 나를 보다가 자기 사무실로 들어가서 문을 닫는다. 누군가가 내게 물을 건넸지만 나는 거절한다. 나는 뭐라고 꼭 집어 말할 수 없는 걱정이 온몸을 짓누르는 느낌을 받으며 축 늘어진 채 엘리베이터로 걸어간다.

다음 날 저녁 6시 30분경, 클린트가 자기 사무실이 있는 복도의 다른 쪽 끝에 있는 내 사무실로 들어온다. 그의 얼굴 표정이 너무 비참해서 나는 누군가가 죽었다는 이야기를 하러 온 것인가 생각한다. 그는 문틀에 기대서서 침울한 목소리로 말한다. "있잖아, 월터가 오늘 내 사무실에 찾아왔었어." 그리고 괴로운 표정을 지으며 잠시 말을 멈춘다. "당신이 병가를 내서 쉬고 있는 동안에는 이 건물에 들어와서는 안 된다는 거야."

"뭐라고?" 나는 화났다기보다는 두려움을 느끼며 소리친다. "어떻게 그럴 수가 있어? 내 실험실인데. 내가 직접 만든 실험실인데…."

"알아, 알아…." 남편은 한숨을 쉬며 말한다. "나쁜 놈들이지." 그러나 그렇게 말하는 그의 목소리는 부드러웠다. 나를 위로하기 위한 말이다.

"이런 짓을 할 수 있을지는 꿈에도 몰랐어." 마음에 받은 상처가 점점 더 강하게 느껴지기 시작한다. "왜? 왜 그런지는 이야기했어?" 내가 묻는다. 그리고 내가 그때까지 평생을 살면서 힘을 가진 사람들에게 수없이 '왜'라는 질문을 해야 했던 것들이 떠오른다. 그리고 그와 함께 내가 납득할 만한 답을 한 번도 들을 수 없었다는 사실도 기억한다.

"아, 사고 나면 책임질 수가 없고 보험이 어쩌고… 말도 안 되는 소리지, 뭐." 클린트가 그렇게 대답하면서 말을 이었다. "원시인들이잖아. 그건 우리도 이미 알고 있는 사실이었고."

나는 화가 나서 퍼부어대기 시작했다. "말도 안 돼! 그 사람들 중 절반은 술에서 깨지도 않은 채 사무실에 들어오고…. 학생들한테 추파나 던지면서… 그러면서 사고 나면 책임 못 진다는 이야기를 나한테 해?"

"진정해. 이게 현실이야. 그냥 임산부를 보고 싶지가 않은 거야. 그리고 임신한 채 이 건물에 발을 들여놓은 사람은 당신이 처음이니까. 어떻게 해야 할 줄을 모르는 거야. 단순한 이유야." 클린트는 조용히 그렇게 말한다. 그의 분노는 내가 느끼는 분노보다 훨씬 차분하다.

여전히 내 마음 한구석은 충격에서 벗어나질 못하고 있다. "월터가 당신한테 가서 내게 말을 전하라고 한 거야? 왜 나한테 직접 와서 말을 못 하고?"

"월터는 당신을 무서워해. 그게 내 추측이야. 모두들 겁쟁이들이잖아."

나는 고개를 젓고 이를 악문다. "안 돼, 안 돼, 안 돼!" 나는 고집을 피운다.

"호프, 이 일에 대해서는 우리가 할 수 있는 일이 없어." 그는 비참한 목소리로 조용히 말한다. "월터가 보스잖아." 클린트는 내가 언젠가 본, 웅장한 모습의 늙은 코끼리에서 봤던 영혼까지 걱정되는 듯한 표정을 짓고 있다. 그 코끼리는 30년간 함께했던 동반자를 잃었다. 그는 실험실에 출입하는 것을 금지당하는 것이 내게 얼마나 고통스러운 일인지 잘 알고 있다. 실험실이야말로 내가 행복하고 안전함을 느끼는 곳이고 (특히 지금) 내가 집이라고 생각하는 유일한 곳이 아닌가.

실망과 좌절감에 나는 빈 커피잔을 집어서 있는 힘껏 집어던졌다. 컵은 카펫에서 한 번 튕겨 오르고 깨지지도 않은 채 흔들거리다가 건방지고 여유롭게 옆으로 눕는다. 그렇게 작고 아무런 의미 없는 것에서까지 다시 한번 무력함의 증거를 확인한 나는 자리에 앉아서 두 손에 머리를 파묻고 책상에 흐느껴 운다.

"이러는 거 이제 싫어." 나는 곡을 하듯 울면서 목멘 소리로 그렇게 말하고 클린트는 그 자리에 서서 나의 고통을 지켜본다. 그의 가슴을 짓누르는 무게가 두 배가 되고, 또 두 배가 된다. 내 통곡이 잦아든 후 우리는 침묵 속에 앉아 있다. 한날의 괴로움은 그날에 족하다는 문구를 되새기며.

2년 후, 클린트는 존스홉킨스에 대한 자신의 모든 애정은 그날 완전히 시들어버렸고, 내게 그런 고통을 준 그들을 용서하지 못한다고 말했다. 시간이 흐른 후 그때를 회고해보니 우리는 어쩌면 그것이 정말로 사고 위험과 보험 문제일 거라고, 누구의 잘못도 아닐 수도 있다고 말은 했지만, 그 말을 한 다음 우리는 함께 일어서서, 손을 맞잡고, 사랑하는 사람들과 함께 몇 안 되는 물건들을 챙겨 수천 마일 떨어진 곳으로 떠났다. 그리고 나는 또다시 제로 상태에서 다시 실험실을 시작했고, 빌은 그 모든 것의 한가운데에 있었다. 그러나 커피컵을 집어던진 그날 내 눈에는 앞으로 얻을 것보다 내가 잃고 있는 것만 보였기 때문에 울고 또 울었다. 내가 얻을 것은 두께 5센티미터가 넘는 자궁에 가려 보이지 않았기 때문이다.

연구실에 출입하는 것을 금지당한 후, 나는 낮에 아무데도 갈 곳이 없었기 때문에 산부인과 방문을 아침으로 잡는다. 병원에 가면 간호사들과 테크니션들이 내 체중을 재고, 초음파로 들여다보고 나서 일주일 전보다 내 임신이 일주일 더 진행되었다는 놀라운 소식을 알려준다. 모르는 사람들이 내게 '몇 달이나 됐냐'고 물으면 나는 11개월이라고 말하고, 그들이 나와 함께 웃기를 기대하지만 그런 작은 일에서마저도 나는 성공하지 못한다.

나도 내가 행복하고 기대에 차 있어야 한다는 것을 안다. 쇼핑하고, 아기 방을 꾸미고, 배 안의 아기에게 사랑을 담아 말을 건네면서, 사랑의 결실을 기뻐하고, 내 자궁이 그득 찼다는 사실을 느긋하게 즐겨야 한다는 것을 안다. 그러나 나는 그중 아무것도 하지 않는다. 대신 이 아기가 태어남으로써 인생의 일부분이 끝날 것이라는 사실에 대해 오랫동안 깊이 슬퍼했다. 기대감에 부풀어 올라 내 안에서 자라고 있는 이 신비로운 정체에 대해 꿈을 꿔야 하는 것을 안다. 그러나 나는 그렇게 하지 않는다. 이미 그를 알고 있기 때문이다. 처음부터 나는 이 아기가 남자아이고, 그의 아빠처럼 금발에 파란 눈을 가진 것을 알고 있었다.

나는 그 아기가 우리 아버지의 이름을 가지고 자기 나름의 성격을 가지게 될 것이라는 점을 알았다. 그리고 바이킹 남자와 여자들처럼 강인해서, 체력이 약한 엄마를 당연히 미워할 것이다. 나의 일부가 너무 어두운 그늘에서 자랐고, 제대로 꽃을 피우지 못한 채 시들어버렸다는 것을 원망하리라는 것도 이해한다. 나는 숨을 들이쉬고 내쉬는 연습을 하고, 엄청난 양의 우유를 마시고, 그보다 많은 양의 스파게티를 먹고, 날마다 많은 시간을 잔다. 그리고 적어도 내 진한 피를 아기와 나누고 있고, 수동적으로나마 그가 필요로 하는 것을 지금은 주고 있다는 사실에 초점을 맞추려고 애쓴다. 그리고 다음 조울증 발작이 언제가 될지 생각하지 않으려고 노력한다.

나는 열다섯 살에 임신해서 병원에 온 소녀들과 함께 대기실에 앉아 기다린다. 내가 부닥친 벽보다 훨씬 큰 벽을 마주한 소녀들이다. 그러나 나는 그런 상황에 느껴야 할 감사함에도 무감각하다. 너무도 슬퍼서 울 수조차 없고, 너무도 공허해서 기도조차 할 수가 없다. 의사가 내 이름을 부르고 나는 그녀가 귀걸이를 하고 있지 않다는 것을 알아차린다. 나도 귀걸이를 하고 있지 않다. 그러고는 엉뚱하게도 귀걸이를 하지 않은 여자를 만날 낮은 확률에 대해 생각해본다.

"흠, 상당히 배가 크긴 한데 그것 말고는 다른 모든 게 정상입니다." 그녀가 내 차트를 보면서 선언한다. "아기의 심장박동이 강하고, 산모 혈당도 정상입니다. 이제 거의 끝났어요." 그녀가 그렇게 말하고 나를 뚫어져라 본다. 그리고 내게 팸플릿 몇 개를 주면서 묻는다. "출산 후 피임에 대해 생각해보셨나요? 모유 수유 중에도 다시 임신이 될 수 있다는 것 알고 계시죠?"

머리가 혼란스러워진다. 임신 말기에 들어서면서는 정말이지 모든 게 현실 같지가 않았다. 아는 사람들은 내게 둘째는 언제 가질 계획인지 묻고, 의사들은 자꾸 피임 쪽으로 내 생각을 돌리려는 것 같다. 아이 하나를 안고 있는 모습도 상상하지 못하는 여자한테 두 번째 아기에 관해 묻는 것은 얼마나 괴상한 일인가.

나는 혼란스럽게 말을 더듬는다. "전 모유 수유를 할 수 없을 것 같아요. 제 말은, 일을 해야 하거든요. 그리고 약을 먹어야 하거나 그러면…."

"괜찮아요." 의사가 내 말을 가로막는다. "아기는 조제분유로도 잘 자랄 거예요. 전 그 걱정은 하지 않아요."

아기에 대한 내 첫 번째 실패를 이토록 너그럽고도 쉽게 받아들이는 의사의 용서가 내 심장을 관통한다. 내 안에서 나도 모르게 어린애 같은 희망이 꿈틀거린다. 어쩌면 이 여자는 내게 관심과 애정이 있고 나를 이해하는 사람일지도 모른다. 무엇보다 내 차트를 가지고 있는 사람이 아닌가. 어쩌면 수많은 전기 경련 요법 기록들과 입원, 투약 병력을 봤을지도 모른다. 그러다가 나는 앞서 나가려는 마음을 붙들어 매면서 내 죄들 중 어떤 죄 때문에 지금 이 벌을 받고 있는지를 생각해본다. 나는 절대 아물지 않는 이 상처가 신물 나게 지겹다. 누가 작은 친절만 베풀어도 그 빵부스러기를 따라가면 엄마의 부드러운 사랑과 할머니의 애정 어린 칭찬이 기다리고 있을 것이라고 착각하는 유치한 내 마음이 죽을 만큼 싫다. 이제는 놀라지 않지만 매번 그런 실수를 할 때마다 상처받는 것은 변함없다. '이 여자는 내 의사지 엄마가 아냐.' 나는 자신에게 그렇게 엄하게 이른다. 그리고 이런 욕구를 갖는 나 자신에게 스스로 치욕을 느낀다. 그보다 더 급한 문제는 일정을 관리하는 누군가가 우리 둘 사이의 시간을 정확히 12분으로 정해놓았다는 사실이다.

다음 약속시간을 확인한 다음 나는 진료실에서 나온다. 병원을 떠나기 전 나는 화장실에 들러 속에 든 것을 모두 토해내고 온몸을 떤다. 그런 후 거울에 비친 사람을 나는 알아보지 못한다. 그녀는 슬프고 피곤하고 더러워 보여서 불쌍하다. 그녀가 나라는 것을 완전히 이해하기 전에 이미 동정심부터 느낀다.

오후 5시, 모든 사람이 퇴근을 한 다음 나는 레바를 데리고 실험실에 몰래 숨어 들어간다. 생산적인 일은 아무것도 할 수 없지만 나는 학과장의 잔인한 명령에 항의하는 일종의 1인 임신단좌 농성을 나도 모르게 벌인다. 빌이 그날의 첫 식사를 한 후 저녁 7시 반에 걸어들어와서 어둠 속에 앉아 있는 나를 발견하자 나는 그때까지 계속 울고 있었다는 사실을 감추기 위해 급히 얼굴을 닦는다. 그는 불을 모두 켜고, 우리가 진행하고 있는 각각의 프로젝트에 대해 체계적으로 내게 보고를 한다. 각 프로젝트의 상황을 구체적인 증거와 함께 설명하는 그의 목소리가 위안이 되는 긴 기도처럼 들리고, 실은 모든 것이 괜찮다고 말하는 듯하다. 우리 두 사람의 일을 혼자 해내고 있어서 녹초가 됐지만 빌은 땅이 험할수록 쟁기를 더 세게 끈다.

그는 내게 무슨 문제가 있었는지, 왜 내가 그렇게 실험실에 나오질 않았는지 정확히 알지 못한다. 친구들, 심지어 가족들도 잘 알지 못한다. 특히 우리 가족은. 그리고 아무도 묻지 않는다. 내 혈통에 섞여 있는 광기를 오랜 세월 동안 세대를 거듭하면서 모두들 그토록 잘 감춰왔다는 것을 생각해보면 이 문제를 내가 비밀에 부치는 것 자체도 유전적으로 정해져 있는 것 같다고 나는 추측했다.

빌은 내가 집에 있어도 된다고 안심을 시킨다. “진짜야. 아무도 여기 들어오지 않아. 그렇게 밤에 여기 앉아서 지키지 않아도 된다고." 그는 슬쩍 주변을 둘러보고 덧붙인다. "널려 있는 칼이랑 쓰레기가 이렇게 많은데 누가 들어오겠어." 그는 캐비닛 중 하나를 뒤지는 척한다. 이 터무니없는 말은 나를 웃기기 위해 빌이 계속해온 절박한 노력의 가장 최근 버전이다. 아니 적어도 어쩌다 마주쳤을 때 내 안에 과거의 내가 들어 있다는 증거를 찾으려는 노력이었다. 우리 둘 다 빌의 절친을 집어삼킨 풍선처럼 부풀어 오른 절망적인 좀비를 어떻게 죽일 것인지 알지 못하긴 했지만, 빌은 계속 노력을 멈추지 않는다.

"맙소사, 너 정말 꼴이 말이 아니다." 빌이 말한다. "가서 돼지라도 잡지 그래? 그게 그 동네 출신 사람들이 제일 좋아하는 일 아닌가?" 빌은 짜증을 낸다.

"배가 고프긴 해…." 나는 자신없는 목소리로 말한다.

우리는 간신히 걸어서(나는 뒤뚱거려서) 빌의 집으로 가 〈소프라노스〉 재방송을 보면서, 가는 길에 산 도너츠 한 상자를 나 혼자서 먹어치운다. 9시에 클린트가 차로 나를 데리러 온다. 세 블록밖에 되지 않는 집으로 가기 위해 차를 타는 나를 그는 뒷문을 열고 손을 잡아 태워주고 우리는 그것이 택시인 것처럼 가장을 한다. 내 볼에 눈물이 흐른다.

실험을 주도면밀하게 관찰하고, 데이터가 확실치 않을 것이라는 마음의 준비를 했지만 막상 나온 결과가 의심할 여지없이 명확하고, 강력하며, 뚜렷하면 좋은 징조가 틀림없다. 나는 양수가 터지는 게 모호해서 잘 모르고 지나칠 수 있다는 경고를 반복해서 들었지만 그날 밤 늦게 소파에 앉아 있던 나는 앉아 있던 자리에 액체가 한 양동이쯤 고였다는 것을 깨닫는다. 수위가 높아지자 나는 마음을 단단히 먹은 다음 클린트에게 병원에 갈 때가 된 것 같다고 말한다.

나를 부축해서 일으키던 클린트는 내 손이 떨리고 있다는 것을 알아차린다. "세계 최고 병원으로 가는 거니까 걱정 마." 차분히 나를 안심시키는 그의 자신감이 내게도 전해진다. 나는 약한 의지를 주워 모으고 짐을 챙겨 시내로 차를 타고 간다. 밤 10시 30분경 볼티모어 도심 주택가를 지나치면서 우리는 길고 고된 하루를 보낸 사람들, 휴식이 필요하지만 그 휴식을 얻을 것이라는 기대가 없이 집으로 터덜거리고 가는 사람들을 본다.

병원에 도착한 나는 밝은 불빛과 바쁜 움직임에 곧바로 안심이 된다. 묘하게도 병원 약국에서 일하며 느꼈던 오래전의 그 안전한 느낌이 다시 느껴진다. 이 바쁜 사람들 한 사람 한 사람은 모두 중요한 임무를 가지고 있고, 나를 돌보는 것은 그들의 거대하고 잘 짜인 집단적 임무의 하나라는 것을 나는 안다. 무슨 일이 벌어지든 나는 혼자가 아닐 것이고, 강하고 준비가 잘되어 있고, 정신이 깨어 있고, 책임감 있는 누군가가 자신의 역할을 해낼 것이다. 모든 것이 계획대로 될 것이다. 모두가 밤을 지새우면서 이 문제를 해결할 것이다. 나는 긴장을 풀기 시작한다.

우리는 어리고 따분해하는 간호보조사가 미는 휠체어를 탄 나이 든 환자와 함께 엘리베이터를 타고 산과 병동으로 간다. 그 환자는 내 거대한 배를 바라본다. "준비됐어요?" 그녀가 묻고는, 내가 답을 찾지 못해서 멍하니 바라보는 동안 재미있다는 듯 고개를 젓는다.

우리가 접수창구에 도착했을 때, 몸집이 커다란 여자 한 명이 나를 바라보다가 조용히 덮치듯 다가와서 접수 계원에게 "이 환자 내 거야. 혈관이 좋아" 하고 말하면서 내 간호사를 자처한다. 나는 아버지를 닮은 손등을 내려다본다. 혈관이 항상 선명하게 돋아 있는 손등을 보면서 나는 이 또한 좋은 징조라고 결론을 내린다. 간호사는 우리를 개인 병실로 안내하고 클린트에게 구석에 있는 의자에 앉으라고 신호한다. 그는 침대 발치에 앉아서 다른 사람에게 방해가 되지 않도록 해야 한다. 클린트는 그 지시에 따른다.

"아빠가 중심이 아니니까요." 간호사가 나를 화장실로 데리고 들어가면서 어깨 너머로 그에게 설명을 한다.

화장실을 사용한 다음 병원 환자복으로 갈아입는 데만도 큰 노력이 필요하다. 간호사는 나를 부축해서 침대에 눕히고 양쪽 손목을 알코올 솜으로 닦는다. 그러고는 주삿바늘 10~20개쯤과 전극, 클램프, 끈 등을 꺼내서 그것들을 내 몸 곳곳에 각종 다양한 방법들로 부착을 한다. 그사이 여러 장비들이 마치 침대에서 벌어지는 일이 무엇이든 간에 자기도 한몫하겠다는 열정을 보이듯 하나둘씩 내 주변에 모여들었고, 간호사는 내 몸에 부착한 각종 물건들의 다른 한쪽 끝을 그 기계들과 모니터들에 하나하나 따로 연결한다. 모든 기계가 켜지자 친절한 전기음이 완전히 에워싸고 서서 끊임없이 나를 안심시키기 위해 반복해서 말을 걸어준다. 그들은 지금 내가 직면한 고난을 헤쳐나가는 동안 아무리 많은 위안과 확신을 쏟아부어도 넘치지 않는다는 사실을 이해하는 듯하다.

수술실 PAphysician's assistant(의사 보조—옮긴이)가 병실에 들어온다. "출산 도중 통증을 완화할 약을 사용하는 것을 고려하시겠습니까?" 그가 묻는다.

"네, 고려하겠습니다." 그의 건조한 말투와 비슷하게 대답을 하지만 거기에는 내 평생 그보다 더 열정적이고 진지해본 적이 없는 마음이 담겨 있었다.

"좋은 결정이에요." 간호사가 작은 목소리로 말했다. "그렇게 고통받을 이유가 없어요." 그 말을 듣고 내가 그녀의 근무 시간을 훨씬 더 쉽게 만들었다는 것을 깨닫는다.

한두 시간에 한 번씩 교수를 겸직하고 있는 의사들이(매번 다른 사람이다) 의대생 한 무리를 몰고 병실로 들어와 나를 사례 연구 대상으로 소개한다. 의사/교수는 임신 기간 동안 내가 취한 모든 병원 방문과 모든 복용약들을 간결하고 건조하게 열거한다. 그 모든 것이 편집 과정에서 잘려나간 에드워드 커밍스의 시처럼 복잡하고 혼란스럽게 들린다. 그런 다음 그가 "자, 이런 경우 태아는 어떤 상태일까요?" 하고 묻고 그때마다 양떼한테 말을 건 것처럼 학생들은 멍하게 침묵을 지킨다.

마침내 간호사가 끼어든다. "글쎄요, 산모를 보세요. 아기가 조산이 아닌 건 분명하고, 체중 미달도 전혀 아니네요." 그녀가 역겹다는 듯 고개를 젓는 동안 나는 뒤쪽에 서 있던 학생 하나가 나를 똑바로 보고 늘어지게 하품을 하면서 심지어 입을 가리지도 않는 것을 본다.

갑자기 화가 치밀어 올랐다. 내 왼쪽에 서 있는 심전도 기계에 아마도 그 기분이 전달되었을 것이다. 순간적으로 나는 15년 전, 의대에 너무도 가고 싶지만 그럴 돈이 없고, 그걸 마련할 길도 없다는 것을 처음부터 알고 있던 절박한 여대생으로 돌아간다. 나는 부엉이를 잡아 털을 뽑고 삶아서 아이들을 먹이고, 뼈를 쪼개 골수는 아기에게 먹인 다음 자신은 유일하게 남은 음식인 삶은 물을 마시던 여인들의 혈통을 이어받은 사람이다. 나는 내게 붙은 거머리를 직접 떼어내고, 거미, 뱀, 흙, 어두움 아무것도 무서워하지 않는 소녀였다. 나는 갑자기 책 구입비까지 모두 지불이 되는 장학금을 탄 후 바로 서점에 가서 실제로 필요한 교과서들 외에도 의대에서 쓰는 교과서까지 모두 샀던 그 소녀로 돌아갔다.

내 코앞에서 닫혀버렸던 무거운 철문의 다른 쪽에 서 있는 의대생들이 지금 병실에 들어와, 그 소중한 곳에 들어갈 수 있었다는 영광에 감사하기는커녕 모든 게 하찮다는 듯한 행동을 하고 있는 것이다. 왜 이 후레자식들이 내 자궁 경부가 얼마나 열렸는지 잴 자격이 있다고 여기는지 모르겠다고 속으로 화를 낸다. 그 분노는 내 속에 잠들어 있던 옛날의 나를 일부 깨웠고, 머릿속에서 나는 이 부분을 나중에 빌에게 이야기해줘야겠다고 분류를 했다. 거기에다가 나는 "받아 적어, 이 녀석들아, 너네가 볼 시험에 내가 등장할 거니까!" 하고 외치는 모습도 편집해넣었다.

그렇게 속으로 소리소리 지르며 장광설을 풀다가 교수의 말소리에 현실로 돌아온다. "산모는 산후 정신질환에 시달릴 위험이 크므로 그에 따라 예의 주시될 것입니다." 그렇게 그는 우리 모두 마음속에서는 의심했지만 사랑과 희망의 힘으로 입 다물고 있었던 사실을 소리 내어 선언한다. 나는 정신이 바짝 난다. 그가 이어서 할 말이 굉장히 궁금하다. 이 신기한 정보를 접한 학생들은 새로운 관심을 가지고 나를 자세히 뜯어봤고, 너무나 정상적인 내 모습에 무척 당황하는 듯하다. 나는 교수가 한 이야기에 힘을 실어주기 위해 환각 상태에 빠진 듯한 시늉이라도 할까 생각한다.

그런 생각을 하면서 방 안을 둘러보던 나는 방구석에 온순한 태도로 다리를 꼬고 앉아 있는 클린트와 눈이 마주친다. 결혼한 부부에게만 있는 텔레파시를 사용해서 이 상황의 어처구니없음을 공감한 나는 몇 주 만에 처음으로 웃음을 터뜨린다. 그리고 지금 이 순간 내가 최근 몇 달 중 가장 행복하다는 사실을 깨닫는다. 삐삐 소리를 내며 전선이 복잡하게 엉켜 있는 기계들에 둘러싸여 안정감을 느끼고 있는 이 순간 말이다.

기쁨과 슬픔 모두에 무감한 의사는 손목시계를 한 번 들여다보더니 방에서 나간다. 세상에서 가장 재미없는 유명 인사를 따라다니는 세상에서 가장 온순한 파파라치들처럼 학생들이 줄지어 그 뒤를 따라간다. 그들이 오늘 밤에도 늦게까지 저렇게 일을 하고 공부해야 할 것이라 생각하니 분노가 좀 사그라든다. 다시 침착해진 머리로 나는 의대 진학을 꿈꾸는 것과, 의대를 직접 다니면서 살아가는 현실은 어쩌면 같은 것이 아닐지도 모른다는 생각을 했고, 또 지난 몇 달 동안의 내 태도를 고려할 때 다른 사람들을 무감각하다고 비난할 자격이 내게 없을지도 모른다는 생각도 했다.

외과 담당 간호사가 둘둘 말린 비치타월 같은 것을 들고 와서 스테인리스 쟁반 두 개에 내용물을 풀어놓는다. 가만 보니 그 멸균 헝겊 안에는 수술용 메스 수십 개와 가위, 칼날이 달린 다양한 모양의 반짝이는 물건들이 들어 있다. 그는 방을 나갔다가 처음 것과 똑같이 생긴 타월을 하나 더 들고 와서 쟁반 두 개에 내용물을 또 풀어놓는다.

“와, 칼이 정말 많군요.” 내가 말한다.

간호사는 나를 한 번 보고 하던 일을 계속하면서 설명한다. “네, 이 선생님은 수술 세트를 두 개 놓고 쓰는 걸 좋아해요. 뭐가 떨어질 수도 있으니까요." 칼이 날아다니기 시작한 후 똑같은 칼이 또 하나 대기하고 있다는 말이 의도와는 달리 내게는 별 위안이 되진 않았지만, 방에서 나가는 그를 바라보며 불안감을 입 밖에 꺼내지 않기로 마음먹는다.

모유 먹이는 것에 관해 중립적인 태도를 가진 그 의사가 병실로 걸어들어와 자신이 출산을 관장할 것이라고 선언하자 놀랍고 고마운 마음이 든다. 나를 '돌봐주는 팀'에 속한 수많은 의사들 중 누가 이 일을 맡을지 모른다는 경고를 반복해서 들었기 때문에 거의 처음 보는 의사가 올지도 모른다는 마음의 준비를 하고 있었다. 지난 9개월 사이에 내 인생의 무대를 지나간 수많은 인물들 중 절반도 기억하지 못하기 때문이다.

"선생님께서 맡아주셔서 기뻐요." 나는 어린애 같은 신뢰와 애정을 담아 그렇게 말한다.

그녀는 내 차트를 훑으며 묻는다. "좀 어떠세요?"

"무서워요." 내가 말한다. 그게 사실이기 때문이다. 나는 아이를 낳다가 죽을 것이라고 늘 확신해왔다. 엄마로서의 내 모습을 상상할 수 없을 뿐 아니라 외할머니가 그렇게 세상을 떠났을 것이라는 의혹 때문이기도 하다. 어머니는 자신의 어머니에 대해 별말을 하지 않았고, 삼촌이나 이모들도 마찬가지였다. 어릴 때 죽지 않고 성장한 삼촌, 이모만 해도 열 명이 넘었지만 말이다. 'Diskutere fortiden gir ingenting(과거에 대해 이야기한다 해도 바꿀 수 있는 것은 하나도 없다)'.

의사는 하던 일을 멈추고 나를 쳐다본다. 그녀는 "산모에게 무슨 일이 일어나면 모든 준비를 마치고 수술실에 보내는 데 45초밖에 걸리지 않아요" 하며 나를 안심시킨다. 나는 가까운 곳에 이곳보다 더 많은 (심지어 더 정교한) 기계가 있는 병실이 있다는 사실에 잠시나마 마음을 뺏긴다.

그리고 그녀는 클린트에게 고개를 돌렸다. "말이 나왔으니 말인데요, 아기 아빠한테 무슨 일이 일어나면, 예를 들어 기절하거나 하면 말이죠. 그러면 그냥 옆으로 차버리고 하던 일을 계속할 겁니다." 클린트의 어머니가 필라델피아에서 유명한 산부인과 의사였기 때문에 그는 다양한 난산에 관한 이야기를 저녁 먹으면서 일상적으로 듣고 커왔다. 그런 그가 기절할 위험은 없지만 그는 그 시나리오를 받아들인다는 뜻으로 고개를 끄덕인다.

의사는 내 자궁 경부를 살펴보고 결론을 내린다. "모든 게 정상입니다." 그러고는 "하반신 마취 후에 다시 올게요. 물론 필요하면 그 전이라도 오겠지만" 하고 덧붙이고는 방에서 걸어나간다.

한두 시간이 흐른다. 그러는 동안에도 혈압계 밴드가 내 팔을 20분마다 한 번씩 격려하듯 조이고는 행복한 삐삐 소리로 괜찮다는 것을 알려준다. 그러다가 진통이 아주 심해져서, 진통이 올 때마다 나는 조금씩 신음을 내기 시작한다.

"맙소사, 정말 조용한 환자로군요." 담당 간호사가 정맥 주사액이 든 백을 교체하면서 중얼거린다.

그 말을 칭찬으로 받아들인 나는 사실을 인정한다. "소리 지른다고 해결될 문제가 아니니까요."

"물론 아니지요." 그녀는 정맥주사와 내 팔의 정맥을 연결하는 선을 열면서 동의한다.

진통이 훨씬 심해지면서 나는 클린트에게 애원하기 시작한다. 크게 뜬 눈으로 속삭이듯 도와달라 간청한다. 그는 눈 속에서 막 구조해내고는 구조팀이 금방 올 거라고 안심시켜주는 세인트 버나드 같은 침착하고 친절한 얼굴로 나를 바라본다. 그리고 묻는다. 기다리는 동안 얼음조각이라도 좀 입에 물고 있겠어?

몇 시간처럼 느껴지는 시간이 지난 후 권위 있어 보이는 의사가 똘마니 같은 사람과 함께 들어와서 자신이 마취과 의사라고 소개한다. "로피바카인을 사용한 적이 있나요?" 똘마니가 척추 아랫부분을 들여다보면서 높은 목소리로 묻는다. 나는 그런 질문을 하면 일반인들이 정말 알아들을 것이라고 그가 생각하는지 궁금했다.

잠시 침묵이 흐르자 간호사가 대신 대답을 해준다. "아마도요. 이분 차트 두께가 5센티미터는 돼요." 대부분의 사람들이 많이 당하는 일인 것처럼 그녀의 말을 무시하는 것으로 볼 때 이 잘난 척하는 대답들이 병원 내에서 그녀의 트레이드마크로 통하는 것 아닌가 하는 생각이 들기 시작한다.

"흠, 그걸 지금 막 맞았는지 누가 알겠어요." 나는 그녀 쪽을 바라보면서 통증으로 목소리는 떨리지만 명랑하게 덧붙인다. 병원 안에서는 무슨 농담을 해도 의사들은 절대 웃지 않는다. 아마도 공식 의대 교육 지침서에 환자가 자기 상태를 아무리 우습다고 생각해도 의사로서 같이 웃어넘기면서 상황을 그런 방향으로 몰아가면 안 된다고 나와 있는 듯하다. 하지만 이렇게 진지한 청중 앞에서 공연을 하려니 정말 피곤하기 그지없다.

척수에 실제로 바늘을 꽂고 있다는 사실이 신기해서 나는 몇 시간 전에 간호사가 팔에 정맥주사 포트를 가득 꽂을 때 재미있게 관람했던 것처럼 지금도 그 장면을 보고 싶다는 생각을 한다.

잠시 후 의사가 말한다. "잘했어요. 이쪽이 적성에 맞는 듯하군." 아마도 척수에 바늘을 꽂은 인턴에게 하는 말일 것이다.

"브라보!" 내가 덧붙인다. 허벅지가 따끔거리기 시작하더니 얼마 가지 않아 허리부터 아래쪽이 편안하게 멍해지기 시작한다. 통증이 완전히 사라지지는 않았지만 뭔가가 볼륨 스위치를 많이, 많이 낮춘 듯한 느낌이다.

내 의사가 다시 돌아와서 진통이 오는 것을 알려주는 모니터를 어떻게 보는지 가르쳐주고 진통과 함께 힘을 줘야 한다고 설명한다. 그녀의 지도를 받으며 나는 그렇게 한다. 한 세 시간쯤.

"좋아요. 새로운 방법을 써봅시다." 그녀가 밝은 목소리로 말한다. "눈이 오는 동네에서 자랐나요?"

"네," 남편이 대신 대답을 해준다. "그랬어요."

"오케이. 차가 도랑에 빠질 때 어떻게 해야 하죠? 차를 흔들어서 빼야 하잖아요. 흔들면서 밀어야 차가 움직이지요." 그녀가 말한다.

"미네소타에서는 주차도 그렇게 해요." 나는 숨을 헐떡이며 대답한다. 그녀의 얼굴에 떠오른 100만 불짜리 미소는 내 심장에 영원히 담아두고 싶은 광경이었다.

"좋아요. 자, 지금부터 그렇게 할 거예요. 세 번 흔든 다음 힘을 줘서 미는 거예요." 그녀가 그렇게 말했고, 우리는 그 방법을 한동안 따라본다.

"자, 자, 아가야, 머리통이 무지 예쁘게 생긴 건 알겠어. 이제 얼굴을 보고 싶구나." 더 나이가 든 간호사가 내 무릎을 쓰다듬으며 그렇게 말한다. 나는 모니터에 그려지는 반원에 리듬을 맞춰 세게 힘을 준다. 그렇게 한 다음 의사를 보니 그녀의 얼굴이 변한 것이 느껴진다.

그녀는 침착함을 잃지 않았지만 내가 느낄 정도로 얼굴이 굳어졌고, 옆에서 돕던 간호사에게 말한다. “탯줄이 목을 감고 있어요. 흡입분만 준비하세요.” 세 명이 달라붙어 내 발 근처에 다 필요한 도구가 담긴 쟁반을 준비한다. 그들의 동작은 유연하고 신속하다. 의사는 치열하고 진지한 눈으로 내 눈을 바라보며 말한다. “아플 거예요.” 나는 알았다고 고개를 끄덕인다. 잠깐 나는 그녀가 귀걸이를 하지 않고 있고, 나도 귀걸이를 하지 않고 있다는 생각을 한다. 그리고 모든 것이 하얗게 변한다.

의사는 흡반 기구의 흡입컵을 내 아들의 머리에 부착을 하고 앞으로 몸을 기울이고 넘어지지 않게 중심을 잡은 다음 온 힘을 다해 나와 아기를 떼어냈다. 나는 무한한 잠재력을 가진 세상에 이렇게 많은 불완전성이 있다는 사실을 깨닫고 어리둥절해서 비명을 지르는 나 자신의 목소리를 듣는다. 다시 사물이 보이기 시작하자 내가 들은 소리는 실은 오랫동안 알고 있었고, 이미 익숙해진 새로 태어난 나의 아기의 울음소리였다는 것을 알아차린다.

이제 아들과 나는 나란히 있다. 한 무리의 사람들이 그를 안고 돌보고 있고, 또 한 무리의 사람들이 나를 붙잡고 돌보고 있다. 모두 내 피로 범벅이 되어 있고, 우리 둘 다 괜찮다. 나는 아무것도 하지 않고 그저 누워서 내 옆에 있는 아기를 바라보기만 하면 된다. 그동안 병원에 있는 모든 사람이 우리를 닦아주고, 두 사람 다 모든 것이 괜찮은지 확인하고 또 확인하느라 바삐 움직인다. 기록할 수 있는 것은 모두 여러 개의 차트와 판독지에 기록이 된다. 잃어버리거나 잊어버리기에는 너무 소중한 데이터이기 때문이다.

나를 돌봐주는 의료팀은 출혈을 멈추게 하고 나서 태반을 비롯해 이제 필요 없는 것들을 살살 얼러 몸에서 빠져나오게 한다. 그러는 동안 또다른 팀이 아기를 씻긴 후 담요에 싸서 데려와 내가 입을 맞출 수 있게 해준다. "4킬로그램의 완벽하게 건강한 남자아이예요" 하고 어린 간호사가 미소를 지으며 말한다.

"내가 보기보다는 강한 사람인가 봐요." 나도 그녀에게 미소를 지어 보인다.

"여자들은 모두 강해요." 의사가 내 가장 여성스러운 부분을 자세히 들여다보면서 말한다. 그녀는 즉흥적으로 패턴을 만들어가며 찢어진 부분을 꿰매고, 울퉁불퉁한 가장자리를 매끄럽게 접는다.

클린트는 내 옆에 서 있다. 그리고 마침내 그에게도 아기를 안고 입을 맞출 차례가 돌아간다. 나는 아들을 물끄러미 본다. 내 얼굴이 딱 적당히 섞인 아기의 얼굴을 보고 나는 그가 정확히 무슨 생각을 하고 있는지 안다. 그는 태어나서 마침내 모든 것을 시작할 수 있게 된 것이 기쁘다. 클린트가 아들을 다시 내 품에 안긴 후 그는 잠이 들었고, 나는 처음으로 그의 아름다운 얼굴을 너무나 신기한 마음으로 바라본다. 그후 몇 달 동안 수많은 시간을 그렇게 보낼 것이다. 의사가 꿰매고 또 꿰매는 동안 아기는 만족하게 잠을 자고, 그렇게 90분 이상 시간이 흐른다. 내게 거즈를 대준 후 의료팀은 드디어 나와 아기와 아기의 아버지가 우리만의 시간을 가질 수 있도록 방을 떠날 채비를 한다. 마지막으로 혈압계 밴드가 나를 한 번 껴안고 작별 인사를 하며 삐삐 하고 축하 인사를 보내고, 조금 있다 내가 괜찮은지 다시 들여다보겠다고 약속을 한다. 조명을 약하게 줄이고, 우리 셋은 나란히 누워 몇 시간 동안 죽 잠을 잔다.

다음 며칠은 내가 아무것도 하지 않고 침대에 누워 가끔 정신질환 증상을 보이지 않는다고 증언만 하면 되는 길고도 행복한 꿈처럼 지나간다. 의학계에만 알려진 이유로 인해 이런 상황일 때는 환자가 제정신이라는 사실을 확인하는 데 6시간마다 요일과 국가 수반의 이름을 묻는 방법을 사용한다. 나는 일부러 "행복한 화요일이에요! 부시 대통령이 백악관에서 일하기에 너무 좋은 날 아니에요?" 하고 흰 가운을 입은 사람이 가까이 오면 무조건 외치곤 한다.

병원에서 지낸 이틀째, 아들을 받아준 의사가 꿰맨 곳을 살펴보고 잘 아물고 있다고 말한다. 의료진이 거즈를 다시 대주고, 내가 좀더 똑바로 앉는 것을 도와준 후 나는 먹고 있던 딸기 사탕을 다시 욕심껏 빨기 시작하고, 잘못해서 사레가 들린다. 크게 기침하자 뭔가 젤리 같은 것이 내 안에서 떨어지더니 쏟아져나오고, 커다란 접시만 한 핏자국이 다리 사이에 천천히 번지기 시작한다.

"귀찮게 해드리고 싶진 않지만요," 내가 묻는다. "이렇게 피를 많이 흘리는 게 정상인가요?"

"산모 몸에 지방이라고는 하나도 안 붙어 있어요." 의사가 대답한다. "늘어난 체중은 모두 이제 필요 없는 액체와 조직들이에요. 그게 모두 빠져나오려면 한참 걸릴 거예요."

간호사들이 침대보를 다시 모두 가는 것을 돕는 동안 의사가 덧붙인다. "걱정 마세요. 우리가 모두 잘 지켜보고 있으니까." 그렇게 말하고 그녀는 병실에서 나간다. 나는 우리 할머니가 그녀를 통해 말하고 있다는 것을 믿고 싶은 유혹을 떨쳐내기 위해 애를 쓴다.

나는 내게 필요 없는 것들이 몸 밖으로 나오는 것을 느끼며 침대에 누워 시간을 보낸다. 형태가 없는 핏덩어리들이 꾸준히 몸속에서 스며나오고, 그것들과 함께 내가 가지고 있던 죄의식과 후회와 공포도 모두 빠져나간다. 내가 자는 동안 나보다 강한 사람들이 그 모든 것을 조용히 가져다가 제대로 묻어준다. 깨어나면 나는 아기를 안고 바라보면서 그가 영원히 그 주변에 동그라미를 치고 내 것이라고 가리킬 수 있는 나의 두 번째 오팔이라는 생각을 한다.

일주일을 더 병원에서 지내는 동안 비 오는 4월은 해가 쨍쨍 내리쬐고 눈부신 꽃이 피는 5월에게 자리를 내준다. 그리고 우리 삶의 새로운 패턴이 서서히 자리를 잡아간다. 클린트가 아들을 안고 있는 사이, 나는 논문을 편집하고, 질량분석계에 원거리로 접속하고, 누군가의 논문을 거절하고, 그래프를 그린다. 우리는 그로부터 몇 년 동안 일상이 될 일과를 만들어간다. 우리 부부는 아기를 서로에게 넘기고, 그때마다 상대방에 대한 사랑을 미소로 전달하고, 세 가지 일을 한꺼번에 해내는 연습을 한다. 빌은 병원에 찾아와 11년 만에 처음이자 유일하게 나를 껴안고 축하인사를 해서 모두를 놀라게 한다. 나는 그가 애정 어린 삼촌 역할에 얼마나 쉽게 적응하고, 그리고 기꺼이 그 일을 해내는지를 보고 경이로움을 느낀다.

입원 기간을 연장해가면서 했던 추가적인 시험들로 내가 임신 기간 동안 여러 어려움을 겪었음에도 정상적이고 건강한 분만을 했다는 것이 증명됐다. 퇴원하기 전날 밤, 잠을 이루지 못하고 누워 생각에 잠겨 있던 나는, 내가 자주 그렇듯이, 어떤 문제 하나를 해결하지 못한 이유가 그것이 해결 불가능해서가 아니라 해결책이 관습에서 벗어나야 할 필요가 있었기 때문이라는 사실을 깨닫는다. 나는 이 아이의 어머니가 되지 않기로 결심한다. 대신 나는 그의 아버지가 될 것이다. 그것은 나도 어떻게 해야 할지 방법을 알고 있는 일이고, 내가 자연스럽게 해낼 수 있는 일이기도 하다. 나는 이런 생각이 얼마나 이상한 것인가를 생각하지 않은 채 그를 사랑할 것이고, 그도 나를 사랑할 것이며, 모든 게 괜찮을 것이다.

어쩌면 이건 내가 어떻게 해도 망칠 수 없는 100만 년이 넘게 지속되어온 실험일지도 모른다. 어쩌면 내가 이렇게 바라보고 있는 이 아름다운 아기가 나를 나보다 더 큰 또 하나의 무언가에 닻을 내릴 수 있도록 할지도 모른다. 어쩌면 그가 자라는 것을 보고, 그가 필요로 하는 것을 주고, 내 사랑을 당연하게 받아들이도록 하는 것이 내 인생의 가장 큰 특권 중의 하나가 될지도 모른다. 어쩌면 나도 이 일을 해낼 수 있을지도 모른다. 내게는 도와줄 사람이 있고, 충분한 돈이 있고, 사랑이 있고, 직업이 있고, 필요하면 먹을 수 있는 약이 있다. 어쩌면 눈물을 흘리며 씨를 뿌리는 자가 정말로 기쁨으로 거두게 될지 모르는 일이다. 어쩌면 나도 이 일을 해낼 수 있을지 모른다.

9

살아 있는 세포는 모두 기본적으로 작은 물주머니다. 그런 관점에서 보면 산다는 의미의 동사는 수조 개에 달하는 물주머니를 만들고 또 만들어내는 일에 불과하다. 이 일을 어렵게 만드는 한 가지 요소는 물이 충분치 않다는 점이다. 자랄 수 있는 모든 세포를 채우는 데 충분한 물은 절대 존재하지 않을 것이다. 지구 표면의 모든 살아 있는 생명은 지구 전체에 존재하는 물 1퍼센트의 1,000분의 1을 쟁취하기 위해 끝없는 전쟁을 벌인다.

이 전쟁에서 나무들은 제일 불리한 입장이다. 필요한 물을 찾아서 여기저기 헤매고 다닐 수 없기 때문이고, 그리고 움직일 수 있는 동물보다 몸집이 커서 훨씬 더 많은 양의 물을 필요로 하기 때문이다. 자동차로 마이애미에서 시작해서 로스앤젤레스까지 가려면 미국 대륙을 가로지르는 10번 주간 고속도로를 따라 루이지애나주, 텍사스주, 애리조나주를 거쳐 사흘 내내 달려야 한다. 그러나 그 과정에서 식물 생물학에서 가장 중요한 사실은 확실히 배울 수 있다. 특정 지역에서 보이는 녹색의 양은 그 지역의 연간 강우량과 정비례한다는 사실이다.

지구에 존재하는 물의 총량을 올림픽 규격 수영장에 비유한다면, 흙속에서 식물들이 취할 수 있는 물의 양은 청량음료 병 하나를 채우지도 못하는 양이다. 나무들은 너무도 많은 양의 물을 필요로 하기 때문에(이파리 한 줌 만들어내는 데에도 1갤런 이상이 필요하다) 뿌리가 능동적으로 흙을 빨아대는 상상을 하고 싶어질 정도다. 그러나 현실은 상당히 다르다. 나무의 뿌리는 전적으로 수동적이다. 물은 낮 동안 수동적으로 뿌리 안으로 흘러들어가고, 밤 동안 수동적으로 뿌리 밖으로 흘러나온다. 달의 영향을 받아 벌어지는 바다의 조수간만만큼이나 정확하다. 뿌리 조직은 스펀지처럼 작동한다. 엎지른 우유에 마른 스펀지를 대면 자동적으로 부피가 커지면서 액체를 빨아들인다. 그 축축한 스펀지를 건조한 시멘트에 올려놓으면 얼마 가지 않아 액체가 흘러나와 시멘트 위에 얼룩이 지는 것을 볼 수 있다. 어디서 땅을 파더라도 기반암에 가까워질수록 흙은 더 축축해진다.

다 자란 나무는 대부분의 물을 똑바로 뻗어내려가는 곧은 뿌리를 통해서 공급받는다. 땅 표면 가까이 자리 잡은 뿌리는 가로로 자라면서 그물 같은 짜임을 만들어 나무가 쓰러지는 것을 방지한다. 이 얕은 뿌리들은 또 건조한 흙으로 수분을 흘려보낸다. 특히 해가 지고 이파리들이 활발하게 땀을 흘리지 않을 때 이 현상이 두드러진다. 다 자란 단풍나무는 밤새 내내 수동적으로 깊은 곳에서 흡수한 물을 얕은 뿌리를 통해 흘려보내 물을 재배치한다. 이런 큰 나무들 근처에 사는 작은 나무들은 필요한 물의 절반 이상을 이렇게 재활용된 물에서 얻는다.

어린 나무는 극도로 힘든 삶을 영위한다. 1년을 살아남은 나무들의 95퍼센트가 그다음 해를 버티지 못하고 죽고 만다. 나무들의 씨는 보통 그다지 멀리까지 퍼져나가지 못한다. 대부분의 단풍나무 새싹은 그 씨를 떨어뜨린 가지가 달려 있는 나무 둥치에서 3미터 이하의 거리에서 자라난다. 따라서 어린 단풍나무는 몇 년 동안 성공적으로 주변의 영양분을 모두 싹쓸이를 해온 성숙한 단풍나무의 그늘에서 햇빛을 확보하는 투쟁을 벌여야 한다.

그러나 다 자란 단풍나무가 자손들에게 제공하는 한 가지 믿을 만한 부모의 사랑이 있다. 매일 밤 자원 중에서도 가장 소중한 자원인 물을 땅속 깊은 곳에서부터 길어 올려 약한 어린 나무들에게 나눠주는 것이다. 그렇게 해서 그들은 하루 더 버틸 힘을 얻는다. 어린 나무들이 필요로 하는 것은 이 물뿐만은 아니다. 그러나 조금이나마 도움이 되는 것은 사실이고, 100년 후에도 그 자리를 지키는 나무가 단풍나무이려면 이 어린 나무들이 얻을 수 있는 도움은 모두 기꺼이 받아들여야 할 것이다. 어떤 부모도 자식들의 삶을 완벽하게 만들어줄 수는 없다. 그러나 우리는 모두 최선을 다해 그들을 돕는다.

10

최근 10년 사이에 우리는 나무가 자신의 유년기를 기억한다는 사실을 알게 됐다. 노르웨이의 과학자들은 찬 기후와 따뜻한 기후에서 자라는 가문비나무 '형제들'(유전자의 절반을 공유했다는 의미)에서 난 씨를 모았다. 그리고 수천 개에 달하는 이 씨들을 동일한 조건에서 발아시켜 살아남은 나무들을 한 숲 안에서 다 자랄 때까지 키웠다.

모든 가문비나무는 가을마다 똑같은 일을 한다. 첫서리가 내릴 것에 대비해 성장을 멈추는 '버드 세트bud set'를 실행하는 것이다. 노르웨이 과학자들은 유전적으로 동일하고 묘목 시절부터 같은 숲에서 나란히 자라난 이 수백 그루의 나무들 중 찬 기후에서 배아 시절을 보낸 나무들은 어김없이 다른 나무들보다 2~3주 먼저 버드 세트를 시작해서 더 길고 더 추운 겨울에 대비한다는 것을 깨달았다. 이 연구의 대상이 된 모든 나무들은 동일한 환경에서 성장했지만 씨앗이었을 때 겪었던 차가운 기후를 기억한다는 결론이다. 심지어 이렇게 추억을 되새기는 것이 그다지 유리하지 않는 상황인데도 말이다.

이 기억이 어떻게 작동을 하는지 우리는 잘 알지 못한다. 아마도 몇 가지 복잡한 생화학적 반응과 상호 작용이 모두 합쳐져서 일어나는 현상일 것이라고 추측할 뿐이다. 과학자들은 또 인간의 기억이 어떻게 작동하는지도 잘 모른다. 그저 몇 가지 복잡한 생화학적 반응과 상호 작용이 모두 합쳐져서 일어나는 현상일 것이라고 추측할 뿐이다.

아들이 학교에 입학한 해, 우리는 노르웨이에 가서 1년을 살았다. 나는 풀브라이트 재단에서 연구 기금을 받아 나무들이 보존하고 있는 기억이 현재의 가문비나무에 어떤 의미를 지니는지를 연구하는 팀에 들어갔다. 어릴 적에 특정 기후를 경험한 다음 장년기에는 다른 기후에 적응해서 살아야 하는 가문비나무들에 대한 연구였다. 인간의 기억, 심지어 자기 자신의 기억마저도 그 정확성을 확보하는 것은 과학적으로 어려운 일이다. 우리 수명의 두 배가 되는 유기체의 기억을 측정하는 작업은 그보다 훨씬 어려울 수밖에 없다.

실험을 위해 우리는 식물과 동물의 가장 근본적인 차이를 이용하기로 했다. 즉, 식물 조직의 대부분이 대체 가능하고 융통성이 있다는 사실이다. 필요하면 뿌리가 줄기가 되고, 그 반대 현상도 일어난다. 하나의 배아를 조각 내도 같은 식물을 여럿 얻을 수 있기도 하다. 그것들은 유전자 청사진이 완전히 동일하다. 새로운 증식 테크닉이 나오면서 우리는 '나무가 유년기에 경험한 극도의 영양부족을 기억하는가?' 등의 질문에 대한 답을 찾을 수 있게 됐다. 유전자가 동일한 두 묘목 중 하나는 몇 년에 걸쳐 영양분을 주지 않고, 또다른 하나는 풍부하게 영양을 공급하는 것이다. 정확한 답을 알려면 이런 방법밖에 없다. 인간을 대상으로 이런 실험을 하는 것은 역겹고 비윤리적인 행동이다. 그러나 식물은 이런 실험을 하기에 좋은 대상이다.

이 실험을 시작하기 위해 나는 백 개의 가문비나무 씨를 센다. 참깨보다 더 작은 이 씨들을 멸균수에 몇 시간 동안 불린다. 나는 멸균된 공기를 부드럽게 뿜어내는 기계가 있는 벽 앞에 앉아 의자 높이를 조절한다. 잠시 20년 전, 병원에서 이와 비슷한 멸균 바람 앞에서 일하던 어린 여자를 기억해내고 잠시 감상에 빠진다. 고통스러운 시행착오를 거쳐 가며 자신의 미래를 탐색하던 여자 아이. "내 앞에 있는 것은 모두 깨끗하고, 내 뒤에 있는 것은 모두 오염되어 있다"라고 속으로 되뇐다. 나는 기계적으로 도구들을 줄 맞춰 늘어놓는다. 그 도구들과 벽 사이에는 아무것도 없다.

내가 사용하는 씨들은 거의 한 세대 전에 스칸디나비아의 삼림에서 채취된 것들이다. 1950년의 힘찬 서체를 사용해 노르웨이어로 쓰인 몇 페이지에 달하는 묘사에 따르면 채취 대상이 된 나무들은 굉장히 평균적인 것들로 골랐다고 한다. 나는 목이 긴 작업용 신발을 신은 무뚝뚝한 금발 남자를 떠올리고, 그들이 나를 자랑스러워할까 궁금해한다. 그리고 어둑어둑해진 방의 창문에 비친 내 모습을 보면서 아마도 그렇지 않을 것이라는 결론을 내린다. 기름진 머리카락을 뒤로 동여매고 났다가 없어지기를 반복하는 여드름이 난 내 모습.

오른쪽에 있던 분젠 버너에 불을 붙인 후 불꽃을 정확히 1인치가 되도록 조절한다. 불꽃은 멸균 바람에 깜빡이면서 공기를 깨끗이 하는 데 도움을 준다. 나는 오른쪽 팔꿈치를 책상에서 내리고, 알코올 솜을 왼쪽으로 옮겨 본능적으로 불꽃 근처에 아무것도 없도록 만든다. 왼손을 사용해서 집게로 씨앗 하나를 집어 제 위치에 놓는다. 그리고 현미경으로 들여다보면서 납작한 쪽으로 뒤집어놓는다. 손이 더 안정적이지 않는 것이 한심스러워 절대 앞으로는 커피를 마시지 않겠다고 그날만 벌써 세 번째로 다짐한다. 나는 외과용 칼로 넓고 얕게 씨앗에 상처를 낸다. 씨앗의 껍질을 벗겨 배아를 노출시키기 위해서다.

나는 칼로 눌러 씨앗 껍질을 느슨하게 만들고 집게의 한쪽 날을 배아 밑으로 집어넣는다. 너무 작아 눈에 보이지 않는 배아가 묻어 있는 집게 끝을 페트리 접시에 든 배양용 젤라틴에 한 번 댄다. 어제 하루 종일 만들어서 페트리 접시들에 부어놓은 젤라틴 배양액이다. 나는 뚜껑을 덮고 보라색 테이프로 밀봉한다. 화요일을 표시하는 색이다. 페트리 접시의 뚜껑에 내가 배아를 떨어뜨린 부분에 동그라미를 쳐서 표시한다. 성장과 감염 여부를 확인하기 위해 배아를 찾는 노력을 덜기 위해서다. 동그라미 밑에는 연도, 매개체 식별 부호, 부모 나무, 그리고 씨앗 그룹을 표시하는 긴 코드를 검은 펜으로 적는다. 내 이름의 이니셜은 적지 않는다. 오래전에 서로의 필체를 외웠기 때문이다. 한 번도 직접 만난 적이 없고 이미 고인이 된 노르웨이 삼림원들의 필체를 내가 모두 알아보는 것과 마찬가지다. 실험실 동료들은 코드를 쓸 때 숫자 7에 가로줄을 치지 않는 미국적인 내 습관을 놀린다. 나는 방금 쓴 코드가 정확한지 작게 소리 내어 읽어서 두 번 확인한다. 전체 과정을 하는 데 2~3분 걸린다. 그것을 정확히 100번 반복한다.

매년 지구의 땅 위에 떨어진 수백만 개의 씨앗 중 5퍼센트도 안 되는 숫자만이 싹을 틔운다. 그중에서 또 5퍼센트만이 1년을 버틴다. 이런 현실에서 나무에 대한 모든 연구를 시작할 때 무엇보다도 먼저, 가장 중요하게 해내야 하는 일은 어린 나무를 기르는 일이고, 그 일은 실패할 것이 거의 확실한 흉조가 깃든 작업일 수밖에 없다. 따라서 삼림 연구를 시작할 때 씨앗을 처음 심는 일은 모든 것을 숙명에 맡기는 금욕주의적 연구원이 거두는 고된 승리를 대표한다.

이 독특하고도 괴로운 지적 경험은 나무를 대상으로 실험하는 사람들의 성격에 큰 영향을 주고, 결국 약간 자학적이기까지 한 참을성과 과학에 대한 종교적 헌신을 지닌 사람들만이 선택적으로 살아남는다. 그들은 새로운 입자를 관찰하고 빛의 속도에 대해 논하는 핵물리학자들에게 쏠리는 사랑과 영광을 추구하지도 않고, 그런 것을 얻지도 못한다. 배아 발달 과정의 세밀한 단계를 배워나가면서 나는 그들의 사고방식도 배워나가고, 둘 다에게서 큰 매력을 느낀다. 우리는 작은 나무를 밤중에 심어서 그 나무가 아침 이슬로 세례를 받도록 하고, 그들을 측정한 값이 지금부터 200년 후 이 유산을 이어받을 과학자들에게 모종의 지식을 전달할 것이라는 믿음을 버리지 않는다.

나는 페트리 접시들을 거둬서 지하에 있는 배양실로 가지고 간다. 배아들이 지내게 될 이 방은 정확히 섭씨 25도가 유지되는 어두운 곳이다. 배양실은 습기 찬 무덤 같은 느낌이 드는 곳으로 나는 거기서 희미하게 느껴지는 곰팡내가 내 편집증적인 상상인지 실제인지 모르겠다는 생각을 한다. 각각의 배아는 수천 개의 다른 씨앗들에서 추출된 젤라틴 위에 놓여 있다. 이 젤라틴 형태로 된 배양액은 배아들을 착각시켜 급격한 성장을 하도록 도울 것이고, 씨앗 껍질까지 제거한 상태라 그 성장을 방해할 것은 거의 없다.

나는 그들이 20일 안에 자연 상태에서 자라는 것보다 훨씬 많이 자라서 얌전치 못하게 온몸을 뻗고 널브러져 있기를 기대한다. 하지만 그러기 위해서는 곰팡이 균이 젤라틴에 든 영양분을 먼저 차지하지 않아야 한다. 20일 후 나는 건강한 배아들을 골라 천천히 찢어발겨 한 조각 한 조각을 말도 안 되게 많은 양의 비료와 성장호르몬이 들어간 젤라틴에 이식할 것이다. 아주 조심스럽게 작업하고 행운이 따라준다면 현미경을 사용해서 배아 하나를 열두 조각 정도로 나눌 수 있다. 오늘은 2주일 전에 작업했던 배아들 중 곰팡이 피해가 없이 자란 것들을 수확한다. 정확히 50개 배아를 분해한 후 세포질을 흘리도록 해서 그것들이 회복한 후 한쪽은 초록색이고 한쪽은 뿌리 같은 모습을 띠는 긴 물질로 변화해주기를 기도한다. 배아 조각들은 인공 태양 아래서 한 달을 보내면서 강제로 광합성을 하고, 그 빌어먹을 곰팡이와의 경쟁에서 이기기 위해 전력을 다할 것이다.

반죽을 넣은 오븐에서 완성된 수플레를 꺼내는 줄리아 차일드(프랑스 요리를 미국 가정의 실정에 맞게 소개한 '미국 요리의 대모'—옮긴이)처럼 나는 인공 태양이 있는 방에서 자란 배아들 중 건강한 배아 100개를 골라내고 그 자리에 지금 막 해부한 배아 조각들을 놓는다. 나는 이 작은 아기 나무들을 종이로 된 계란판을 변형한 묘목용 화분에 옮겨 심는다. 막대사탕을 닮은 막대 하나로 흙에 구멍을 내고, 또 하나로 작은 묘목을 흙에 묻는다. 그러다가 가끔 조금 다른 표본들을 발견한다. 우스꽝스러운 초록색 소용돌이 모양을 하고 있는 그 작은 표본을 살펴보는 데 나는 10분 정도 할애해서 끝없이 계속되는 단조로움 속에 찾아온 이번 달, 이번 주, 오늘의 이 약간 다른 순간이 주는 기쁨을 온몸으로 느껴본다.

이 표본은 조금 다르다는 것을 기록해야 하지만 나는 그렇게 하지 않는다. 예전에는 조금만 예외적인 것도 종교적으로 기록했지만 세월이 흐를수록 그런 일을 점점 더 하지 않게 된다. 다른 사람과 그것을 공유하기에는 그것이 나에게만 허락된 비밀

같은 느낌이 너무 강했기 때문이다. 무 싹의 첫 초록색 조직은 대칭을 이루며 완벽한 하트모양을 한 두 개의 이파리다. 20년 동안 이 식물을 수백 개 길렀지만 예외는 단 두 번밖에 보지 못했다. 두 번 다 완벽하게 생긴 세 번째 이파리를 가지고 있었다. 2인조만 있어야 하는 곳에 당황스럽게도 3총사가 태어난 것이다. 나는 그 두 무를 자주 떠올리곤 한다. 심지어 가끔 꿈에까지 나타나서 내가 그것들을 목격하게 된 이유가 무엇일까 궁금하게 만든다. 무엇에 대해 궁금해하는 직업을 가진 것이 어떨 때는 무거운 책임으로 다가오기도 한다.

그날 나는 정확히 100그루의 작은 나무를 똑바로 줄을 맞춰 심었고, 사진을 찍었고, 죄책감을 느끼며 싱겁기 짝이 없는 라디오 음악프로그램을 45분 동안 들었다(음악을 들으면서 라벨 작업을 하면 실수가 생긴다). 다 심은 작은 나무들은 초록색 장난감 병정 한 부대처럼 보였고 나는 그들을 제1차 세계대전에 참여하기 위해 징병된 17세 소년들로 상상했다. 이 묘목들도 그들과 마찬가지로 무엇이 자신을 기다리는 줄도 모르는 채 들떠서 세상에 나가기를 기다린다. 우리는 이 묘목들을 온실로 옮길 것이고, 거기서 그들은 3년 동안 상대적으로 편한 삶을 살아가면서 좀더 큰 세상이 필요할 때마다 어김없이 더 큰 화분으로 옮겨 심어질 것이다.

살아남는 나무들은 숲에 옮겨 심어 실험을 시작하게 된다. 우리가 이렇게 특별히 신경을 쓰고 돌보니 아마도 배아 1,000개 중 하나는 성인 나무로 자라게 될 것이다. 자연 상태에서 자라는 배아들보다 성공 확률이 엄청나게 높아진 것이다. 30년 후, 내 앞에 있는 지금 이 작은 묘목 중 하나가 씨를 맺어 오늘 우리가 묻는 질문에 대답할지도 모른다. 물론 대학 당국에서 기숙사, 보육원, 카페테리아 등을 짓기 위해 우리가 심은 나무를 베어버리지 않아야 가능한 일이지만 말이다.

밤 11시 30분, 빌에게 전화를 하니 두 번 울린 다음 바로 받는다. "서부 전선은 이상 없음." 내 말을 빌은 바로 이해한다. 그가 있는 곳은 아침이니 내가 전화로 그를 깨운 것이다.

"알았어. 바로 갈게." 그러고는 묻는다. "막대사탕 막대는 불렸어?"

"뭐라고?" 나는 무슨 말인지 모르겠다는 투로 되묻는다.

"빌어먹을 막대사탕 막대, 이번에는 표백제에 담갔다 썼냐고."

"응." 나는 거짓말로 대답을 하지만 빌은 믿지 못하겠다는 듯 코웃음을 친다.

"그랬다고." 나는 고집스럽게 다시 말한다. "표백제에 불렸어. 배아도 표백제에 담갔고. 시작하기 전에 나도 한잔 마셨고."

그는 말을 잇는다. "지금부터 1년 후에, 오염된 배아들 때문에 완전히 정신이 없어지면 모든 게 지금처럼 농담으로만 느껴지지 않을 거야."

"흠, 그렇게 오래 걸리지 않길 바라." 내가 마치 화난 것처럼 쏘아붙인다. "왜냐하면 빌어먹을 표백제가 이제 떨어져버렸으니까." 그리고 우리는 둘 다 웃음을 터뜨린다.

* * *

우리가 둘 다 웃은 이유는 그것이 농담이었기 때문이다. 빌은 바로 오려고 나서는 길이 아니었다. 세상 반대편에 있었기 때문이다.

아들이 태어난 후 몇 년 동안 나는 과학자로 일하는 것이 더 쉽게 느껴졌다. 비록 아직까지도 그 이유를 제대로 알아내지 못했지만 말이다. 그것은 놀라운 경험이었다. 내가 실험을 구상하고 진행하는 방식을 바꾼 것도, 내 생각에 대해 이야기하는 방법을 바꾼 것도 아닌데 기존 과학계에서 나를 받아들이는 방식이 달라졌기 때문이다. 나는 미국 과학 재단뿐 아니라 정부 에너지성, 국립 보건원 등에서 연구 계약들을 따냈고, 멜론 재단, 시버 재단 등 사립 후원 기관들에서도 내 연구를 지원할 가치가 있다고 생각했다. 이렇게 추가로 자금이 생겼다고 실험실이 부자가 된 것은 아니지만 처음으로 우리는 새 기구들을 만들고 고장 난 부품을 바꾸고, 출장을 가면 더럽지 않은 호텔에서 잠을 잘 수 있게 됐다. 그중 제일 좋은 것은 빌의 월급을 달마다 계획하는 것이 아니라 1년 정도 미리 계획할 수 있게 된 일이었다.

일단 생존을 위해 모든 신경을 집중하지 않아도 되게 되면서, 내 참을성도 돌아왔고 가르치는 것을 좋아했던 옛 성격도 돌아왔다. 자유와 사랑이 합쳐져 강력한 효과를 발휘했고 나는 이전 어느 때보다 더 생산적이 됐다. 나는 식물 발달에 관한 아이디어들을 모아서 더 긴 논문을 썼고, 필요한 세부 사항을 모두 담은 챕터들로 이루어진 글들을 발표했다. 이 아이디어들을 충분히 설명할 수 있게 되면서 상을 받기 시작했다. 처음에는 미국 지질학회의 젊은 과학자 상Young Scientist Award of the Geological Society of America을 수상했고, 미국 지질물리학 연맹의 매클웨인 메달이 이어져서 2006년 종신 교수직을 확보하는 것을 쉽게 만들어줬다.

용기를 얻은 나는 그때까지보다 더 큰 위험을 감수하며 일을 벌이기 시작했다. 그중 하나가 노르웨이의 가문비나무 실험에 지원한 일이었다. 나무 묘목을 심는 일을 배우고 싶었다. 나무들의 기억에 대해 배우고 싶었다.

내가 노르웨이에서 사는 동안 빌은 실험실을 운영하기 위해 뒤에 남았다. 부드러운 성격과 보기 드문 수학적 재능을 갖춘 클린트는 몇 년째 언제든 오기만 하면 일을 주겠다는 제안이 계속 들어와 있었기 때문에 그중 하나를 받아들여서 둘이 함께 오슬로 근처로 이사를 했고, 우리 아들을 노르웨이 유치원에 입학시켰다.

나는 항상 노르웨이 동쪽의 반짝이는 피오르 해안을 보면 집에 온 듯 편안했다. 그곳에서는 아무도 나를 차갑고 쌀쌀맞은 사람으로 보지 않고, 나는 그저 나 자신일 수 있다. 나는 노르웨이어로 의사소통하는 것이 너무도 좋다. 노르웨이어는 아주 간결한 언어로 단어 하나하나에 여러 의미가 있고, 모음 하나만 살짝 바꿔도 전체의 의미가 달라진다. 나는 어둡고 눈이 많이 오는 밤을 사랑하고, 끊임없이 파스텔 색조로 이어지는 여름이 좋다. 가문비나무의 바늘잎 사이를 걸으며 열매를 따고, 일주일 내내 생선과 감자를 먹는 것이 행복하다.

거기 사는 1년 내내 노르웨이의 모든 것을 사랑했다. 빌이 너무 그리웠다는 문제만 제외하면 말이다. 그러나 마음속으로는 우리 둘 다 이렇게 떨어져 사는 것이 좋다는 것을 알고 있었다. 우리 둘 다 나이가 들어가고 있었고, 나는 아이를 기르고 가정이 있었다. 이제는 이란성 쌍생아보다는 직장 동료로 행동하는 것이 관습과 상황에 더 적합했다.

* * *

노르웨이에서의 1년이 절반쯤 지났을 때 나는 빌에게 문자를 보냈다. "널 생각하고 있어."

그 문자는 지난 3주 동안 날마다 내가 보낸 채 답장을 받지 못한 똑같은 내용의 문자들과 가끔 '잘 지내고 있길 바라'라는 내용의 문자들이 줄지어 늘어선 '보낸 문자함' 제일 마지막에 보태졌다.

빌에게서 소식을 듣지 못한 지 한 달이 지났다. 빌이 행방불명되지 않은 것은 알고 있었다. 오히려 길을 잃은 건 나처럼 느껴졌다. 4주 전 잠을 깬 나는 빌이 보낸 다음과 같은 이메일을 읽었다. "안녕, 지금 막 아버지께서 오늘 돌아가셨다는 소식을 들었어. 캘리포니아에 가봐야 할 것 같아. 가기 전에 질량분석계는 끄고 갈게." 나는 그 즉시 위에 보냈던 문자를 다시 보내기 시작했다. 그 문자들은 처음에는 미사여구를 더 많이 써서 더 자주 보내다가 시간이 흐르면서 하루에 한 번씩 규칙적으로 보내는 일과로 자리 잡았다. 답장은 한 번도 오지 않았다.

아버지를 떠나보낸 후 몇 주 동안 빌은 이메일을 전혀 보내지 않았고, 아무리 문자를 보내도 답장이 오지 않자 내 삶의 한 구석이 텅 빈 것처럼 느껴졌다. 보통 때처럼 출근하긴 했지만 아무 일도 하지 않고 멍하니 벽을 마주하고 있을 때가 많았다. 난생 처음 내가 왜 이 일을 하고 있는지 자문했고, 마침내 이 일을 혼자 하는 것은 아무 의미가 없다는 것을 깨달았다.

그에게서 아무 소식도 듣지 못했지만 나는 그가 정확히 무엇을 하고 있는지 알 정도로는 그를 잘 알고 있었다. 빌은 매일 밤 7시부터 아침 7시까지 열심히 일을 하고 있고, 아무도 만나지 않고 이야기를 나누지도 않고 있을 것이다. 보통 '상황이 좋지 않을 때' 빌이 행동하는 패턴이다. 주로 편두통을 앓은 후에 그는 이렇게 행동하는데, 실험실 사람들 모두 그럴 때는 빌을 가만히 내버려두는 것이 제일 좋다는 것을 알고 있다.

그러나 이번 '상황이 좋지 않은 때'는 너무 길어지고 있었다. 나는 캘리포니아에서 아버지를 애도하고 장례를 치른 것이 빌에게 어떤 경험이었는지 상상해보지 않을 수가 없었다. 낮 동안 상처 난 부위를 지탱해주던 부목을 잡아맨 끈이 석양과 함께 녹아내리면서 절박한 슬픔이 밀려오고, 오로지 잠만이 그 슬픔의 고통을 무디게 할 수 있는 시간들. 다음 날 아침 또다시 비탄의 하루가 시작됐다는 것을 깨닫게 되면서 무겁게 느껴지는 눈꺼풀, 입에 넣는 음식의 맛도 느껴지지 않는 애절한 슬픔. 사랑하는 사람이 세상을 떴을 때 자기도 함께 세상을 떠난 것 같은 느낌이 든다는 것을 나도 안다. 그리고 그런 상태를 고쳐줄 수 있는 것은 내가 아니라는 것, 아니 그럴 수 있는 사람은 아무도 없다는 것을 나는 안다.

나는 날마다 문자를 보냈고, 답장은 한 번도 오지 않았다. 마침내 빌에게 이메일을 보냈다. "안녕, 나랑 너랑 현장 작업을 나가자. 아일랜드로. 너는 아일랜드 항상 좋아했잖아. 비행기 표를 샀어. PDF파일로 첨부했어. 너희 아버지는 좋은 분이셨어. 항상 어머니에게 잘하셨고, 충실한 남편이셨지. 자식들을 사랑하셨고 밤마다 집에 계셨고, 술도 많이 안 드시고 사람을 때리지도 않으셨어. 그게 아버지가 너에게 남긴 유산이야. 그게 네가 아버지에게서 받은 거고, 큰 재산이지. 그게 우리가 받은 거야.

일부 사람들이 받는 것보다 훨씬 큰 유산이고, 어쩌면 대부분의 사람들이 받는 것보다 훨씬 큰 것인지도 몰라. 그리고 이제는 그걸로 충분하다고 생각해야 해. 네가 나보다 먼저 도착하게 되어 있지만 렌터카가 내 이름으로 예약되어 있으니까 내가 도착할 때까지 기다려줘."

덧붙이고 싶은 말이 너무 많았지만 그렇게 하지 않았다. 나는 빌이 아버지가 제일 사랑하는 아들이었다고, 나이가 들어서 얻은 막내아들인 빌이 세상에 나옴으로써 아버지에게 어린 시절을 다시 한번 간접적으로나마 경험할 수 있는 마지막 귀중한 기회가 되었을 것이라는 말도 하고 싶었다. 나는 빌에게 그가 아버지 인생의 해피엔딩이고, 빌이야말로 그의 아버지가 서술하고자 했던 어두운 인종학살 이야기의 말미를 장식하는 마음을 어루만져주는 무언의 펀치라인이며, 그의 존재 자체가 불의와 살인에 대한 승리라고 말해주고 싶었다. 나는 빌에게 바로 네가 아버지의 심장이고 트로피이며, 땅속에서도 영리하고 날쌘 모습을 잃지 않는, 세상이 절대로 상처를 입힐 수 없는 강한 근육질 소년이라고 말해주고 싶었다. 나는 빌에게 아버지와 마찬가지로 그도 괜찮아질 것이라는 확신을 주고 싶었다. 그러나 나는 그런 말을 어떻게 할지 몰랐다. 그래서 쓴 부분까지만 읽어본 다음 '보내기' 버튼을 누르고, 장비를 챙겼다.

아일랜드로 날아가 섀넌 공항에서 내린 나는 장비를 가득 넣고 덕트 테이프로 꽁꽁 싸맨 커다란 더플백 세 개 옆에서 나를 기다리고 있는 빌을 발견했다. "맙소사, 가출한 거야?" 나는 미소를 지으며 그에게 물었다. "이번 여행에서 도대체 무슨 표본을 채취할 거라 생각했어? 바다 밑바닥이라도 팔 줄 알았나 보지?"

"뭘 할지 전혀 감을 잡을 수가 없었어." 빌이 대답했다. "이메일에 아무 말도 하지 않았잖아. 도박하고 싶지 않았어. 여긴 제3세계잖아. 그래서 뭐든 다 가지고 왔지." 빌의 태도에 약간 우울한 분위기가 감돌았고, 피곤해 보였지만 그것만 빼면 괜찮은 것 같았다. '빌은 괜찮아질 거야.' 나는 생각했다. '우리 둘 다 괜찮아질 거야.'

계획이 있기는 했다. 일종의 계획… 먼저 우리는 공항 상점에 가서 거기서 파는 사탕을 모두 종류마다 두 봉지씩 샀다. "비상식량." 내가 설명했다. 렌터카 사무실에 가니 거기서 일하는 사람이 우리 두 사람이 결혼한 사이인지 물었다. "그럴지도 모르지요." 나는 만일의 경우에 대비해 그렇게 대답했다. "그게 비용에 영향을 주나요?" 그는 부부 사이에는 두 번째 운전자에 대한 추가 비용이 공제된다고 설명했다. "아, 그러면 네, 우리가 결혼한 것 같은 기억이 나요. 그렇지, 자기야?" 나는 빌을 팔꿈치로 찌르면서 물었다. 빌의 얼굴이 백지장처럼 하얗게 되는 것이 보였고, 그가 토하고 싶은 걸 참는 것도 역력해 보였다. 나는 만족스러운 미소를 지었다.

그 직원은 우리가 자체 자동차 보험을 가지고 있는지 물었다. "네." 내가 대답했다. 그는 또 우리가 거기에 추가적으로 보험을 들겠느냐고 물었고 나는 바로 "네" 하고 대답했다. 그는 계속해서 우리가 자동차와 승객과 상대방 등을 완전히 보장하길 원하냐는 그의 말을 끊고 "네" 하고 대답했다.

그는 약간 놀란 듯한 표정으로 나를 바라봤다. "그렇게 하면 '피나게' 비싼 거 아시죠?" 그가 물었다. 아마도 방금 전까지도 하루에 5달러 아끼자고 신성한 결혼 관계에 대해서까지 사기를 치려고 했던 사실 때문에 혼란스러운 것 같았다.

"어떤 것들에 비하면 그렇게 비싼 게 아니죠." 나는 두꺼운 서류에 서명하고 내 이니셜들을 필요한 곳에 적으면서 수수께끼 같이 말했다.

마침내 그 직원은 우리가 몰 차를 설명해주고, 어디로 가면 찾을 수 있는지 말했다. "좋습니다. 기름, 세차 모두 선불이 됐고, 차도 운전자 두 분도 모두 보험이 들어 있고, 제3자도 보험이 됐고요. 무슨 일이 일어나면…."

"우리는 빠져나가면 되는 거죠." 내가 그가 하던 말을 매듭지어줬다. "우리는 무사히 빠져나가기만 하면 되는 거죠."

"네." 그가 다시 한번 확인해줬다. 그러나 우리에게 열쇠를 건네는 그의 얼굴에는 걱정의 빛이 역력했다.

"피나게 비싼 거 아시죠?" 사무실에서 나와 차를 찾으려고 두리번거리면서 빌이 흉내를 냈다. "왜 여긴 모든 게 피나게 이렇고 피나게 저렇고 하는 거지?"

나는 성모 마리아의 생리혈과 그리스도의 상처를 적신 피를 거론하며 자비를 기원하던 중세의 맹세들이 점점 자취를 감추게 된 이유에 대해 긴 연설에 들어갔다. 학부 때 중세 문학을 공부한 것을 이렇게 써먹을 수 있다는 것에 스스로 놀라면서 말이다. 내가 운전했고, 결국 우리는 편안한 침묵 속에서 보통 때 운전하던 반대편 쪽 길에서 이국의 풍경이 스쳐 지나가는 것을 바라봤다. 우리는 전에도 아일랜드에 여러 번 왔었다. 아일랜드 서부 해안의 여러 지층으로 된 석탄 절벽들은 화석을 품고 있는 암석들을 어떻게 찾고 위치를 추적하는지 학생들에게 가르치기에 아주 좋은 곳이었다. 다른 때와 달리 이번에는 내가 운전을 했다. 모든 것을 다 돌보는 강한 역할을 할 생각이었다.

"리머릭을 돌아가지 말고 통과해보자. 어때?" 나는 빌에게 물었다. 그는 어깨를 들썩여 자기는 상관없다고 대답했다. 나는 N18에서 로터리를 타고 에니스 가에 들어간 다음 섀넌브리지를 향해 남쪽으로 방향을 틀었다.

"우웨에엑!" 빌이 갑자기 토하는 소리를 내더니 커다랗고 까만 타르 같은 덩어리를 창밖 섀넌 강에 뱉었다. "저게 뭔지는 몰라도 누가 토해놓은 게 분명해." 그는 까만 사탕이 든 봉지를 가리키며 말했다. 그 사탕은 독한 냄새가 나는 젤리 같은 감초로, 설탕이 아니라 소금이 묻어 있었다. "자운즈!(제기랄에 해당하는 고어—옮긴이)!" 그는 방금 우리가 했던 중세 문학에 어울리게 고어로 감탄사를 내뱉었다.

"익숙해지는 데 시간이 좀 걸릴 거야." 나는 역겨워하는 그의 모습을 보며 낄낄거렸다. 빌은 웃지 않았지만 눈이 약간 밝아졌고, 잠시나마 그가 비참함에서 벗어나는 것을 느꼈다. "나머지를 죄다 경찰관, 아니 바비(경찰관을 가리키는 영국 구어—옮긴이)한테 던져버릴까?" 내가 차 유리창을 내리면서 물었다.

"아냐." 빌은 더 깊숙이 앉으면서 대답했다. "좀 있으면 나머지도 다 먹겠지." 우리는 오코넬 대로에서 북쪽으로 방향을 돌려 밀크마켓 지역으로 향했다. "우리가 여기서 뭘 하는 거지?" 빌이 철학적으로 물었고, 나는 생각에 잠겼다.

"레프리콘(아일랜드 민화에 나오는 작은 남자 요정—옮긴이)을 찾고 있는 중이야." 나는 생각에 잠겨 말했다. "두 눈 똑바로 뜨고 잘 봐야 해." 나는 계속 길을 잃어버렸다. "슈라이드 에이브흘린, 숀슈라이드 앤드 슐레어 등등의 길 이름 때문에 너무 혼란스러웠다. 하지만 신경 쓰지 않았다. 뭘 찾으려고 하는 것이 아니라, 무슨 일인가가 일어나기를 기다리고 있을 뿐이었기 때문이다.

길이 좁아졌고 나는 계속 운전을 했다. 밀실공포증이 느껴질 만큼 좁은 교차로에 이르면 그중 제일 후미진 골목으로 이어질 것 같은 길을 택했다. 존스게이트 암스, 팔머스타운 암스 등등 각종 암스를 지난 다음 도대체 이 '암스Arms'라는 것이 뭔지 아냐고 물으려던 참이었는데 "쿵!" 하는 소리가 들리고 뼈를 울릴 정도로 뭔가가 갈라지는 소리가 차 전체에 퍼졌다.

나는 급정차를 하고, 이 순해 보이는 동네에서 도대체 누가 야구 방망이로 우리 차 유리창을 깨려고 한 걸까 생각했다. 운전대를 잡은 손이 아직 떨리는데 오른쪽을 보니 빌의 머리 실루엣 주변으로 후광처럼 비치는 불빛이 거미줄 무늬로 깨진 유리창을 통해 들어오고 있다는 것을 깨달았다. 우리는 둘 다 멍한 상태로 운전자 쪽 문을 통해 차에서 내려 무슨 일이 일어났는지 이해하려고 애를 썼다. 나는 마음을 가라앉히기 위해 보도에 주저앉았다.

"맙소사, 이젠 자동차 사고들이 옛날에 비해서 훨씬 재미가 없어졌어." 내가 빌에게 말했고 빌도 동의했다.

오른쪽에 있는 운전석에 앉아 자동차의 위치를 정확히 파악하지 못한 상태에서 내가 보도 쪽으로 너무 가까이 차를 몰았던 것 같다. 점점 더 도로 가장자리에 가까워지다가 급기야는 조수석 쪽 사이드미러가 가로등에 부딪혀 꺾이면서 빌의 유리창을 깬 것이다.

"흠, 굉장한 쇼를 연출하셨군요." 앞치마를 입은 남자 하나가 근처 펍에서 유리가 깨지는 소리를 듣고 다른 몇 사람과 함께 나왔다. 차를 본 그는 휘파람을 휙 불면서 말했다. "저거 고치려면 돈 좀 들겠군."

빌은 미국과 아일랜드의 외교 관계를 원활히 할 수 있는 기회를 포착했다. "우리는 미국인이에요." 그가 설명했다. "우리 계획은 무사히 빠져나가는 것입니다."

"카운티 클레어에는 도대체 왜 오셨수?" 굉장히 아일랜드인처럼 생긴, 키가 작고 명랑한 인상의 구경꾼이 물었다.

빌은 그 사람을 위아래로 훑어보며 대답했다. "아저씨를 찾아 헤매고 있었던 거 같아요." 그런 다음 빌은 몸을 돌려 깨진 사이드미러를 집어서 차 트렁크에 휙 던져넣고, 가져온 더플백 중의 하나를 뒤져 투명하고 두꺼운 테이프를 꺼냈다.

펍에서 나온 나이 든 신사가 빌에게 말을 건넸다. "5도만 더 따뜻했어도 창문을 열어놨을 테고, 그랬으면 유리창 대신 당신 머리가 정통으로 맞았을 텐데 말이오!" 그가 자기 농담에 웃음을 터뜨렸고 다른 사람들도 따라 웃었다. "우리가 보기엔 저 여자가 당신을 죽이려고 한 것 같은데…." 그가 고개를 저으며 나를 가리켰다.

"그러게 말이에요." 빌이 동의했다. "특히 슬픈 일은 우리가 오늘 아침에 결혼을 했다는 사실이에요."

너무 놀라고 창피해서 나는 펍에 들어와서 맥주 한잔 하라는 명랑한 초대를 거절했다. 빌은 깨진 창문 유리를 테이프로 고정시키는 작업에 착수해서 조심스럽게 유리 바깥쪽에 여러 겹으로 테이프를 붙인 다음 안쪽도 그렇게 했다. 나는 그가 지시하는 만큼의 길이로 테이프를 자르는 일을 맡아서 그를 도왔다. 나는 서서히 정상적인 상태로 돌아왔고, 빌도 자신의 옛 모습을 좀더 찾은 듯했다. 아버지와 함께 배를 타고 그물을 손질하면서 예수님의 부름을 기다리던 야고보와 요한이 생각났다. 우리는 모든 것을 다시 엮고 고칠 것이다. 그것이 다시 예전과 똑같아지지는 않을지라도.

"운전할래?" 나는 마지막 손질을 하면서 멋쩍게 물었다.

"아니." 빌이 말했다. "네가 잘하고 있는데 뭘." 그는 날쌘 동작으로 차에 타서 얼기설기 엮어놓은 창문을 한 손으로 받치고 말했다. "하지만 도시에서 얼른 벗어나자. 녹색이 필요해."

N21을 타고 남서쪽으로 여행하면서 우리는 5년 전 처음 아일랜드를 방문했을 때의 경험을 되새겼다. 세상에서 가장 녹색이 많은 곳에 온 경험 말이다. 너무도 사방이 녹색으로 충만한 아일랜드에서는 녹색이 아닌 것이 오히려 눈에 띄었다. 길, 벽, 해안선, 심지어 양 한 마리 한 마리마저 녹색과 대조를 이루기 위해 거기 놓여서, 서로 너무도 다른 수많은 종류의 녹색을 광활한 풍경 속에 전략적으로 배치하는 데 도움을 주는 소품처럼 보였다. 사방은 옅은 녹색, 짙은 녹색, 누르스름한 녹색, 초록빛이 도는 노란색, 푸르스름한 녹색, 잿빛 녹색, 진짜 녹색으로 가득 차 있다. 아일랜드에서는 지구에 제일 먼저 발을 디딘 이 우월한 생명체들에 의해 우리가 운 좋게도 수적 열세에 몰려 있다는 사실을 온몸으로 누릴 수 있다. 딩글에 있는 토탄 늪 가운데 서 있으면 내가 이 세상에 오기 전, 다른 영장류가 이곳 해안에 도착하기 전 아일랜드는 어떤 곳이었을까 상상해보지 않을 수가 없다. 우주에서 보면 그것은 푸른 바다 가운데 있는 털복숭이 에메랄드처럼, 거대한 해양 플랑크톤 꽃 같은 땅처럼 반짝였을까.

우리는 피닉스에 도착했다. 아침 식사와 잠잘 곳을 제공하는 동시에 유기농 농장을 운영하는 이곳은 우리가 아일랜드에 오면 늘 묵는 곳이었고, 그곳 주인 로나와 빌리는 늘 그랬던 것처럼 따뜻하게 맞아줬다. 두 사람이 우리 차를 보고 고개를 저으면서 '리머릭 녀석들이 구더기 같은 짓을 했군' 하고 쯧쯧거렸을 때 우리는 그게 무슨 말인지 이해하지 못했다.

"차 한잔할래요?" 로나가 물었다. "비가 쏟아지기 전에는 하이킹하는 거 싫어하는 거 알아요." 우리는 모두 앉아서 차를 마시고, 소다브레드에 버터와 잼을 발라서 먹었다. 그렇게 앉아서 우리는 창밖을 바라보며 생산적인 일을 하고 싶어 몸이 근질거려오기를 기다렸다.

"흠," 빌이 마침내 말했다. "내 하이킹 신발이 젖질 않았군."

"그건 고쳐줄 수 있지." 그가 무슨 이야기를 하는지 알아차린 내가 말했다. 우리는 하루 종일 나가 있을 준비를 했다. 이제 현장에 나가면 먼저 차를 몰고 갈 수 있는 가장 높은 곳까지 가서, 주차를 한 다음 우리가 찾을 수 있는 가장 높은 곳까지 걸어 올라가는 것이 무언의 규칙이 된 지 오래였다. 일단 높은 곳에 올라간 우리는 거기 서서 눈이 닿는 곳까지 멀리 바라보면서 아이디어가 우리를 찾아오길 기다린다. 가장 좋은 계획도, 좋은 자리에 서서 생각해보면 더 좋게 만들 수 있기 때문에 우리는 미리 자세한 계획을 짜는 것을 그만두고 위에서 봐야 길이 잘 보인다는 사실을 믿기로 했다.

빌은 지평선을 바라봤다. 그러나 그것은 광활한 공간에서 자유를 느낄 때 예전에 보이던 고요하고 만족스러운 눈길이 아니었다. 그 대신 그의 얼굴에서는 세상 절반을 돌아 슬픔을 지고 온 무거움이 깃들어 있었다. 우리는 나란히 서서 전경을 바라봤다.

마침내 내가 입을 열었다. "너희 아버지가 돌아가신 것이 믿어지지가 않아." 나는 단순하게 그렇게 말했다. 그 소식을 들었을 때 처음 느낀 감정이 바로 그것이었다.

"맞아, 나도 그래." 그가 동의했다. "너무 놀랐어." 그가 인정했다. "내 말은, 아흔일곱 살 먹은 사람이 갑자기 그렇게 죽어버릴 거라고 누가 예상이나 했겠어?" 빌의 아버지는 정말로 100세가 되려면 3년 남은 시점에 어느 날 아침 돌아가신 채 발견되어 모든 사람을 놀라게 했다.

"의심해본 적도 없는데 정말로 나이만큼 늙었었나 봐." 그가 덧붙였다. 나는 누군가가 95세가 돼서도 죽지 않으면 주변 사람들은 그가 절대 죽지 않을 것이라는 착각에 빠진다고 말했다. 돌아가시기 직전까지도 빌의 아버지는 집에 있는 스튜디오에서 60년 동안 영화제작자로 일한 결과인 엄청난 양의 영상에 대한 편집 작업을 고집스럽게 계속했었다.

"그래. 근데 뇌졸중이었어? 아님 심장마비? 뭐였어?" 나는 조심스럽게 물었다.

"누가 알겠어? 그리고 누가 상관이나 하겠어?" 그가 우울한 말투로 대답했다. "97세 노인이 죽으면 부검 같은 거 안 해."

"지금 막 아버지가 하늘나라로 불쑥 들어서는 모습이 떠올랐어." 내가 말했다. "평생 품어왔던 큰 질문에 대한 답을 모두 얻을 수 있는 곳도 지나치고, 왜 이 세상에 이토록 많은 고통이 있는지, 우리가 왜 이곳에 왔는지 등등에 대한 답을 들을 수 있는 곳을 모두 그냥 지나쳐버리고 곧바로 한쪽 구석으로 걸어가 녹슨 철망을 푼 뒤 오래된 옷걸이 기둥에 묶어서 토마토 심을 채비를 하시는 모습 말이야."

"아, 난 아버지 걱정은 안 해." 빌이 대답했다. "아버지는 이제 가셨으니까. 복잡할 거 없지. 솔직히 말해서, 내 마음을 이야기하자면 불쌍한 건 나야." 그는 내 옆에 서 있던 자리에서 몇 걸음 걸어가 남쪽 지평선을 바라봤다. "부모님이 돌아가시는 것만큼 세상에 나 혼자밖에 없다는 걸 실감하게 해주는 게 없어." 그가 덧붙였다.

나는 무릎을 꿇고 앉았다. 몇 미터 떨어진 곳에 빌은 구부정한 자세로 서 있었다. 하고 싶은 말이 너무 많았다. 빌에게 그가 혼자가 아니라고, 그리고 절대 앞으로도 혼자가 아닐 것이라고 말하고 싶었다. 이 세상에는 그의 친구가 있다고, 그 친구들은 절대 빛이 바래거나 녹아 없어지지 않을, 피보다 더 진한 무엇인가로 그와 튼튼하게 묶여 있는 사람들이라는 것을 빌이 알게 해주고 싶었다. 내가 숨을 쉬는 한 그가 배고프거나 춥거나 엄마 없는 아이처럼 살지는 않게 될 것이라는 점을 알게 해주고 싶었다. 두 손이 다 있지 않아도, 주거지가 불명확해도, 폐가 깨끗하지 않아도, 사회적 예절이 부족해도, 사람들이 좋아하고 없어서는 안 된다고 생각하게 만드는 명랑한 성격이 아니더라도 상관없다고. 우리의 미래가 어떻게 전개된다 하더라도 내 첫 임무는 세상에 구덩이 하나를 파고 빌이 들어가서 괴팍한 자기 모습 그대로 안전하게 살 자리를 마련해주는 것이 될 것이다.

무엇보다도 나는 이 죽음이라는 것을 그에게서 떼어내어 돌려보내버리고 싶었다. 빌에게 그만큼 상처를 줬으면 됐으니 지금은 물러가서 미래에 빚을 갚을 때가 될 때까지 꼬리도 보이지 말라고 말해주고 싶었다. 불행하게도 이런 마음을 소리 내서 표현하는 방법을 알지 못했기 때문에 나는 그저 줄줄이 흐르는 콧물을 닦아가며 그런 말을 머릿속에서만 계속 되뇌고 있었다.

콧물을 닦은 손을 이끼에 문지르기 위해 손을 뻗은 나는 이끼 낀 땅이 너무도 부드럽고 폭신한 것에 놀랐다. 꿇고 있는 무릎이 이끼의 제일 위층을 눌러서 거의 들어가다시피 했고 그렇게 해서 쥐어짜진 물이 고여 바지를 적시고 있었다. 나는 다시 몸을 굽혀 이끼를 한 줌 뜯어서 두 손으로 비벼 우리가 보통 말하듯 "씻어서 더럽게 만들"어 봤다. 손에 붙은 찌꺼기를 자세히 들여다보니 조그만 깃털처럼 생긴 것들이 보였다. 위쪽은 진한 황록색, 아래쪽은 옅은 황록색, 가장자리 일부에는 희미한 붉은빛이 줄무늬처럼 들어가 있었다. 구름을 올려다보면서 나는 그 조그만 것에 희미하긴 하지만 햇살에 들어 있는 모든 색이 다 들어 있다는 생각을 했다.

가랑비처럼 오던 비는 이제 하늘에서 줄줄 물이 새는 듯한 장대비로 굵어져 있었다. 일어서면서 나는 냉기가 다리를 타고 온몸으로 퍼져 뼛속까지 스미는 것을 느꼈다. 털로 짠 내복 안쪽으로 물이 다리를 타고 흘러내려 양말 위쪽부터 젖고 있었다. 이 나라를 떠날 때까지는 완전히 마른 옷을 다시는 입지 못할 것이라는 것을 나는 알고 있었다. 온몸이 젖어 추위에 떨면서 진흙탕에서 헤맬 때면 주변의 식물들은 그 비참한 날씨를 그냥 견디는 정도가 아니라 그 속에서 번창하고 있는 자신들의 우월성을 뽐내고 있는 듯한 느낌을 준다.

"그래, 네가 이렇게 거지 같은 날씨 좋아하는 거 알아." 나는 앞에 있는 한 줌의 이끼에게 그렇게 비웃듯 말하고 작은 언덕처럼 올라온 그 이끼 더미를 콱 밟았다. 완전히 상관도 없는 다른 일에 기분이 상했는데 뭔지는 콕 집어 말할 수 없어서 엉뚱한 곳에 화를 내는 버릇없는 아이처럼. 내게 밟힌 이끼는 털끝 하나도 상하지 않고 아래로 푹 꺼져서 깨끗하고 투명하게 고인 물웅덩이 밑으로 사라졌다가 내가 발을 치우자 용수철처럼 다시 튀어 올라왔다. 심지어 내 발자국의 흔적도 남지 않았다. 그것을 자세히 들여다보다가 다시 한번 발로 밟았지만 결과는 마찬가지였다. 발로 차봤지만 역시 마찬가지 결과였다.

"리버댄스(아일랜드 전통 무용—옮긴이) 추는 거야?" 몸을 돌린 빌이 나에게 무표정한 관심을 보이며 물었다.

"25밀리리터 시험관 가지고 있어?" 내가 물었다.

"300밀리리터짜리밖에 없는데?" 그가 대답했다. "대부분 숙소에 있는 회색 더플백 안에 있어."

"있잖아… 이 녀석들, 훨씬 아래쪽에 사는 녀석들과 마찬가지로 통통하고 행복해 보이잖아…."

나는 이끼들에 관해 이야기하고 있었고 빌은 즉시 내 말을 알아듣고 매듭지어줬다. "…아래쪽이 강바닥에 더 가까우니 물이 훨씬 더 풍부할 텐데도."

"살아 있는 아기 기저귀야." 나는 그렇게 말하면서 발을 눌렀다 뗐다 하면서 그 식물을 누르면 물이 웅덩이를 이뤘다가 다시 흡수되는 것을 빌에게 보여줬다.

"하지만 저지대에서 자라는 같은 식물들도 여기서 자라는 것들만큼 물을 많이 보유하고 있나?" 빌은 지평선을 바라보며 물었다. 그리고 우리는 둘 다 오늘, 아니 어쩌면 이번 여행에서의 질문을 찾았다는 것을 깨달았다.

상식에 따르면 식물은 한자리에 앉아서 물이 오기를 기다리고, 해가 뜨기를 기다리고, 봄이 오기를 기다린다. 모든 조건이 맞아야 비로소 자라기 시작한다고 우리는 믿는다. 그러나 식물들이 그렇게 우리가 아는 것처럼 수동적인 존재였다면 물은 딱 보기에도 다공성인 토양을 바로 통과해서 저지대에 모두 고였을 것이다. 아래쪽이 훨씬 더 녹음이 짙은 것을 우리 눈으로도 확인했다. 그러나 이 이끼 자체가 이쪽 고지대의 땅을 이렇게 푹신하고 질척거리게 만드는 장본인이고, 언덕 아래로 흘러내릴 물을 머금어서 자신의 목적에 맞게 사방을 축축하게 유지하고 있다면?

이끼가 새로운 지역에 자리를 잡고 그곳이 너무 건조하다고 결론을 내린 다음 자기들이 좋아하는 질척하고 미끈거리는 지형으로 변화를 시켜 이전에는 불균질하던 지형을 완전히 똑같은 초록 땅으로 변화시켰다면? 땅이 식물이 자라는 무대를 만들어주는 것이 아니라 식물이 스스로 자기들에게 적합한 무대를 만들고, 초록이 초록을 낳고 초록을 낳는 일이 거듭된다면? 그 식물을 밟아도 되살아나고, 없애려 해도 없어지지 않고, 말리려 해도 마르지 않는다면? 우리가 지금까지 우리보다 더 강하고 꾸준한 것들 위에서 미끄러지고 넘어지고 뒤뚱거리고 있었다면?

"이파리의 탄소 동위원소를 확인해보면 물 보유 상태를 알 수 있을 거야. 고지대에 사는 이끼와 저지대에 사는 이끼의 동위원소 값을 직접 비교할 수 있어." 나는 가설을 요약하면서 그렇게 말했다. 그리고 배낭에 가지고 있던 애더턴과 공저자들이 지은 《영국과 아일랜드의 이끼류 및 우산이끼류》를 꺼내들었다. 800페이지에 달하는 엄청난 크기의 돌덩이로 영국과 아일랜드의 이끼류 식물을 분류하고 그 두드러지는 특징을 묘사한 책이다. 나는 그 책을 편 다음 내리는 비를 조금이나마 막아보려고 몸을 구부린 채 읽기 시작했다.

서문에는 잘려나간 손톱 정도 크기밖에 안 되는 각 이파리를 적어도 10배 내지 20배 정도 확대해서 봐야 종을 확인할 수 있다고 나와 있었다. "우리 돋보기 가지고 왔지?" 나는 빌에게 그렇게 묻고 덧붙였다. "애더턴인지 뭔지가 이끼는 젖었을 때 관찰하는 게 좋다고 써놨네."

"흠, 그건 문제가 없겠는데." 빌은 손가락 없는 장갑에서 물을 짜내면서 대답했다. ("손가락이 있는 장갑에 돈 낭비하는 거 이젠 지겨워." 빌은 그전 해에 그 장갑을 사면서 그렇게 말했었다.)

우리는 무릎을 꿇고 앉아 주변에 어떤 식물들이 있는지 조사하기 시작했다. 두 시간이 지났을 즈음 성공적으로 브라키테시움을 발견했다고 확신했다. 확대해서 보니 털이 많고, 다리가 엄청나게 많은 외양이었기 때문이다. "20배로 확대해서 보니 길게 갈라진 잎이 오스카 더 그라우치(〈세서미스트리트〉의 등장인물—옮긴이)의 음모와 닮아 보였다"라고 빌은 우리의 현장작업 노트에 조심스럽게 적어넣었다. 종에 대해서는 완전히 확신이 서지 않아서(루타불룸이 가장 유력했다) 브라키테시움 오스카푸베스(오스카의 음모 브라키테시움이라고 들리도록 만든 임의로 정한 학명—옮긴이)라고 일단 부르기로 했다.

어린잎들이 화려한 붉은색을 띠는 물이끼 과 식물을 찾는 것은 어렵지 않았다. 그러나 아무리 애를 써도 찾은 식물들의 종을 구분할 수가 없었다. 솜뭉치처럼 보이는 폴리트리쿰 코무네를 먼지 버섯을 포함시킬 것인지 여부를 놓고 옆길로 너무 오래 샌 끝에("너무 예쁘니까"라고 나는 과학적으로 주장했다) 우리는 브라키테시움과 스파그눔으로 연구를 제한하기로 결정했다. 그 두 속은 저지대에서도 발견할 확률이 높았기 때문이다.

빌은 모든 것을 자세히 기록하고 있었다. "각각 얼마씩?" 그가 물었다. 탄소 동위원소 구성을 알아내기 위해 시험관 하나당 질량분석계를 세 번씩 돌릴 계산인 게 분명했다. 그는 우리가 가지고 있는 시험관의 숫자를 다시 센 다음 자기 질문에 자기가 답을 했다. "150개가 넘으면 안 되겠군."

"어두워질 때까지 표본 채취를 하고, 얼마나 했는지를 보자." 우리가 있는 곳을 지형도에 조심스럽게 표시하고 GPS로 확인하면서 내가 대답했다. 우리는 날짜, 장소, 식물의 종, 개수, 책임 표본 채취자 등을 라벨에 적기로 합의한 후 집게를 꺼내들고 작업에 들어갔다. "지금까지 해온 작업이나 읽어온 책들을 생각해보면 각 개체당 가변성이 아주 높을 것이기 때문에 더 많이 채취해서 가져갈수록 이 현장의 평균치를 정확히 내기 좋겠지." 내가 혼잣말로 말했다.

"현장 동위원소 평균값이라는 게 있다면 말이지." 빌은 우리 연구의 가장 큰 궁극적인 난제를 지적했다.

스파그눔을 20개쯤 채취할 즈음부터 우리 작업에 리듬이 생겼다. 먼저 내가 채취할 조직을 제안하면 빌은 그것이 뚜렷하고 식별이 가능한 개체에 속한다는 것을 확인한다. 내가 비율 기록지를 뒤에 대고 사진 찍는 사이 빌은 기록할 가치가 있는 것을 모두 적고, 내가 그 식물을 채취해서 시험관에 넣고 뚜껑을 덮은 다음 빌이 라벨을 붙이고 순서에 맞춰 시험관을 정리한다. 이 과정이 끝나면 우리는 모든 것을 다시 한번 정확한지 반복해서 확인하고, 내가 라벨에 있는 코드를 다시 읽으면 빌이 현장 기록부에 기록된 사항과 동일한지 확인한다.

나는 각각의 표본을 모두 사진 찍는 것이 그다지 필요한 일이 아니라고 생각했지만, 똑같아 보이는 이파리들을 빌이 하자는 대로 분류하면서 디지털 기술 덕분에 엄청난 양의 필름을 인화하는 데 돈을 써야 했던 옛날에 비해 몇 천 달러를 아낄 수 있음에 감사했다.

우리는 그 축축한 땅에 너무 가까이 쭈그리고 앉아서 일하느라 머리가 가끔씩 맞닿았다. "이제 내 기분이 훨씬 나아졌다는 걸 네가 알았으면 좋겠어." 빌이 일을 하면서 말했다. 그리고 한 번 숨을 크게 들이쉰 다음 덧붙였다. "내 머리통에 엄청나게 상처가 많이 나 있는 걸 생각하면 정말 놀라운 일이야."

우리는 그림자가 길어지고 황혼이 깃들 때까지 일을 했다. 표본으로 채운 시험관들을 모아 지퍼백에 분류해서 집어넣고 조심스럽게 그룹별로 또 라벨을 붙였다. 숙소로 사용하는 농장으로 차를 몰고 돌아와서 축축하게 젖은 겉옷을 벗고 벽난로 옆에서 내복이 마르면서 김이 나는 것을 느끼며 밤늦게까지 앉아 있었다.

우리는 일곱 개 장소를 더 돌아다니면서 이런 표본 채취 작업을 반복했다. 네 군데는 고지대, 네 군데는 저지대였다. 아일랜드를 떠나면서 짐을 쌀 때 보니 손으로 라벨을 쓴 시험관이 1,000개가 넘었고, 그 시험관 하나하나는 모두 우리가 직접 확인하고, 묘사하고, 사진 찍고, 목록을 만든 이끼류 이파리가 하나씩 들어 있었다.

"이끼 때문에 여기 오는 거라면 얼마든지 더 만들어놓을 테니 다시 오세요." 새벽 4시에 떠나는 우리를 꼭 껴안아주며 작별 인사를 하면서 빌리가 말했다. 우리는 차에 타고 아침에 떠나는 비행기를 놓치지 않기 위해 출발했다.

빌이 운전하는 동안 나는 창문에 머리를 대고 정신없이 졸면서, 어두운 길을 오래 운전해야 하는 그의 말동무가 되어주지 못하는 것에 대한 죄의식에 시달렸다. 공항의 렌터카 사무실에 도착한 후, 트렁크에 들어 있던 사이드미러를 꺼내 차 열쇠를 테이프로 거기에 붙인 다음 근무 시간 외에 열쇠를 반환하는 함에 집어넣었다. 버스를 타고 터미널에 가서 짐을 부치고, 탑승권을 받은 다음 보안 검색대를 통과했다.

이끼 표본들은 비행기에 가지고 타는 배낭에 들어 있었다. 우리는 정말로 피할 수 없는 경우를 제외하고는 아무리 비행사가 짐을 잃어버릴 확률이 낮다 해도 표본이 든 가방을 부치는 것은 너무나 위험한 일이라는 귀중한 교훈을 오래전에 배운 바 있다. 가방을 엑스레이 컨베이어 벨트에 놓자 유리로 된 시험관들이 소리를 냈다. 우리는 신발을 벗고 순하게 시키는 대로 짐이 통과하기를 기다리기 위해 다른 쪽으로 갔다가 보안 요원이 우리를 기다리고 있다는 것을 깨달았다.

"자, 이런 것들을 가지고 다니는 데 필요한 허가증은 있겠지요?" 보안 요원은 배낭을 열고 표본들을 만지면서 그것들이 마치 쓰레기통 압축기에서 꺼낸 쓰레기 더미라도 되는 듯 행동했다.

'제기랄, 허가증.' 나는 생각했다. 우리는 허가증이 없었다. 나는 노르웨이까지 그 표본들을 가지고 가는 데 허가증이 필요한지 확실히 알지 못했다. 여행을 떠나기 전에 빌에 대해 걱정만 하는 대신 그것을 확인했어야 했다. 나는 믿을 만한 거짓말 혹은 웃기는 이야기, 혹은 그녀가 표본들을 다시 돌려주도록 할 수 있는 무슨 말이라도 찾으려고 머리를 쥐어짰다.

빌은 제복을 입은 사람들이 던진 질문에 늘 직접적이고 정직한 대답을 해서 내게 큰 인상을 남기곤 했다. "허가증은 필요 없습니다. 멸종 위기 식물이 아니기 때문이지요. 우리는 과학자들이고, 이 표본들은 우리가 연구를 위해 모은 것일 뿐입니다." 그가 차분하게 설명했다.

보안 요원은 지퍼백 하나를 열고 시험관들을 거칠게 뒤적이고 있었다. 그중 한두 개가 백에서 나와 바닥에 떨어졌다. 그녀는 시험관 하나를 백에서 꺼내 불에다 비쳐보고 흔들어보다가 시험관 뚜껑을 열어 뒤집었다. 나는 마치 누군가가 갓난아기를 마구 흔들어대는 것을 보는 심정이 됐다. 나는 팔을 뻗었다. 그녀의 여성적 공감능력에 무언의 호소라도 보내서 내게 표본을 넘기면 그것들을 안아서 달래고 다시 제자리에 눕힌 다음 재우고 싶었다.

"안 돼요." 그녀가 단호하게 말했다. "생물학적 표본들은 허가증 없이는 국외반출이 안됩니다." 그녀는 시험관을 모두 안아올려 단번에 거부 물품을 넣는 통에 집어넣었다. 나는 사람들이 마지막 순간에 버리고 간 물건들 더미를 바라봤다. 생수병, 헤어스프레이, 스위스 칼, 성냥, 먹다 남은 애플소스, 그리고 하나하나 손으로 쓴 라벨이 붙어 있고 소중한 녹색 조각이 들어 있는 작은 유리병 더미. 우리 인생의 60시간이 그 병들과 함께 쓰레기통에 버려졌고, 어쩌면 중요한 과학적 질문에 대한 대답도 함께 묻혀버릴 것이라고 나는 생각했다. 빌은 카메라를 꺼내서 통 위로 몸을 기울이고 사진을 찍은 다음 그곳을 떴다.

우리는 빌의 출구로 터벅터벅 신발을 끌며 걸어갔다. 한 시간 안에 빌은 미국으로 돌아갈 것이고 노르웨이로 향하는 내 비행기는 그날 오후에 떠날 예정이었다. 비행기 시간이 되기를 기다리며 앉아 있는 동안 빌은 자신의 주소록을 뒤지면서 '1-800'으로 시작하는 수신자 부담 전화번호를 적고 있었다. 그는 시계를 보더니 말했다. "뉴어크 공항에 미국 동부 시간으로 아침 9시에 착륙하니까 도착하면 내가 농무부에 전화해서 아일랜드에서 식물을 반출하는 허락을 받으려면 무엇이 필요한지 알아볼게."

나는 패배감에 젖어 앉아 있었다. '허가증이 없어서 표본들을 잃다니.' 나는 생각했다. '지금까지 허가증을 받지 않아서 시간도 많이 절약했잖아.' 그런 다음 바로 생각을 고쳐먹었다. '너 언제 정신 차릴래?'

빌은 나를 의미심장하게 들여다보는 것으로 내 머릿속에서 벌어지던 대화를 중단시킨 다음 말했다. "모든 걸 잃은 건 아냐. 전부 다 기록했잖아. 다시 시작하면 돼. 생각해보면 이번 여행에서 한 일이 굉장히 많아." 나는 고개를 끄덕였다. 얼마 가지 않아 그의 비행기에 탑승하라는 방송이 나왔고, 나는 놓치고 싶지 않은 것이 또 내게서 떨어져 나가는 느낌을 그날 두 번째 받았다.

나는 빌의 비행기가 후진을 한 다음 활주로로 가는 것을 보면서 내 인생에서 더 중요한 것일수록 더욱더 말로 표현되지 않고 지나쳐가는가 하는 생각을 했다. 그러고는 아일랜드 남서부의 식물분포도를 꺼내서 지형 지도와 비교해가며 이끼를 더 많이 찾을 수 있는 곳을 체계적으로 표시하기 시작했다.

* * *

빌은 그후로 내내 그 여행을 장례식 뒤풀이 파티라고 불렀고, 나는 신혼여행이라고 불렀다. 그리고 우리는 그 절정 부분을 매년 재연했다. 실험실에 새 연구원이 들어오면 빈 시험관 수백 개에 라벨을 붙이는 것이 첫 임무로 주어진다. 우리는 이것이 우리가 계획한 대규모 표본 수집에 꼭 필요한 준비 작업이라고 설명한 다음 알파벳과 숫자가 길고도 복잡하게 섞이고 그리스 문자와 연달아 있지 않은 숫자들이 많이 들어간 라벨을 각 시험관에 펜으로 적어 붙이고, 순서대로 정리하라고 지시한다.

신입 연구원이 하루 종일 계속 그 일을 한 다음, 우리는 정상회담을 열고 빌과 나 둘 중의 하나가 '좋은 경찰' 역을 맡고 다른 하나가 '나쁜 경찰' 역을 맡는다(번갈아가며 맡기로 약속했다). 신입과의 회의는 그에게 그날 한 일이 좋았는지, 그리고 이런 일을 견딜 수 있겠는지 묻는 것으로 시작된 다음 천천히 계획된 표본 채집 여행에 대해 이야기하다가 그 여행을 하는 것이 논리적인가로 변화한다.

서서히 나쁜 경찰은 하기로 했던 표본 채집으로 연구 가설이 증명될지 모르겠다는 식의 비관론을 편다. 좋은 경찰은 처음에는 이 논리를 거부하면서 나쁜 경찰에게 신입이 그 준비를 하느라 오랫동안 일을 했다는 사실을 고려해야 한다고 촉구한다. 나쁜 경찰은 그렇다 하더라도 이 접근방법으로는 답을 찾을 수 없다는 생각을 떨칠 수가 없다고 고집하고, 결국 좋은 경찰도 마지못해 필요하다면 처음부터 다시 시작하는 것이 좋겠다고 동의를 한다. 그 시점에서 나쁜 경찰은 엄숙하게 시험관을 들어다가 한꺼번에 모두 실험실 쓰레기통에 버린다. 두 사람은 서로 눈짓을 한 다음 나쁜 경찰이 찝찝한 표정으로 실험실에서 나가고, 좋은 경찰은 신입의 반응을 살핀다.

신입 연구원이 자신의 시간에 어떤 식으로든 가치를 부여하는 기미가 있으면 그것은 나쁜 징조다. 그리고 그토록 오랫동안 일한 결과가 순식간에 수포로 돌아가는 것을 목격해야 하는 경험은 이 원칙을 시험하는 좋은 사례다. 큰 좌절에 대처하는 두 가지 방법이 있다. 하나는 잠시 멈추고, 숨을 크게 쉰 다음, 마음을 가다듬고 집에 가서 그날 저녁은 다른 일을 하며 시간을 보낸 후 날이 밝으면 다시 처음부터 시작하는 것이다. 또다른 하나는 즉시 그 문제에 다시 몸을 던져 머리를 물속에 집어넣고 바닥까지 다이빙을 해서 그 전날보다 한 시간 더 일하면서 무엇이 잘못됐는지를 찾아내기 위해 애를 쓰는 것이다. 첫 번째 방법이 적절함에 이를 수 있는 길이라면, 두 번째 방법은 중요한 발견으로 이어지는 길이다.

내가 나쁜 경찰을 하기로 한 해에 연극을 마친 다음 나는 돋보기를 두고 나온 것을 깨닫고 다시 현장으로 예정보다 일찍 돌아갔다. 조시라는 이름의 신입 연구원이 쓰레기통을 뒤져서 쓰고 버린 장갑이랑 기타 쓰레기 틈에서 자기의 시험관을 꺼내는 데 열중하고 있었다. 무엇을 하는지 묻는 내게 그는 말했다. "이 시험관을 모두 버린다 생각하니 너무 아까웠어요. 뚜껑이라도 따로 보관하면 여분으로 쓸 수 있지 않을까 해서요." 그는 하던 일을 계속했고 나는 빌과 눈을 마주치고 미소를 지었다. 확실히 뭔가 해내고 말 사람을 찾은 것이다.

11

대부분의 사람들과 마찬가지로 우리 아들도 자라면서 특히 기억에 남는 나무를 하나 가지고 있다. 여우꼬리야자*Wodyetia bifurcata*라는 나무로 길고도 긴 하와이의 여름 내내 산들바람에 친근감 있게 흔들거리는 나무다. 우리 집 뒷문에서 몇 미터 떨어지지 않은 곳에 서 있는 이 여우꼬리야자를 아들은 매일 오후 야구 방망이로 있는 힘껏 30분 정도 때리곤 한다.

아이가 나무를 치기 시작한 것은 몇 년 전부터였는데 처음부터 방망이를 사용한 것은 아니었다. 나무 둥치의 상처가 아래쪽에서 시작해서 아들의 키가 크는 것에 따라 점점 더 위로 올라간 것을 볼 수 있다. 네 살 때 아들은 집에 있던 망치를 가지고 나와 북유럽의 뇌신 토르인 척하면서 나무를 반복해서 있는 힘껏 쳐댔다. 그다음에는 오래된 골프채가 사용됐고, 그즈음부터 우리 개가 그 근처를 피하기 시작했다. 아들이 최근 보이는 야구에 대한 집착은 말하기 좋은 핑계가 됐다. 아이는 날마다 나무를 100번씩 쳐서 자기의 '타격을 강화'한다고 말하곤 한다. 새로 생긴 이 습관은 내 관점에서는 서로 다른 목재 사이에 존재하는 대등성 문제와 관련해서 흥미로웠고, 나는 아들을 말리고 싶지 않다는 사실을 더 자유롭게 인정하게 됐다.

아들은 야자나무를 해치는 것이 아니다. 이 야자나무의 머리 부분을 다른 야자나무와 비교해보면 모두 비슷한 양의 건강한 녹색 이파리를 가지고 있는 것을 볼 수 있다. 또 그 나무는 동네에서 자라는 다른 야자나무들 못지않게 혹은 그보다 더 많이 꽃을 피우고 열매를 맺곤 한다. 아이는 살아 있는 다른 생물을 못살게 구는 데 흥미를 보인 적도 없어서 나무를 치는 것이 목적이 아니라 소리를 내는 의식을 치르는 의미가 더 큰 것 같다. 이 살아 있는 드럼을 치는 소리는 이제 우리 삶의 리듬이 되었다. 날마다 아들이 야자나무 드럼을 치는 동안 나는 부엌 테이블에 앉아 글을 쓴다.

2008년 우리는 하와이로 이사를 했다. 아름다운 날씨와 짙은 녹음의 유혹보다 하와이 대학교에서 빌에게 1년에 8.6개월에 해당하는 보수를 '영원히' 지급하겠다고 약속(그것도 서면으로!)한 것의 유혹이 더 컸다. 여전히 나는 매년 정부와 맺는 계약에서 14주에 해당하는 빌의 보수를 구걸해야 하지만, 아마도 그 부분까지 모두 보장을 해주면 내가 게을러지지 않을까 걱정한 대학 당국이 배려를 한 듯하다.

하와이로 이사한 후 나는 야자나무가 사실은 나무가 아니라는 사실을 배웠다. 야자나무는 나무가 아닌 다른 것들이다. 야자나무의 둥치는 단단한 목재가 밖으로 자라면서 새로운 조직이 빙 둘러 나이테를 만들어나가는 식으로 자라지 않는다. 대신 스펀지 같은 조직이 질서정연하게 배열되지 않고 뒤죽박죽으로 섞이면서 자란다. 이렇게 관례적인 구조가 없기 때문에 야자나무는 탄력성이 좋고, 따라서 우리 아들이 제일 좋아하는 취미생활의 대상이 되기에 최적의 조건을 가지고 있다. 그와 더불어 때때로 무자비한 허리케인으로 변하기도 하는, 섬에 부는 산들바람에 흔들거리며 살아가기에도 좋다.

야자나무는 수천 종이 있는데 모두 종려 과에 속한다. 종려가 중요한 이유는 약 1억 년 전에 '외떡잎식물'로 진화한 첫 식물의 과이기 때문이다. 그전부터 존재했던 쌍떡잎식물이 두 개의 싹을 틔우는 것과 달리 외떡잎식물의 첫 진짜 이파리는 한 개다. 우리 아들의 스파링 상대인 야자'나무'는 옆에 서 있는 칠레삼나무보다 아래에 펼쳐진 잔디밭의 풀잎과 더 가까운 친척이다.

최초의 외떡잎식물들은 얼마 가지 않아 풀로 진화했다. 사막이 되기에는 습도가 높고 숲을 이루기에는 건조한 지구의 넓은 지역이 풀로 덮여 초원이 됐고, 이런 지역은 지구 방방곡곡으로 널리 퍼져나갔다. 풀은 번식하는 데 인간의 도움을 약간 받아서 곡물로 진화했다. 그리고 오늘날에는 세 개의 외떡잎식물 종(쌀, 옥수수, 밀)이 70억 인구를 먹여 살리고 있다.

아들은 내가 아니다. 그는 내가 아닌 다른 존재다. 그는 천성적으로 명랑하고 자신감이 넘치고, 자기 아빠의 안정감 있는 정서를 물려받았다. 초조해하고 일을 곱씹는 경향이 있는 나와는 많이 다르다. 아이는 세상을 경주용차로 보고, 자기가 운전해야 한다고 생각한다. 반면 나는 늘 차에 깔리지 않는 데 초점을 맞추고 살아왔다. 아이는 자신에 대해 만족해하고, 그에 대해 의문을 갖지 않는(적어도 아직까지는) 반면 나는 영원히 이도 저도 아닌 상태에 갇혀 있을 것이다.

나는 크지도 작지도 않은 키에, 예쁘지도 밉지도 않다. 머리카락은 딱 금색도 아니고 갈색도 아닌데 최근 들어 흰머리가 섞이기 시작했다. 눈동자마저도 녹색이 아니고 갈색도 아니다. 내 모든 것이 헤이즐넛 색이다. 제대로 된 여성이라고 하기에는 너무 충동적이고 공격적인 성격을 지니고 있다. 그리고 남자보다 조금 부족한 존재라는 이 지루하고도 잘못된 믿음을 완전히 영원히 떨쳐버리지 못할 것이다.

나와 아들이 너무도 다르기 때문에 아들과 어떤 관계를 맺어야 할지를 알아내는 데 오랜 시간이 걸렸다. 나는 아직까지도 그 답을 배우고 있는 중이다. 삶에서 뭔가를 이루어내기 위해 그토록 오랫동안 열심히 일해온 나로서는 정말로 아무런 노력도 기울이지 않았는데 귀중한 것들이 하늘에서 떨어지는 것을 보는 경험은 실로 놀라운 것이었다. 예전에는 나 자신을 강하게 만들어달라고 기도했지만 이제는 내가 고마움을 아는 사람이 되게 해달라고 기도한다.

아이에게 하는 입맞춤 하나하나는 내가 그토록 절실히 원했지만 받지 못했던 모든 입맞춤이다. 그리고 그 상처를 치유하는 데는 이 방법밖에 없다는 것을 알게 되었다. 아들이 태어나기 전에는 내가 아이를 사랑할 수 있을까 걱정했다. 이제는 내 사랑이 아이가 이해하기에 너무 큰 건 아닐까 걱정한다. 아이는 엄마의 사랑을 알 필요가 있고, 나는 내가 느끼는 이 풍요로운 사랑을 모두 표현할 능력이 없어 무력감을 느낀다. 이제 나는 내 아들이야말로 내가 기다리는 줄도 모르고 기다렸던 기다림의 끝이라는 것을 깨닫고, 그 아이는 불가능한 동시에 불가피했다는 것을 깨닫고, 누군가의 엄마가 될 단 한 번의 기회가 한 번 내게 주어졌다는 것을 깨닫는다. 그렇다, 나는 이 아이의 엄마(이 말을 이제는 할 수 있다)지만 오직 내가 기대했던 엄마 노릇의 관념에서 나 자신을 해방시킨 후에야 엄마 노릇을 할 수 있었다.

그렇게 묘한 것이 바로 인생인 것 같다. 아들이 내 안에서 자라고 있는 동안 나는 우리 두 사람 몫의 숨 쉬기를 했다. 이제 아이의 학예발표회를 가서 관객석에 앉아 있노라면 무대에 아이들이 가득해도 우리 아이의 얼굴이 무대 전체를 가득 채워서 그 얼굴밖에 보이지 않는다. 아이가 시 한 구절을 암송할 때마다 나는 크게 숨을 들이쉰다. 멀리에서도 내 사랑의 힘만으로도 아이의 몸에 산소를 보낼 수 있다는 확신에서다. 아이는 자라고 있고, 나는 날마다 아이를 조금씩 놓아줘야 한다. 아이를 키운다는 것은 본질적으로 아이를 놓아주는 길고도 고통스러운 과정이라는 것을 배우게 됐다. 그리고 내가 비밀스럽게 느끼는 엄마로서의 환희는 다른 모든 엄마들이 자신의 아들에게서 느끼는 환희와 다를 바 없다는 사실에 위안을 받는다.

딸에 대해서는? 나는 이 감정이 딸에 대해서도 똑같이 느껴질 것이라고 생각하고 싶지만 내가 직접 경험으로 확인할 수 있는 일은 아니다. 딸로 산다는 것은 나에게도 우리 엄마에게도 너무도 어려운 일이었다. 어쩌면 우리 모계 혈통은 한 세대를 건너뛰어야 다시 이런 어려운 관계가 반복되는 것을 고칠 수 있을지도 모른다. 그래서 나는 손녀를 기대하기로 마음먹었다. 다른 모든 것과 마찬가지로 내 욕심은 늘 너무 앞서 나가곤 한다. 내 계산에 따르면 이렇게 기다리는 손녀가 태어나기 전에 내가 죽을 확률이 상당히 높다. 특히 이 혈통이 건너뛰는 것을 계속한다면 말이다. 어쩌면 이렇게 되도록 처음부터 정해졌는지도 모르겠다. 적어도 나에게는.

그럼에도 햇살이 눈부신 오늘 나는 희망의 메시지를 담은 병을 띄워 보내고 싶다. 누군가 기억해주길. 누군가 언젠가 내 손녀를 찾아서 이야기해줄 수 있기를. 그 아이에게 할머니가 부엌에 앉아 손에 펜을 쥔 채 창밖을 보던 그날의 이야기를 해주기를. 그 아이에게 할머니는 결정을 내리느라 바빠서 개수대에 쌓인 설거지도, 창틀에 쌓인 먼지도 볼 겨를이 없었다고 이야기해주기를. 결국 할머니는 수십 년 먼저 손녀를 사랑해버리기로 결정했다고 그 아이에게 말해줄 수 있기를. 그 아이에게 할머니가 햇빛을 받고 앉아서 나무를 때리는 소리를 들으며 너를 꿈꿨다고 누군가가 말해줄 수 있기를.

12

실험실로 걸어들어가는 순간 빌의 얼굴을 보니 두 가지를 알 수 있었다. 하나는 그가 밤을 새웠다는 것, 또다른 하나는 오늘 좋은 일이 있을 것이라는 사실.

"뭐 하고 있었어? 벌써 7시 반인데!" 빌의 입에서 나오는 '굿모닝'의 의미를 가진 인사는 지난 20년 사이에 거의 변하질 않았다. 그가 차에서 살 때는 해가 뜨는 순간부터 찌는 더위가 시작되는 애틀랜타의 기후 때문에 이른 시간에 실험실로 올 수밖에 없었다. 요즘에는 빌이 실험실에 아침 10시 전에 있으면 그것은 지난밤에 좋은 일이 벌어져서 도저히 중단하고 퇴근할 수가 없었기 때문인 경우가 많았다. 그리고 그날 아침에는 빌이 심지어 내게 전화하기까지 했다.

"잠은 약한 사람들이나 자는 거지!" 내가 외쳤다. "무슨 일이야?"

"C-6야." 그가 대답했다. "그 못된 녀석이 또다시 한 건 했어."

그는 나를 데리고 성장 실험을 하는 곳으로 갔다. 거기서는 80개의 무순이 빛과 수분을 정확한 수준으로 엄격하게 관리하고 바람 한 점 없는 환경에서 21일 동안 자라고 있다. C-6의 아이러니는 거기서 흥미로운 것은 아무것도 발견할 수 없을 것이라 생각했던 우리의 추측 때문이었다. 사실 이 실험은 우리가 볼 수 없는 것을 측정하기 위해 고안된 것이었다.

어떤 식물이든 눈에 보이는 부분은 그 유기체 전체의 절반에 지나지 않는다. 흙 밑에서 사는 뿌리는 땅 위에서 울창하게 우거지는 녹색 이파리들과 아무런 공통점이 없다. 마치 우리 심장이 폐와 완전히 다르고 완전히 다른 목적에 맞게 만들어졌듯 뿌리와 이파리도 그렇다. 땅 위의 식물 조직은 빛과 대기 중의 기체를 포착해서 이파리 안에서 당으로 전환하기 위해 만들어졌다. 땅 아래의 조직들은 물과 그 물에 녹아 있는 영양소를 흡수해서 당을 단백질로 전환한다. 초록 줄기는 땅 표면 근처에서 우아하게 갈색 뿌리로 변신을 하고, 그 인터페이스 어딘가에서 중요한 결정이 내려진다. 식물의 양쪽 부분이 모두 성공적으로 자라려면 그날의 수확을 가지고 무엇을 할 것인지를 결정해야 한다. 당, 전분, 기름, 단백질을 만드는 것이 모두 가능하지만, 그중 어떤 것을 선택해야 할 것인가?

새로운 자원을 획득하면 식물은 네 가지 중 하나의 임무, 즉 성장, 보수, 방어, 생식을 할 수 있다. 또는 이 중 하나를 선택하는 것을 무한정 연기하고 수확한 것을 저장해서 나중에 사용하기로 결정할 수도 있다. 무엇이 특정 식물로 하여금 가능한 여러 시나리오들 중 하나를 선택하도록 만드는 것일까? 결국 알고 보니 새로 획득한 자원을 어디에 쓸지 우리가 고민할 때 고려하는 요인들과 비슷한 요인들의 영향을 식물들도 받고 있었다. 우리의 가능성은 유전자의 제약을 받는다. 그리고 우리가 처한 환경에 따라 특정 선택이 다른 선택보다 더 현명한 선택이 되기도 한다. 우리도 어떤 사람들은 천성적으로 수확물을 보수적으로 사용하고, 어떤 사람들은 위험을 감수하는 경향이 더 강하다. 심지어 가임성 여부까지도 수확물을 투자하는 계획에 영향을 준다.

대기 중의 기체 중에서도 특히 이산화탄소는 식물의 성장에 중요한 자원이다. 화석 연료의 연소로 인해 지구 대기 중의 이산화탄소 양은 지난 50여 년 사이에 극적으로 증가해서 식물 경제에 풍부한 현금과 쉬운 융자가 쏟아져 들어갔다. 이산화탄소는 광합성에 사용되는 통용 화폐이고, 식물들은 몇십 년에 걸쳐 가장 기본적인 이 자원이 넘쳐나는 경험을 해오고 있다. 우리는 무성장 실험에서 다음과 같은 질문에 대한 답을 찾기를 희망했다. 이 풍부한 이산화탄소가 전 세계 식물들이 땅 위에 하는 투자와 땅 밑에 하는 투자에 어떤 영향을 끼치는가?

몇 달 전 빌은 자신의 컴퓨터를 비싸지 않은 비디오카메라에 연결해서 제어된 환경을 가진 방 안에서 자라는 실험 식물들 한 세트에 사용했다. "이것 좀 봐 봐." 그는 아침 일찍 전화를 받고 도착한 내게 말했다.

비디오는 20초에 한 번씩 찍은 사진을 모은 저속 촬영본으로, 전날 벌어진 성장을 4분짜리 동영상으로 압축한 것이었다. 스크린은 처음에는 어둡고 그림자가 짙어서 시간에 맞춰 들어오는 성장등이 아직 들어오지 않을 것을 알 수 있었다. 갑자기 밝은 불이 들어오고 화분에 심어진 작은 식물 열여섯 개가 보였다. 줄기와 이파리들이 축 처져서 휴식을 취하고 있는 것처럼 보였다. 그러나 불이 들어오자 식물들은 금방 깨어나서 빛을 향해 이파리들을 뻗었다.

방 가장자리 쪽에 있는 식물 하나가 특히 눈에 띄었다. 그 식물은 배배 꼬고 뒤틀면서 위쪽뿐만 아니라 바깥쪽으로도 이파리를 뻗어갔다. 그리고 근처의 다른 식물들을 제치고, 이웃에 자리한 식물의 중심 줄기를 자신의 가장 넓은 이파리로 쳐냈다. 'C-6'라는 라벨이 붙은 이 식물은 그 방에 있는 다른 모든 식물들과 정확히 같은 종, 같은 크기의 씨앗으로 시작했다. 그러나 C-6는 성장을 하는 동안 다른 식물들과는 다르게 '행동'했고, 그 동영상을 보면서 우리는 목격하고 있는 것의 의미를 인정하지 않을 수 없었다. 며칠 밤 동안 C-6를 이리저리 옮기면서 이웃들을 바꿔보고, 끝없이 측정하고 비교하고, 비디오 촬영을 계속했다. 하지만 C-6가 다른 식물들과 다른 단 한 가지는 해가 뜬 후 움직이는 방식뿐이었다. 다른 식물들은 빛을 향해 부드럽고 우아하게 몸을 뻗는 반면, C-6의 작은 이파리들은 열병을 앓듯 경련을 한다. 마치 온몸을 붙잡고 있는 흙에서 탈출하기라도 하려는 듯.

"자기 자신을 혐오하나 봐." 빌이 말했다.

"난 이 녀석이 좋아. 오기가 있어 보여." 내가 말했다.

"알았어. 그래도 너무 정붙이지는 마." 그가 충고했다.

빌이 동영상을 다운로드하고 또다른 실험을 하기 위해 비디오카메라를 조정하는 동안 나는 동영상을 일고여덟 번 정도 다시 봤다. 시작된 지 2분 정도에 나오는 이파리로 다른 식물을 쳐내리는 장면의 유혹을 저버리기가 힘들었다. 우리는 그 장면을 보고 환호성을 내며 응원하기 시작했다.

"저 직후에 녀석이 주먹을 휘두르면서 승리의 세리머니를 하는 것 같아." 내가 말했다.

"너 정말 맛이 갔구나." 빌도 동의했다.

우리 뒤에서 성장등이 들어오는 소리가 들렸다. 방 안에 새날이 밝아왔고, 내 책상 위에 산더미처럼 쌓여 있는 서류들이 떠올랐다.

"제기랄, 저 녀석을 굴복시키고야 말겠어." 나는 결심했다.

"C-6에게는 물도 주지 말고, 빛을 더 밝게 하고, 한가운데 있는 진짜 큰 녀석 옆에다가 놔둬. 비디오 촬영 계속하고."

"물론이지." 빌이 동의했다. "녀석한테 베풀 수 있는 유일한 자비지."

학생들과 박사후 과정 연구원들이 출근하기 시작하면서 실험실 전체가 혼란스럽고 붐볐다. 뒤쪽에 있는 방에서 뭔가가 부딪히는 소리가 크게 나고 누군가가 "아… 제기랄…" 하는 소리가 들려왔고 빌과 나는 짓궂은 미소를 교환했다.

"이 실험실은 잘 돌아가는 기계 같아." 내가 선언했다. "넌 그 약골 몸을 끌고 집에 가서 잠이나 좀 주무시지."

"아니." 빌은 그렇게 말하면서 의자에서 몸을 뒤로 젖히며 깊숙이 앉았다. "이 쇼가 어떻게 돼가는지 보고 싶어."

C-6는 공식 연구의 일부가 아니었지만 모든 것을 바꾸고 말았다. 나는 일종의 지적인 언덕을 넘어섰고 새로운 땅을 봤다. 우리는 기존의 규칙에 따르지 않는 새로운 언어를 써서 그 새 땅을 본능적으로 우리 것으로 만들었다. C-6를 '그'라고 부르는데 만족하지 않고 녀석에게 진짜 이름을 붙여줬다. 빌과 나는 C-6를 '트위스트 앤드 샤우트Twist and Shout'라고 부르기 시작했고 나중에는 'TS-C-6'가 됐다. 아침이면 '트위스트 앤드 샤우트'에게 인사를 건네는 것이 습관이 됐고, 우리가 주는 난관을 견뎌내는 녀석의 능력을 확인하는 것은 변태적인 만족감을 줬다. 녀석은 그다지 오래 살지는 못했다. 빌의 끔찍한 편두통의 희생자가 된 것이다. 빌이 열 시간 동안 책상 밑에 태아처럼 웅크리고 들어가 아픈 머리를 움켜쥐고 있는 동안 모든 식물들은 물도 비료도 받지 못했고 녹화도 되지 않았다. 나는 C-6를 가차 없이

쓰레기통에 던져넣어버렸다.

C-6에 대한 우리의 관심은 과학적으로 인용할 수 있는 것은 아니었다. 우리는 C-6를 논문에 한 번도 인용하지 않았다. 그러나 종이컵에서 자라던 그 작은 식물은 마르고 닳도록 읽은 교과서에서 배운 그 어떤 것보다 내 생각의 방향을 크게 바꿨다. 내 생각에 C-6는 무언가를 하고 있었다. 그렇게 하도록 프로그래밍이 되어서뿐만 아니라 자기만 아는 어떤 이유 때문에 그랬던 것 같다. 그는 자신의 '팔'을 '몸'의 한쪽에서 다른 쪽으로 움직일 수 있었다. 단지 내가 내 팔을 움직일 수 있는 것보다 약 2만 2000배 정도 느렸지만 말이다. C-6의 생체시계와 내 생체시계는 늘 일치하지 못했고, 바로 그 단순한 이유 때문에 우리 둘 사이에는 건널 수 없는 간극이 생겼다. 내가 모든 것을 경험하는 동안 그는 수동적으로 아무것도 안 하고 있는 것처럼 보였다. 하지만 어쩌면 그에게 나는 핵 안에서 돌아다니는 전자처럼 형체가 보이지 않을 정도로 빨리 움직이기만 하고 살아 있는 존재로 인식하기에는 너무도 방향성이 없는 동작을 계속하는 존재로 보였을지도 모른다.

나는 뒤로 조금 물러나 빌과 모든 학부생들에게 미소를 지어 보였다. 그리고 출근길 병목 지역을 지나 속도가 붙기 시작하는 자동차처럼 내 새로운 생각에 속도가 붙기 시작하면서 함께 오는 그 기쁨을 느꼈다. 내 영혼은 자양분을 흡수했고, 적어도 그 덕분에 더 행복한 하루를 보내게 될 것이다. 어쩌면 그 자체로 충분한 과학적 성취일지도 모른다.

몇 시간 후, 나는 일을 멈추고 점심을 먹자고 빌을 설득하는 데 성공했다. 점심은 내가 사겠지만 그 전에 건강 식품점에 들러서 할 일이 있다고 말했다. "나도." 그가 그렇게 말한 후 설명을 덧붙인다. "내 손 때문에 동종요법 치료 쪽을 알아보고 있거든."

우리는 내 차를 타고 섬의 다른 편으로 갔다. 건강 식품점에 한 번도 직접 들어가본 적이 없는 빌은 문 안에 들어서자마자 신이 났다. 그는 골프공만 한 케이퍼가 여섯 개쯤 들어 있고 13달러 정도 하는 플라스틱 병이 있는 쪽으로 곧바로 걸어갔다. 빌은 그 병을 들고 나에게 물었다. "부자들은 정말 이런 걸 먹는 거야?"

"물론이지." 나는 그가 들고 있는 것을 보지도 않고 대답했다. "그걸 제일 좋아해."

나는 선반에 놓인 서로 다른 일곱 가지 종류의 개밀 추출물을 보느라 정신이 없었다. 가장 친환경적인 상품을 겨우 찾아내서 선택하고 고개를 들어보니 빌은 이미 다른 곳으로 가고 없었다. 하지만 그 케이퍼는 내 장바구니에 들어 있었다. 그는 프랑스산 소프트 치즈가 든 냉장고를 넋이 나간 듯 들여다보고 있었고, 그 모습을 본 내 머리에 즉시 계획이 하나 떠올랐다. "이거 모두 사자." 내가 제안했다. "그러지 말라는 법 없잖아."

"정말이야?" 빌은 의심스럽다는 듯 눈을 가늘게 떴지만 신이 나서 몸이 움츠러드는 게 보였다.

"물론이지." 내가 선언했다. "오늘은 우리도 돈 많은 사람들처럼 먹어보자."

나는 내가 빌보다 돈을 더 많이 번다는 사실에 자주 죄책감을 느끼곤 했다. 우리가 하는 일이 구별을 못할 정도로 비슷했기 때문이다. 나는 또 무작위로 물건을 사는 것을 좋아했고, 빌과 같이 있을 때면 그런 습관을 충동적인 것이 아니라 후한 것으로 정당화할 수 있었다.

"돈 내는 곳 바로 옆에 이런 쓰레기가 있어서 얼마나 다행이야." 빌은 냉압착식으로 생산된 도미니카 공화국산 코코아와 아사이베리를 함유한 유기농 초콜릿을 입안 가득 씹으면서 말했다.

빌은 도와주겠다는 내 제안도 손을 저어 거절하면서 200달러나 되는 우리 점심을 혼자서 차에 모두 실었다. 그는 "진짜로 두꺼운 종이"로 만든 봉투 네 개에 달하는 음식을 어떻게 먹을지 계획을 모두 세우고 방어적인 자세로 그 음식들을 지켰다. 조수석에 올라탄 그는 내가 시동을 거는 동안 중얼거렸다. "이 쓰레기가 공정 무역 상품이길 진심으로 바라는 바야." 그러면서 그는 이번에는 람부탄 맛의 초콜릿 껍질을 깠다.

두 시간 후 우리는 실험실에 앉아서 '록펠러 핫 포켓츠'를 먹고 있었다. 하몽 이베리코(스페인산 최고급 햄—옮긴이)에 캐비어를 한 스푼 감싼 다음 전자레인지에 10초 정도 돌린 음식이었다. "맙소사." 나는 시계를 보고 깜짝 놀랐다. "얼른 가야 해. 하지만 저녁에 다시 올게."

빌은 카망베르 치즈 한 덩이를 든 손을 흔들며 인사했다. "나중에 보자." 입에 한 가득 문 바게트 때문에 말이 뭉개져 들렸다.

나는 차를 빨리 몰아 이제 막 학교가 끝나고 나오는 아이를 만나서 가져간 수영복과 수건을 책가방하고 바꾸고 보통 때 늘 하는 것처럼 곧바로 해변으로 향했다. 가는 길에 나는 아이에게 3학년 생활이 어떠냐고 물었고 아이는 어깨를 들썩여 보일 뿐이었다. 우리는 카피올라니 공원 맞은편 항상 주차하는 곳에 차를 세웠다.

공원을 가로질러 가면서 우리는 커다란 반얀트리들이 모여 있는 곳을 지났다. 나는 아이가 덩굴처럼 보이지만 사실은 가지에서 쏟아지듯 자라 닻을 내리지 않은 뿌리에 매달려 노는 것을 지켜보며 서서 기다렸다. 해변에 도착한 우리는 신발을 벗어 그 위에 수건을 깔고 바다로 곧장 들어가 얕은 쪽에서 함께 자맥질과 구르기를 하면서 몽크 바다표범 놀이를 한동안 했다.

그런 다음 우리는 모래에 앉아서 쉬었고, 나는 멍이 든 곳이 없는지 내 몸을 살폈다. "아기 몽크 바다표범들은 이야기책에 나오는 것보다 더 개구쟁이로구나." 나는 중년으로 접어든 목을 마사지하면서 말했다. "그렇게 수영을 잘하면서 엄마 등에 타야 움직일 수 있다고 생각하다니 참 이상하기도 하지."

아들은 모래를 파고 있었다. "이 속에 진짜 너무 작아서 보이지도 않는 동물들이 있어요?" 아이는 얕은 물 쪽으로 모래를 한 움큼씩 집어 던지며 물었다.

"물론이지." 내가 대답했다. "작은 동물들은 사방에 있어."

"얼마나 많이요?" 아이가 못 믿겠다는 듯 물었다.

"아주 많이." 나는 정확한 답을 제시했다. "너무 많아서 셀 수도 없을 만큼."

아이는 잠시 생각을 해보고 말했다. "선생님한테 작은 동물들은 자기 몸속에 있는 자석으로 서로를 찾는다고 말했더니 선생님이 그렇지 않을 것 같다고 하셨어요."

나는 즉시 과잉반응을 보이고 방어적으로 대꾸했다. "흠, 선생님이 틀렸어. 그걸 발견한 사람을 엄마가 알거든." 나는 흥분하기 시작했다.

신경에 거슬리는 변호사의 입을 막으려는 판사처럼 아이는 화제를 돌렸다. "어차피 상관없어요. 난 메이저리그 야구 선수가 될 거니까요."

"네가 나오는 경기는 모두 다 갈게. 약속." 그리고 늘 묻는 질문을 또 했다. "공짜표 줄 수 있지?"

아이는 생각에 잠겨 한동안 말이 없다가 "일부 경기만요" 하고 마침내 협상안을 제시했다.

6시가 다 되어가고 있었다. 나는 일어서서 수건을 털고 물건들을 주워 모으며 갈 준비를 했다.

"오늘 저녁 디저트는 뭐예요?" 아이가 물었다.

"핼러윈 때 받은 사탕들." 나는 그렇게 대답한 다음 덧붙였다. "웩."

아이는 미소를 지으며 내 팔을 살짝 쳤다.

집에 가서 내가 저녁을 준비하는 동안 아이는 우리 개 코코와 레슬링을 했다. 코코는 레바의 후계견으로 레바와 마찬가지로 미국종 레트리버다. 레바는 15년 가깝게 살다가 죽었고, 우리 모두 그녀의 죽음을 깊이 애도했지만 코코를 통해서 나는 미국종 레트리버들은 모두 레바의 좋은 점들을 많이 가지고 있다는 것을 배웠다.

부지런하고 튼튼한 코코는 비가 와도 밖에 나가는 걸 망설이지 않고, 우리가 무엇을 하든 어떻게든 도움이 되고 싶어 했다. 그녀는 자기 침대보다 딱딱한 시멘트 바닥에 눕는 것을 더 좋아했고, 배가 고프면 우리가 밥을 줄 때까지 밖에 나가서 마당에 있는 돌을 씹었다. 주말에 늘 바닷가에 가족들과 함께 갈 때도 코코는 내가 코코넛 열매를 바다에 던지고 그걸 가져오라고 하면 2미터가 넘는 파도도 마다하지 않고 곧장 그 속으로 뛰어들어간다. 우리 가족이 여행할 때면 코코는 빌 삼촌네 가서 지낸다.

거기 가면 그녀는 빌이 좋아하는 망고나무를 위협하는 쥐들을 심하게 혼내주곤 한다.

클린트가 모두 같이 저녁을 먹을 수 있는 시간에 안성맞춤으로 퇴근을 했다. 밥을 다 먹은 다음 우리는 코코를 데리고 동네를 오랫동안 산책했다. 아들은 정확히 9시에 성공적으로 잠이 들었다. 하지만 그 전에 양치질을 준비하는 아이에게 나는 개밀 주스를 건넸다.

"이걸 먼저 마셔." 내가 명령했다. "용기가 있다면." 아이는 눈을 크게 떴다. "와, 진짜 만들었어!" 경외감에 찬 목소리로 그렇게 말한 후 쓴맛에 몸을 움찔거리면서도 아이는 그것을 단숨에 들이켰다.

몇 주 내내 아들은 자기를 호랑이로 변신시켜줄 마술의 약을 만들어달라고 졸랐다. "실험실에서 만들어요." 아이는 그렇게 지시했다. "식물들을 섞어서요."

침대에 누운 아이에게 이불을 다독이며 덮어주고 보니 아이의 얼굴에 뭔가 중요한 말을 하고 싶어 하는 표정이 떠올라 있었다. "빌 삼촌하고 나하고 우리 트리하우스(놀이 공간으로 지은 나무 위의 집—옮긴이)에 지하실을 만들 거예요." 아이가 말했다.

"어떻게 만들 건데?" 내가 물었다. 정말 궁금했다.

"설계를 해서요," 아이가 설명을 했다. "설계가 무지 많이 필요할 거예요. 먼저 모형부터 만들 생각이에요."

나는 운을 한번 시험해봤다. "완성되면 엄마도 들어가봐도 돼?"

"아니요." 아이는 일단 거부를 하더니 생각을 약간 고쳐먹었다. "흠, 더이상 새것이 아니게 될 때는 구경시켜 줄 수 있을지도 몰라요." 잠시 후에 아이는 눈을 감고 물었다. "저 이제 호랑이로 변신했어요?"

나는 아이를 위아래로 천천히 훑어본 다음 말했다. "아니."

"왜 아직 아니죠?"

"오래 걸리기 때문이지."

"왜 오래 걸려요?" 아이는 포기하지 않고 물었다.

"왜냐고? 엄마도 몰라." 나는 그렇게 인정한 다음 덧붙였다. "자기가 원래 되어야 하는 것이 되는 데는 시간이 아주 오래 걸린단다."

아이는 더 많은 것을 묻고 싶은 표정으로 나를 보았다. 하지만 그는 또 무엇인가가 틀렸다는 것을 아는 것보다 그것이 진짜인 척하는 편이 더 재미있다는 것도 이해를 했다.

"하지만 확실히 효과가 있긴 하겠죠?"

"효과가 있을 거야." 내가 확인을 해줬다. "전에도 효과를 보인 적이 있거든."

"누구한테요?" 아이는 호기심이 바짝 생겼다.

"하드로코디움이라는 작은 포유류였어." 나는 설명했다. "거의 2억만 년 전에 살았었는데 공룡들을 피해서 거의 맨날 숨어 지냈지. 조심하지 않으면 공룡들에게 밟히고 말거든. 너 꼬꼬마 때 우리가 살던 집 앞에 있던 목련 기억나니?" 내가 물었다.

"그 나무는 그렇게 생긴 첫 꽃의 손자의 손자의 손자의 손자의 손자의 손손손손자였어. 그 꽃은 하드로코디움이 뛰어다닐 때 처음으로 피었지. 어느 날 하드로코디움은 그 나무의 이파리를 몇 개 먹었어. 엄마가 그걸 먹으면 공룡만큼 강해질 거라고 했거든. 그런데 공룡 대신 그녀는 호랑이로 변했어. 1억 5000만

년이 걸리고 엄청나게 많은 시행착오를 거쳤지만 결국 호랑이로 변하긴 했지."

아들의 눈이 반짝였다. "'그녀'라고요? 처음에는 '그'라고 했잖아요. 호랑이는 남자예요."

"호랑이가 여자면 왜 안 되지?" 내가 물었다.

아들은 너무도 뻔한 사실을 내게 설명했다. "여자가 아니기 때문이죠." 그리고 몇 초 후 물었다. "오늘 밤에도 실험실에 갈 거예요?"

"응, 하지만 네가 깨기 전에 다시 돌아올 거야." 나는 아이를 안심시켰다. "아빠가 바로 방 밖에 있고, 네가 자는 동안 코코가 너를 지켜줄 거야. 이 집은 널 사랑하는 사람들로 가득해." 나는 아이를 재우며 날마다 하는 말을 반복했다.

그는 벽 쪽으로 돌아누웠다. 너무 졸려서 더이상 말을 할 수가 없다는 신호였다. 나는 부엌으로 가서 인스턴트 커피 두 잔을 탔다. 시계를 보니 실험실에 가면 10시 반쯤 될 것 같았다. 빌에게 내가 금방 갈 것이라는 문자를 보내려고 휴대전화를 보니 이미 그가 문자를 두 개나 보내놓았다는 것을 깨달았다. 첫 문자는 '소화제를 가져와'였고, 그로부터 한 시간쯤 뒤에 보낸 문자는 '음식도 더 가져오고'였다.

나는 커피 한 잔을 클린트에게 가져다주고 말했다. "이제 갈 준비 거의 다 했어." 그가 바삐 손으로 쓰고 있는 방정식을 나는 아무리 봐도 알아먹지 못한다는 것을 우리 둘 다 잘 알고 있다. 그래서 내가 "그거 내 도움이 필요하면 언제라도 말해, 알았지?" 하고 말하자 그는 웃음을 터뜨렸다.

"사실은 말이야, 오늘 만든 표를 한번 보고 의견을 말해주면 좋겠어" 그가 말했다.

"멋져. 아주 좋아." 나는 열쇠를 찾느라 가방을 뒤적이면서 그쪽을 보지도 않고 말했다.

"새것이야. 아직 한 번도 못 본 거야." 그가 강조했다.

"그럼, 안 좋아. y축이 완전히 틀어졌어." 나는 한손을 저으면서 말했다.

남편은 웃음을 터뜨렸다. "이건 지도야."

나는 바로 대꾸를 했다. "그러면 색깔이 잘못됐어. 친구, 난 내 과학을 망치러 가야 해요. 당신 과학을 망치고 있을 시간이 없어." 그러고는 나도 어쩔 수 없다는 듯 덧붙였다. "'원숭이 정글'은 잠들지 않거든."

"조언 고마워." 그는 입 맞추는 내게 그렇게 말했다.

나는 아들이 자는 방으로 다시 돌아가 그가 잠이 잘 들었는지 확인했다. 잠든 아이의 이마에 입을 맞추면서 혼자 미소를 지었다. 아이가 벌써 내게 아무 때나 입 맞추는 것을 허락하지 않는 나이가 돼버렸기 때문이다. 주기도문을 암송하고, 나는 마음이 그득해지는 것을 느꼈다. 침대맡에 누워 있는 코코를 한번 쓰다듬어주고, 머리를 껴안고 속삭였다. "우리 아기 지켜줄 거지?" 코코는 그 큰 레트리버의 눈으로 나를 진지하게 바라봤다. 내 질문에 대한 답은 이미 몇 년 전에 한 번에 다 해버린 코코였다.

나는 남편에게 다시 한번 입을 맞추고 배낭을 메고 밖으로 나가서 창고 문을 열었다. 자전거를 꺼낸 다음 따뜻한 열대의 하늘, 끝없이 펼쳐진 차가운 우주 공간을 바라봤다. 거기서 죽음과 같은 우주의 차가움을 뚫고 상상할 수 없을 정도로 뜨거운 불이 몇 년 전에 내뿜은 빛을 봤다. 그 빛을 내뿜은 불은 아직도 은하계 저편에서 타오르고 있을 터였다. 나는 자전거 헬멧을 쓰고 실험실을 향해 페달을 밟았다. 나의 심장 다른 쪽 절반을 바치며 나머지 밤 시간을 보낼 준비가 되어 있었다.

13

식물을 다루다 보면 자주 겪는 일이 시작과 끝을 구분하기가 어렵다는 것이다. 거의 대부분의 식물은 반으로 갈라놔도 뿌리는 몇 년을 더 살 수 있다. 위를 모두 잘라낸 나무의 둥치는 다시 온전한 나무로 자라기 위한 시도를 매년 하고 또 한다. 둥치의 안쪽은 잠든 싹으로 가득하다. 겉에서 보는 것보다 거의 두 배나 되는 싹들이 깨어날 준비를 하고 있는 경우도 있다. 싹은 줄기로, 줄기는 잔가지로, 그중 운이 좋은 잔가지는 굵은 가지로 크고, 건강한 굵은 가지는 몇십 년을 버티면서 결국 이전만큼 녹음이 우거진 나무로 성장한다. 어쩌면 누군가가 베어버리려고 한 것 때문에 더 우거진 나무가 될지도 모른다.

전체가 하나로 기능을 하는 동물들과 달리 식물은 모듈로 만들어져서 전체는 모든 부분의 합과 정확히 일치한다. 나무는 전체를 모두 벗어던진 후 대체할 수 있고, 몇백 년에 걸쳐 나무들은 평생 그 일을 되풀이해왔다. 결국 나무는 살아 있는 것이 너무 값비싸질 때 죽는다. 해가 떠오르면 언제나 이파리는 물을 분해하고 공기를 더해서 그 모든 것을 당으로 전환하고 그것을 줄기를 통해 아래로 내려보내 뿌리가 힘들게 뽑아올린 희석된 영양분과 만나도록 한다. 식물은 이 모든 보물을 새로운 목재 형성에 써서 둥치나 가지를 강화하는 데 사용할 수 있다.

그러나 나무는 그것 말고도 다른 데 이 영양분을 써야 할 곳이 많다. 늙은 이파리들을 대체하고, 감염된 곳을 치료하는 약도 만들고, 꽃과 씨앗도 생산해야 한다. 이 모든 것이 동일한 원자재를 사용해서 이루어지기 때문에 자원이 남아도는 일이라고는 없다. 그런데 이 자원을 찾기 위해 위로 아래로 뻗는 데엔 한계가 있다. 결국 충분히 높이, 충분히 깊게 뻗지 못한 가지와 뿌리는 그 영양분들을 확보하기 위해 쓰는 자원보다 얻을 수 있는 자원이 더 적어지는 시점에 도달하게 된다. 일단 환경의 제한을 넘어서게 되면 나무는 모든 것을 잃는다. 주기적으로 가지치기를 해줘야 나무를 보존할 수 있는 것은 바로 이런 이유에서이다. 마지 피어시(미국의 소설가, 페미니스트—옮긴이)가 말했듯 삶과 사랑은 버터와 같아서, 둘 다 보존이 되질 않기 때문에 날마다 새로 만들어야 한다.

14

식물 성장 실험을 끝낼 때는 뭔가 깊은 슬픔이 느껴지곤 한다. 우리는 아라비돕시스 탈리아나*Arabidopsis thaliana*를 많이 기른다. 아주 소박한 작은 식물이다. 완전히 다 자란 것을 뽑아도 한 손에 쥐어질 정도다. 아라비돕시스 탈리아나는 과학자들이 게놈 전체를 해독하는 데 성공한 몇 안 되는 식물 중의 하나다. 이 식물의 세포 하나 안에 들어 있는 DNA의 실타래를 풀어 죽 늘어세우고 DNA 고리를 이루는 1억 2500만 개의 단백질들의 정확한 화학식을 모두 열거할 수 있다는 뜻이다.

세포 안에서 단단하게 엉키고 뭉쳐 있던 이 단백질 고리를 밖으로 꺼내 풀어내면 5센티미터가 넘는다. 아라비돕시스 탈리아나의 세포 하나하나에는 이런 고리들이 적어도 하나는 들어 있는데 과학자들이 그 많은 단백질의 화학식을 모두 풀어내는 데 성공한 것이다. 사실 나는 그 부분에 대해 생각하고 싶지가 않다. 정보가 너무 많아서 압도당하는 느낌이 들기 때문이다. 과학자가 자신의 커리어를 시작할 때 압도당하는 느낌이 드는 것은 좋지만 끝나갈 때 그런 느낌을 가지게 되는 것은 바람직하지 않다. 하지만 더 많이 알면 알수록 이 모든 정보의 무게로 인해 허리가 휘는 느낌이 든다.

평생 처음으로 피로감이 몰려온다. 쉬지 않고 48시간 내내 일을 하면서 새로운 데이터를 만날 때마다 피곤이 풀리고 감전된 것처럼 머리에 새로운 자극을 받아 새로운 아이디어로 곧잘 이어지던 예전의 긴 주말들을 애정 어린 마음으로 되돌아보게 된다. 나는 여전히 연구에 관해 새로운 제안을 하고, 아이디어들을 생각해내고 있다. 그러나 그것들은 이전보다 더 풍부하고 깊은 아이디어들이고, 그리고 앉아 있을 때 제일 많이 떠오른다. 그런 제안과 아이디어들은 실제로 효과가 있을 확률도 더 높다. 그래서 매일 아침 나는 초록색의 무언가를 집어들고 자세히 들여다본 다음, 씨를 좀더 심는다. 그 일은 내가 할 줄 아는 일이기 때문이다.

지난봄, 빌과 나는 온실에서 대규모 농경 실험의 뒤처리를 하고 있었다. 거기서는 지금 예측되는 향후 수백 년에 걸친 온실가스 수준의 환경을 만들고 거기서 고구마를 기르는 실험을 해오고 있었다. 이 온실가스 예상치는 우리가 탄소 배출에 대해 아무런 대책도 세우지 않고 계속 현재처럼 산다면 생길 것이라고 예측되는 수치다. 고구마들은 이산화탄소 양이 늘면서 더 크게 자랐다. 놀라운 일이 아니었다. 그런데 이 커다란 고구마들에는 우리가 아무리 비료를 줘도 영양소가 더 적게 들어 있고, 단백질 함유율도 낮았다. 이 부분은 약간 놀랄 일이었다. 동시에 좋지 않은 소식이기도 했다. 세계에서 가장 가난하고 가장 배고픈 나라들에서는 필요한 단백질의 많은 부분을 고구마에서 얻고 있기 때문이다. 미래의 커다란 고구마들은 더 많은 사람을 먹여 살리지만 영양 공급은 덜 하는 일이 벌어지리라는 전망이다. 나는 이것에 대한 해답을 가지고 있지 않다.

며칠 전에 고구마들은 모두 수확이 되었다. 곧 졸업할 예정인 엄청나게 강하고 현명한 매트라는 젊은이의 진두지휘하에 수많은 학생들이 꼬박 사흘을 매달려서 겨우 끝냈다. 이 실험이 진행되는 과정에서 매트도 함께 성장하면서 자신의 진정한 모습을 찾고, 지도자 기질과 전문가의 면모를 갖춰나가는 것은 옆에서 보기에도 아름다웠다. 그는 이제 스무 명이 혼란스럽게 북적거리는 방에 들어가 한 사람 한 사람이 모두 각자 유용한 활동을 할 수 있도록 방향을 잡아주고, 며칠이고 계속 조언을 하고 품질 관리를 할 수 있다. 마치 그가 이 식물들과 한바탕 전쟁을 치렀고, 온실 전체에 흩어진 이파리나 뿌리는 그가 전쟁에서 승리했다는 증거물인 듯했다. 빌과 나는 학생이 졸업할 때가 되면 당연히 그래야 하듯 완전히 뒷짐을 지고 그가 프로젝트를 이끄는 것을 지켜보는 특권을 만끽했다.

이제 모든 것이 끝나고, 모두 집에 가서 휴식을 취할 시간이 됐다. 우리만 빼고. 아마도 집을 떠나 대학에 간 아들의 방에 들어가면 이런 느낌이 들겠지. 그가 되는 대로 두고 떠난, 이제는 그에게 아무 의미가 없지만 아직 내게는 소중한, 그의 삶이 시작된 곳의 흔적. 온실의 공기는 화분용 흙의 냄새로 가득 차 있다. 매트는 흙 속에 든 고구마를 하나도 빠짐없이 모두 파내서 사진 찍고, 측정하고, 개별적으로 특징을 기록했다. 해가 뜨고 밝은 빛 아래서 보니 모든 것이 순식간에 지나간 환상처럼 느껴진다. 나도 집에 가서 쉬어야 할 필요가 있다는 느낌이 들긴 하지만, 몇 시간 더 일한다고 죽지는 않으리라 결론을 내리고 좀더 머물렀다.

전화가 울려서 달력을 보니 3년이나 미루던 유방조영술 검사 약속을 또다시 어기기 직전이라는 것을 깨달았다. 이번 학기에만도 한 번 연기한 약속이었다. '이런, 제기랄! 또 이러면 안 되는데.' 나는 속으로 그렇게 생각했다.

온실 문이 벌컥 열리고 빌이 들어왔다.

"우리 종양 정도야 직접 잘라낼 수 있지, 그치?" 내가 그에게 물었다. "내 말은… 상자 자르는 칼 여기 어디 있잖아, 그렇지?"

빌은 단 한 박자도 놓치지 않고 대답했다. "드릴이 더 나을 거야." 그는 잠깐 생각에 잠겼다. "사실 그 문제에 대해서는 내게 좋은 생각이 있어."

그는 지난밤에 주문해서 먹고 여기저기 버려진 피자 상자에서 차갑고 마른 피자 한쪽을 꺼내 씹고 있었다. 20년이 지났는데도 빌은 하나도 닳지 않았구나 하는 생각이 들었다.

빌은 나와 다른 생각을 하고 있었다. 그는 나를 보더니 "맙소사, 내가 잠깐 나간 사이에 5년쯤 늙어버렸네" 하더니 덧붙였다. "늙은 바다마녀처럼 보이잖아."

"너 해고야." 내가 말했다. "인사과에서 일하는 다른 늙은 바다마녀한테 가서 퇴사 서류 작성이나 잘 해."

"그쪽 늙은 바다마녀들은 토요일엔 안 나와. 그리고 지금 밖으로 나와봐야 할 일이 있어." 그는 문을 가리키며 말했다.

우리가 사용하는 온실은 대학 연구 센터에서 사용하는 여러 개의 온실 중 하나고, 바다로 흘러내려가는 작은 개울이 있는 계곡에 자리 잡고 있었다. 온실은 거대한 스테인리스 틀에 투명한 천을 덮어씌운 것에 불과한 구조물인데 하나하나가 체육관만큼 크다. 하와이 군도는 그 자체가 온실이다. 식물이 자랄 수 있는 환경이 1년 사시사철 훌륭하고, 날마다 뿌리는 비마저 폭풍보다는 규칙적인 물주기 시스템에 가깝다.

나는 빌이 가리키는, 숲이 우거진 산 위를 바라보았다. 하늘에 선명한 무지개가 완벽한 호를 그리며 걸려 있었다. 너무도 선명해서 얼굴에 바짝 들이대는 듯한 그 후안무치의 아름다움이 더 실감났다. 그리고 그 뒤에 더 크고 약간 흐린 온화한 두 번째 무지

개가 선명하게 불타오르는 첫 번째 무지개를 감싸안고 있었다.

"쌍무지개다!" 내가 감탄을 했다.

"쌍무지개, 딩동댕!" 빌이 말했다.

"자주 볼 수 없잖아." 나는 내가 감탄한 것을 정당화하기 위해 말했다.

"맞아." 빌이 동의했다. "두 번째 무지개는 아무도 보지 않지. 하지만 늘 거기 있기는 해. 아무도 보지 못할 뿐. 저 선명한 무지개는 아마도 자기가 혼자인 줄 알 거야."

나는 그를 뚫어져라 바라봤다. "너 오늘 정말 심오하기 그지없구나." 그렇게 말한 다음 내가 해야 할 대사를 읊었다. "두 무지개는 사실은 하나야. 빛 한 줄기가 나쁜 날씨를 만나서 두 개로 보일 뿐이야."

빌은 잠시 침묵을 지키다가 씩씩하게 말했다. "어차피 무지개들은 죄다 자기극복이 필요한 이기적인 얌체들이야."

나는 그런 일이 가까운 장래에 일어나지는 않을 것이라고 말해줬다.

우리는 뒤쪽으로 돌아가 창고에서 접이식 의자 두 개를 들고 온실로 들어갔다. 커다란 온실 한구석은 엉망진창으로 어질러져 있었다. 구석에 더러운 화분들이 잔뜩 쌓여 있었고, 그중 하나에는 더러운 줄자들이 마구 엉킨 채 들어 있었다. 한쪽에 흙이 쌓여 있는 것을 보고 우리는 그 옆에 의자를 놓고 선선하고 축축한 흙에 맨발을 대고 앉았다. 온실의 다른 한쪽에는 다른 팀의 실험이 진행 중이었다. 모든 의미에서 다년생인 이 실험은 내가 오기 전부터 시작되어 있었고, 아마도 내가 은퇴한 후에도 계속될 것이다.

"이걸 어떻게 좋아하지 않을 수가 있어?" 나는 한 팔을 들어 끝없이 줄지어 서서 흐드러지게 피어 있는 난초들을 가리켰다. "향기를 좀 맡아봐."

"상당히 운이 좋았지. 나도 그건 인정해." 빌이 말했다. "내가 하와이에 와서 살게 될 것이라고는 상상도 못했지."

나는 빌이 걱정된다. 그의 과거를 걱정하고 그의 일어나지 않은 과거를 걱정한다. 나는 그가 이렇게 오랫동안 나랑 붙어 다니지 않았으면 결혼해서 아이들도 여럿 낳고 잘 살았을 텐데 하고 걱정을 한다. 빌은 아르메니아인들이 100살 넘게 사는 일은 아주 흔하고, 자기는 아직 50도 되지 않았으니 데이트를 시작하기엔 너무 어리다고 내게 설명하곤 한다. 그럼에도 나는 그의 미래를 걱정한다. 그가 누군가를 만나도 그에게 맞지 않는 사람이지 않을까 걱정한다. 빌은 내가 그런 말을 하면 항상 웃어넘기고 만다. "내가 밴에 산다고 하면 여자들이 완전히 기겁을 했었어. 이젠 여자들이 내 돈만 본단 말이야."

빌은 정말 잘 살고 있다. 그의 집은 호놀룰루 전경이 내려다보이는 언덕 위에 있다. 그가 기른 망고나무는 사시사철 꽃이 피는 그의 정원의 화룡점정 역할을 한다. 볼티모어에서 파이프가 녹이 슬고, 전기 배선이 엉망이고, 기초마저도 무너져가는 집을 아주 싼값에 사서 팔면서 그는 우연히 큰돈을 벌었다. 물론 한밤중에 아무런 도움도 없이 혼자서 그 모든 것을 고쳐서 대학 근처의 아름다운 알짜 부동산으로 변신시킨 공이 크지만 말이다.

사람들은 여전히 우리 관계에 대해 의아해한다. 빌과 나 말이다. 오누이? 영혼이 통하는 친구? 동지? 수사와 수녀 관계? 공범? 거의 매끼 밥을 같이 먹고, 재정적인 문제도 얽혀 있고, 서로에게 모든 것을 말한다. 여행을 같이 가고, 일을 같이 하고, 서로가 시작한 말을 대신 끝내주고, 그리고 서로를 위해 목숨을 걸어왔다. 나는 아이까지 낳고 행복한 가정생활을 하고 있고, 빌은 당연히 그 모든 것의 전제조건이다. 나를 선택하면 함께 따라오는 종합 선물세트의 일부, 내가 절대 포기할 수 없는 형제이다. 그러나 내가 만나는 사람들의 대부분은 여전히 우리 두 사람 사이의 관계를 한마디로 표현할 수 있는 라벨을 원한다. 고구마 문제와 마찬가지로 나는 거기에 대한 답을 알지 못한다. 내가 '우리'로 작동하는 것은 내가 그렇게 하는 것밖에 알지 못하기 때문이다.

나는 손을 뻗어 물뿌리개를 집어들고 흙 위와 우리 발에 물을 뿌렸다. 우리는 발가락을 꼼지락거리며 흙을 섞어 윤기 나는 진흙으로 만들고 나서 몸을 뒤로 젖히고 잠시 앉아 있었다. 결국 빌이 침묵을 깼다. "그러니까! 이제 뭘 하지? 2016년까지는 걱정 안 해도 되지?"

빌은 실험실에 필요한 연구 자금을 말하고 있었다. 연방 정부에서 받은 계약이 몇 개 있어서 2016년 여름까지는 재정적으로 문제가 없었다. 하지만 그 기간이 지나면 실험실을 접어야 할 위험이 여전히 있었다. 환경 과학에 대한 연구 기금은 매년 줄어들고 있었다. 나는 종신 계약을 맺은 상태지만 빌은 그렇지 않다. 종신 계약은 교수들이나 할 수 있는 것이다. 내가 아는 과학자들 중 가장 뛰어나고 가장 열심히 일하는 과학자가 장기적 직업 안정성을 보장받지 못한다는 사실에 나는 엄청나게 화가 난다. 내가 생각할 수 있는 유일한 대책은 기금을 받지 못하면 나도 그만두겠다고 위협하는 것뿐이다. 아마 그러면 우리 둘 다 거리로 나앉게 되겠지만 말이다. 연구 과학자의 직업을 가진 우리는 절대, 영원히 안정적인 미래를 보장받을 수 없다.

"이봐, 정신 차려!" 빌이 내 얼굴 앞에서 박수를 쳤다. "이제 뭘 할까 묻고 있잖아. 뭐든 원하는 걸 할 수 있어!" 그는 손을 비비고 허벅지를 한번 친 다음 벌떡 일어섰다. 늘 그런 것처럼 빌의 말이 맞았다. 오, 믿음이 작은 자여, 그것은 바로 나였다. 세상에 존재하는 일 열심히 하는 연구팀들 중 우리보다 더 안정성을 보장받는 팀이 어디 있다는 말인가? 들에 핀 백합이 되겠다고 나는 결심했다. 고되게 일하고, 씨를 뿌리고 거두는 일을 하는 백합이 되겠지만 말이다.

나도 일어서서 앞으로 나섰다. "흠, 지금 가지고 있는 게 뭐지?" 나는 주변을 훑어보며 이리저리 흩어져 있는 우리 장비들을 파악했다. "생각났어." 내가 말했다. "장비를 몽땅 모아서 쌓아놓고 한참 노려보자. 그러면 아이디어가 떠오를 것 같아."

빌은 내게 고개를 끄덕여 보이고 온실 다른 쪽으로 걸어갔다. 그는 아직도 충분히 사용할 수 있는 성장등을 한아름 들고 와 다른 쪽에서 내가 끌고 온 전기 연장 코드 옆에 조심스럽게 내려놓았다. 우리는 힘을 합쳐 마이터 톱을 옮겼고, 단면 2×4인치짜리 자르지 않은 목재들, 그리고 합판 조각 한 배럴도 옮겼다. 공구함들도 가져와서 제일 꼭대기에 올려놓았다. 그중 하나를 깊은 바다에서 건진 보물함처럼 뚜껑을 연 채로 얹는 것도 잊지 않았다. 빌은 화분용 흙 몇 자루도 끌어오고 자루 옆에 비료 봉투도 하나씩 가져다 놓았다.

우리가 가지고 있던 각종 씨앗들을 나란히 늘어놓고 있다가 고개를 들었더니 빌이 둘둘 말아진 철조망 한 묶음을 끌고 오는 것이 보였다. 아마도 구석에서 몇 년 동안 녹이 슬어가고 있었던 물건일 것이다. 나는 코를 찡그리고 말했다. "그건 심지어 우리 것도 아니잖아." 나는 경멸한다는 듯 말했다.

"이젠 우리 거야." 빌이 그렇게 말했고, 우리는 둘 다 그것이 어떤 행동으로 이어질지 알았다. 우리는 실험용으로 기르는 난초들 사이를 살금살금 다니면서 호스 조각들이랑 부서진 클램프 등을 주워서 티셔츠 앞자락에 주워 담아 물건들을 쌓아놓은 무더기로 돌아왔다.

"이런 제기랄!" 빌이 외쳤다. 난초 두 그루 사이에 비싼 무선 파워 드릴이 놓여 있는 것을 발견한 것이다. 빌이 그것을 집어 들면서 나와 눈을 마주쳤다. 우리도 이미 무선 파워 드릴을 다섯 개쯤 가지고 있고, 원하면 몇 개든 더 살 수 있는 돈이 있다는 것을 빌도 알고 있었다. 아마도 그 드릴의 주인보다 우리가 받는 연구 기금이 몇 배는 많을 확률이 높았다. 어떤 도덕적, 이성적 이유를 대도 그 드릴을 훔치지 않았어야 했다. 한 가지 점만 빼면 말이다. 바로 그 드릴의 주인이 거기 없다는 사실이었다.

"있잖아, 너 지옥이라는 곳에 대해 들어봤지." 나는 그 드릴을 우리 물건 더미에 얹으면서 말했다. "환경은 별로 안 좋은데 거기서 좋은 친구들을 많이 만날 수 있을 거야." 빌은 다시 앉아서 콜라 캔을 땄다. 나는 물건 더미 주변을 돌면서 크리스마스 트리를 장식하듯 난초 꽃을 여기저기에 꽂았다.

알고 보니 그 드릴은 고장 난 물건이었다. 처음부터 작동을 하지 않았고, 고칠 수도 없었다. 하지만 우리 실험실 어딘가에 아직도 그 물건을 가지고 있다. 빌도 나도 그 물건을 제자리에 돌려놓거나 버릴 생각은 아예 하지도 않았다. 나는 어떤 연장도 필요가 없다고 선언하거나 필요 없다고 인정하지 않을 것이다. 과학으로 아무리 배가 불러도 절대 이 허기를 채울 수 없을 것이다.

온실 안에서 빌과 내가 함께 앉아 있던 그날, 우리는 희망과 목표에 대해서, 그리고 식물들이 할 수 있는 것과 우리가 하도록 만들 수 있는 것들에 대해 이야기했다. 앞으로 무엇을 할 것인가에 대해 브레인스토밍을 하다 보니 지금까지 한 것에 관한 이야기도 많이 하게 됐다. 얼마 가지 않아 우리는 서로에게 이 책에 실린 이야기들을 해주고 있었다. 그 이야기들이 20년에 걸쳐 벌어졌다는 것이 정말 놀라웠다.

그동안 우리는 학위를 세 개 땄고, 직장을 여섯 번 옮겼으며, 4개국에서 살았고, 16개국을 여행하고, 병원에 입원하기를 다섯 번, 중고차 여덟 대를 갈아치우고, 적어도 4만 킬로미터를 운전했고, 개 한 마리가 영면하는 것을 지켜봤고, 약 6만 5000개에 달하는 탄소 안정적 동위원소를 측정해냈다. 특히 동위원소 측정은 우리의 커리어를 내내 관통하는 목표이기도 했다. 우리가 그런 측정을 하기 전에는 신과 악마만이 그 측정값을 알고 있었고, 어차피 그 둘 다 별 관심도 없는 문제였을 것이다. 이제는 도서관 카드만 있으면 누구나 이 측정값을 찾아볼 수 있다. 그 측정값들을 실은 논문을 70여 편 써서 40여 개의 저널에 발표했기 때문이다. 우리는 그것이 진보라고 생각한다. 새로운 정보를 완전히 날조해서 꾸며내는 것이 우리가 속한 곳에서는 불가능에 가까운 일이기 때문이다. 그 과정에서 우리는 또 어린아이 같은 마음을 버리지 않으면서 동시에 어른으로 성장할 수 있었다. 우리가 그날 서로에게 말하고 또 말했던 이야기들보다 그 사실을 더 잘 상기시켜주는 것은 없었다.

긴 침묵 끝에 빌은 진지하고 조용한 목소리로 이렇게 말해서 나를 놀라게 했다. "책으로 써. 언젠가 나를 위해 그렇게 해줘."

빌은 내가 글을 쓰는 것에 관해 알고 있었다. 그는 내 차의 글러브박스에 구겨넣어져 있는, 시가 적힌 종이들에 관해 알고 있었다. 내 하드에 저장되어 있는 '다음 이야기'라는 제목의 파일들에 관해서도 알고 있었다. 그는 내가 몇 시간이고 동의어사전을 뒤적거리며 앉아 있는 것을 좋아한다는 것도 알고 있었다. 그리고 하고자 하는 말의 심장부를 깨끗하게 관통하는 정확한 단어를 찾아내는 것보다 내가 더 좋아하는 일이 없다는 것을 알고 있었다. 내가 대부분의 책을 두 번 이상 읽고 저자들에게 긴 편지를 쓰고, 가끔은 심지어 답장까지 받는다는 것도 알고 있었다. 그는 내가 얼마나 글을 쓸 필요를 느끼는지 알고 있었다. 그러나 그날까지는 우리에 관해 글을 써도 된다는 허락을 한 번도 하지 않았었다. 나는 고개를 끄덕였고, 속으로 최선을 다하겠다고 맹세했다.

나는 남의 말을 듣는 데 능숙하지 않기 때문에 과학을 잘한다. 나는 똑똑하다는 말을 들었고, 단순하다는 말도 들었다. 그리고 너무 많은 일을 하려 한다는 말을 들었고, 내가 해낸 일은 아무것도 아니라는 말도 들었다. 내가 여자이기 때문에 하고 싶은 일을 할 수 없다는 말을 들었고, 내가 여자이기 때문에 내가 한 일을 할 수 있었다는 말도 들었다. 나는 영생을 얻을 것이라는 말을 들었고, 일을 너무 많이 해서 일찍 죽을 것이라는 말도 들었다. 너무 여성적이라는 꾸지람을 들었는가 하면 너무 남성적이어서 못 믿겠다는 말도 들었다. 내가 너무 예민하다는 경고를 받은 적도 있고, 비정하고 무감각하다는 비난도 들었다. 그러나 그런 말을 한 사람들은 모두 나만큼이나 현재를 이해하지 못하고, 미래를 보지 못하는 이들이었다. 그런 말을 반복해서 들으면서 내가 여성 과학자이기 때문에 누구도 도대체 내가 무엇인지 알지 못하고, 따라서 상황이 닥치면 그때그때 내가 무엇인지를 만들어나가면 되는 값진 자유를 만끽할 수 있다는 사실을 받아들이지 않을 수 없었다. 나는 동료들의 충고를 듣지 않고, 나도 그들에게 충고하지 않으려고 노력한다. 스트레스를 받으면 다음 두 문장을 되뇐다: 이 일을 너무 진지하게 받아들여서는 안 된다. 그렇게 해야만 할 때를 빼고.

나는 내가 알아야 할 모든 것을 다 알지 못한다는 사실을 받아들였지만, 동시에 알아야 할 필요가 있는 것은 알고 있다. "널 사랑해"라는 말을 어떻게 할지는 모르지만 행동으로 어떻게 보여줄지는 안다. 나를 사랑하는 사람들도 마찬가지로 그것을 알고 있다.

과학은 일이다. 그 이상도 그 이하도 아니다. 따라서 우리는 또 하루가 밝고, 다음 주가 되고, 다음 달이 되는 동안 내내 일을 할 것이다. 나는 숲과 푸르른 세상 위에 빛나는 어제와 같은 밝은 태양의 따사로움을 느끼지만 마음속 깊이에서는 내가 식물이 아니라는 것을 알고 있다. 나는 오히려 개미에 가깝다. 단 한 개의 죽은 침엽수 이파리를 하나하나 찾아서 등에 지고 숲을 건너 거대한 더미에 보태는 개미 말이다. 그 더미는 너무도 커서 내가 상상력을 아무리 펼쳐도 작은 한구석밖에 상상하지 못할 정도로 거대하다.

과학자로서 나는 정말 개미에 불과하다. 다른 개미들과 전혀 다르지 않고, 미흡하지만 보기보다 강하고, 나보다 훨씬 큰 무엇인가의 일부라는 점에서 말이다. 우리는 함께 우리의 손주들의 손주들이 경외감을 느낄 무엇인가를 건설하고 있고, 그것을 건설하는 동안 할아버지들의 할아버지들이 남긴 투박한 지시사항을 날마다 들여다본다. 과학계를 이루는 작지만 살아 있는 부품으로서 나는 어둠 속에서 홀로 앉아 수없는 밤들을 지새웠다. 내 금속 촛불을 태우면서, 그리고 아린 가슴으로 낯선 세상을 지켜보면서 말이다. 오랜 세월을 탐색하며 빚어진 소중한 비밀을 가슴에 품은 사람은 누구나 그렇듯 나도 누구에겐가 이 이야기를 하고 싶은 염원을 품고 있었다.

에필로그

식물들은 우리와 같지 않다. 그들은 중대하고도 기초적인 면에서 우리와 다르다. 동물과 식물 사이의 차이에 대해 생각하기 시작하자 내가 따라잡을 수 없을 만큼 빠르게 지평선이 넓어지기 시작했다. 수십 년 동안 식물을 연구한 후 나는 결국 그들은 우리가 진정으로 이해할 수 없는 존재라는 사실, 그리고 결국 이전보다 더 깊이 그 사실을 이해하고 끝날 운명을 타고났을지도 모른다는 점을 인정할 수밖에 없었다. 이렇게 깊은 의미에서 식물과 우리가 다르다는 사실을 이해하기 시작했을 때 비로소 우리 자신을 식물에게 투영하는 것을 그만둘 수 있다. 그렇게 해야 마침내 우리는 실제로 무슨 일이 벌어지고 있는지를 인식하기 시작할 수 있는 것이다.

세상은 조용히 무너져내리고 있다. 인류 문명은 4억만 년 동안 지속되어 온 생명체를 단 세 가지로, 즉 식량, 의약품, 목재 이렇게 세 가지로 분류해버렸다. 우리의 끊임없고 점점 더 거세지는 집착으로 인해, 이 세 가지를 더 많이, 더 강력하게, 더 다양한 형태로 손에 넣고자 하는 과정에서 우리는 식물 생태계를 황폐하게 만들고 말았다. 이 황폐의 규모는 수백만 년 동안의 자연 재해가 끼친 피해와도 비교할 수 없을 만큼 심각하다. 도로는 광적인 곰팡이처럼 자라났고, 이 도로들 옆을 따라 만들어진 끝없는 배수로들은 발전의 이름으로 희생된 수백만의 식물 종들을 서둘러 파묻는 무덤이 되고 있다. 지구라는 행성은 닥터 수스의 책이 현실화된 것이나 다름없는 상황에 처해 있다. 1990년 이후 매년 우리는 80억 그루가 넘는 나무를 베어서 그루터기만 남기고 있다. 이런 속도로 건강한 나무를 베어내는 것을 계속하면 지금부터 600년이 지나기도 전에 지구상의 모든 나무들이 그루터기만 남을 날이 올 것이다. 우리 시대에 벌어지고 있는 이 엄청난 비극에 대해 누군가는 걱정하고 있었다는 증거를 남기는 것이 내가 하는 일이다.

전 세계 어디를 가나 '녹색'이라는 단어는 '자란다'라는 동사와 어원을 같이한다. 자유 연상 연구에 참여한 사람들은 '녹색'이라는 단어와 자연, 휴식, 평화, 긍정이라는 개념을 연관 지었다. 연구 결과에 따르면 녹색을 잠시 스쳐 지나가는 식으로라도 접하면 단순한 임무를 수행하는 데서도 창의력을 향상시키는 효과를 가져왔다. 우주에서 본 지구는 해마다 조금씩 녹색이 줄어가고 있다. 컨디션이 나쁜 날이면 내가 살아 있는 동안 이 전 지구적인 문제들이 악화되고만 있다는 생각을 하게 되고, 늘 마음 깊숙한 곳에서부터 나를 괴롭히는 문제들, 즉 우리가 이 세상을 떠날 때 자손들을 황폐한 폐허에 남겨두고 떠날 것이라는 두려움, 지금까지 어느 때보다 더 병들고, 굶주리고, 전쟁에 시달리고, 심지어 녹색이 주는 소박한 위안마저도 박탈당한 채 사는 세상을 남기고 떠나게 될 것이라는 두려움을 피할 수 없다. 그러나 컨디션이 좋은 날이면, 이 문제에 대해 뭔가를 할 수 있을 것 같은 생각이 들기도 한다.

해마다 적어도 나무 한 그루가 우리 이름으로 베여나간다. 개인적으로 독자들 한 사람 한 사람에게 부탁하고 싶은 것이 있다. 땅을 가지고 있는 사람이라면 거기에 한 해에 나무 한 그루씩 심자. 마당이 있는 집에 세 들어 사는 사람이라면 거기에 나무를 한 그루 심고 집주인이 눈치 채는지 기다려보자. 만일 눈치를 채면 그 나무가 늘 거기 있었다고 주장해보자. 환경을 위해 나무를 심다니 정말 대단한 분이세요, 하는 칭찬까지 더해보자. 집주인이 그 미끼를 물면 나무 한 그루를 더 심자. 둥치 부분에 철망을 치고 감상적인 분위기의 새집도 하나 매달아서 나무가 영구적으로 거기 서 있어야 될 것 같은 분위기를 만들어내자. 그런 다음 그 집에서 나와 요행을 바라보자.

북미 대륙에서만도 1,000개가 넘는 성공적인 나무 종에서 하나를 선택할 수 있다. 유실수는 특히 유혹적이다. 빨리 자라고 아름다운 꽃을 피우기 때문이다. 그러나 이런 종들은 바람이 조금만 불어도, 심지어 다 성장한 후에도 부러지기 쉽다. 정직하지 못한 나무 회사들에서는 브래드포드 배나무 한두 그루를 사라고 권할 것이다. 한 해 만에 정착해서 번창하는 나무이기 때문에 값을 결제하고 이익을 챙길 시간은 충분하다. 그러나 불행하게도 이 나무들은 갈라지는 부분이 약하기로 악명이 높아서 첫 폭풍우가 몰아치자마자 반으로 쪼개지고 말 것이다. 정신을 바짝 차리고, 눈을 부릅뜨고 나무를 골라야 한다. 나무를 심는다는 것은 결혼을 하는 것과 같다. 장식품이 아닌 동반자를 선택해야 한다.

떡갈나무 종류는 어떨까? 떡갈나무는 200종이 넘기 때문에 독자가 사는 곳에 적응한 떡갈나무 수종이 있게 마련이다. 뉴잉글랜드 지방에서는 대왕참나무가 잘 자란다. 대왕참나무의 이파리들은 가시가 많고 뾰족한 끝을 가지고 있어서 상록수 이웃인 호랑가시나무 덤불을 유머러스하게 따라하는 녀석들이다. 갓난아기처럼 부드러운 이파리를 지닌 케리스참나무는 미시시피의 습지대에서 특히 잘 자란다. 참나무는 캘리포니아 중부의 찌는 듯한 언덕에서도 튼튼하게 자라면서 금빛 풀밭과 대조를 이루는 짙은 녹색 이파리들을 자랑한다. 나라면 마크로카르파 참나무Bur oak에 돈을 투자를 하겠다. 참나무들 중 가장 천천히 자라지만 가장 튼튼한 녀석이기도 한다. 마크로카르파참나무는 도토리마저도 튼튼한 갑옷을 입고 태어나 혹독한 토양과 싸울 준비를 갖춘다.

돈 이야기가 나왔으니 말이지만 사실 돈이 필요 없을 수도 있다. 미국 내 다수의 주와 지방 정부들은 나무 심기 프로그램을 시작해서 무료 혹은 싼값에 묘목들을 나눠준다. 예를 들어, 뉴욕 복원 프로젝트에서는 뉴욕 시의 다섯 개 구역 전역에 걸쳐 100만 그루의 새 나무를 시민들이 심고 가꾸도록 하는 것을 목표로 나무를 나눠주고 있다. 콜로라도주 삼림 서비스에서도 1에이커(약 4,000제곱미터—옮긴이) 이상의 땅을 소유한 지역 지주들에게 주 당국이 관리하는 묘목장을 개방하고 있다. 모든 주립 대학은 정원 가꾸기에 관심이 있는 시민, 나무 주인, 자연에 관심이 있는 사람들에게 조언해줄 수 있는 전문가들이 대거 참가하는 '확장 유닛'이라는 대규모 프로그램을 한 개 이상 운영한다. 여기저기 물어보면 답을 구할 수 있다. 이 연구원들은 관심 있는 시민들에게 나무, 두엄, 겉잡을 수 없이 번져나가는 덩굴옻나무 등에 관한 무료 상담을 제공할 의무가 있다.

아기 나무를 땅에 심고 나면 날마다 들여다보자. 첫 3년이 아주 중요하기 때문이다. 이 가혹한 세상에서 나만이 이 나무의 유일한 친구라는 사실을 기억하자. 그 나무가 심어진 땅을 소유한 사람이라면 예금 계좌를 만들어서 매달 5달러씩 적금을 붓

자. 나무가 20세에서 30세 정도 됐을 때 병이 들면(분명히 병이 들 것이다) 그 나무를 베어내는 대신 나무 의사의 도움을 받아 병을 고칠 수 있을 것이다. 매번 치료비로 잔고가 바닥날 때면 그저 묵묵히 다시 예금을 붓기 시작하면 된다. 나무도 똑같은 일을 하고 있기 때문이다. 우리가 심은 나무에게 첫 10년은 가장 역동적인 기간이 될 것이다. 그 기간 동안 나무는 우리 인생과는 어떤 관계를 맺어나갈까? 6개월마다 아이를 데리고 가서 나무껍질에 금을 그어 아이의 키를 기록해보자. 어린 자녀가 성장을 해서 집을 떠나고 세상에 나가면서 우리의 심장도 일부 떼어가고 나면 이 나무야말로 그들이 어떻게 자랐는지를 보여주는 살아 있는 증거가 될 것이고 아이들이 길고도 풍요로운 아동기를 어떻게 지내왔는지를 몸소 보여주고 공감하는 존재가 되어줄 것이다.

아이의 키를 새길 때 빌의 이름도 함께 새겨줄 수 있을지? 빌은 이 책을 절대 읽지 않을 것이라고 100번도 넘게 내게 말했다. 읽어봤자 무슨 소용이 있겠냐는 게 그 이유다. 그는 자기 자신에 대해 관심이 생기는 날이 오면 내 도움 없이도 혼자 앉아서 지난 20년을 기억해내면 된다고 말한다. 거기에 대해 재치 있게 대꾸할 말이 생각나지 않지만 바람에 대고 퍼뜨린 빌에 관한 많은 이야기가 어딘가에 도착했을 것이라 생각하고 싶고, 무엇인가에게 영구히 머물 곳을 마련해주려면 나무에 하는 것이 제일 좋다는 것을 우리는 몇 년에 걸쳐 배웠다. 내 이름은 실험실 장비 여러 곳에 새겨져 있는데 빌의 이름이 여러 나무에 새겨지는 것이 왜 안되겠는가?

이 모든 일을 해내고 나면 결국 당신은 나무를 소유하게 될 것이고, 그 나무가 당신을 소유할 것이다. 나무를 달마다 측정해서 직접 성장 곡선을 그릴 수도 있다. 날마다 나무를 보고, 나무가 하는 일을 보면서 세상을 그들의 관점에서 보도록 노력해보자. 머리가 아파올 때까지 상상의 날개를 펼쳐보자. 나무가 무엇을 하려고 애를 쓰는가? 나무의 소원은 무엇일까? 무엇을 좋아할까? 추측해보자. 그리고 소리 내어 말해보자. 자신의 나무에 대해 친구에게 이야기해보자. 이웃에게 이야기해보자. 그리고 자신이 맞게 추측했는지 궁금해하기도 하자. 다음 날 돌아가서 또다시 생각해보자. 사진을 찍자. 이파리 개수를 세어보자. 다시 추측해보자. 소리 내어 이야기해보자. 글로 적어보자. 커피숍에서 만난 그 사람에게도 이야기하자. 상사에게도 이야기하자.

다음 날 또다시 돌아가보자. 그리고 그다음 날도, 또 그다음 날도. 계속 나무에 관해 이야기하고, 날마다 벌어지는 나무의 이야기를 다른 사람과 나누자. 사람들이 눈을 굴리면서 부드럽게 당신이 제정신이 아닌 것 같다고 이야기를 해주면 만족스럽게 웃음을 웃자. 과학자가 이런 이야기를 들으면 제대로 된 길을 걷고 있다는 증거다.

감사의 말

이 책을 쓴 것은 내 평생 가장 즐거운 일이었고, 그런 경험을 할 수 있도록 나를 돕고 지원해준 분들께 감사한다. 크노프의 전직원, 특히 편집자 로빈 디서에게 감사한다. 로빈의 배려 덕분에 이 책이 더 나은 책이 됐고, 나는 더 나은 사람이 됐다. 티나 베넷은 에이전트 이상의 존재였다. 티나는 이야기 한 무더기와 책 사이의 다른 점을 가르쳐줬다. 내 커리어에서 가장 소중한 이 책이야말로 그녀에게 진 빚이다. 스벨틀라나 카츠는 이 이야기에 맞는 스타일을 찾아 헤맬 때 내 구명줄이 되어주었다. 그녀는 한 번도 의구심을 갖지 않았고, 그 덕분에 나도 믿음을 잃지 않을 수 있었다. 작가 지망생에게 있어서 자신의 글을 읽고 격려해주는 첫 작가에게 느끼는 감사의 마음은 말로 표현할 수 없는 것이다. 내게 그 사람은 에이드리언 니콜 르블랑이었다. 내 어린 시절을 아는 사람들이 베푸는 우정에서 느껴지는 깊은 안락감은 다른 어느 곳에서도 찾을 수 없다. 필요할 때 내 눈이 되어준 코니 루만, 고마워. 또 헤더 슈미트, 댄 쇼어, 그리고 앤디 엘비에게도 고맙다는 말을 꼭 전하고 싶다. 내 원고를 조금 읽은 후에는 늘 더 읽고 싶다고 말해준 사람들이기 때문이다.

덧붙이는 말

식물에 관한 모든 책은 끝나지 않는 이야기를 담고 있다. 이 책에서 독자들에게 소개한 사실들은 내가 정말로 풀어내고 싶어 안달이 나는 미스터리들의 절반도 되지 않는다. 다 자란 나무는 자신의 새끼 나무를 알아볼까? 다른 행성에도 식물 같은 생명체가 있을까? 최초로 핀 꽃은 공룡에게 꽃가루 알레르기를 일으켜 재채기하게 했을까? 이 모든 질문들에 대한 답을 말하는 건 다음 기회로 미뤄야 겠지만, 이 책에 실린 내용의 일부를 어떻게 밝혀내서 소개했는지 짧게나마 설명을 보태고 싶은 유혹을 떨쳐버릴 수 없다.

《랩걸》에 실린 정보의 많은 부분은 20년 넘게 학생들을 가르치면서 습관처럼 한 계산에서 나온 결과물이다. 학생들의 머리에 정보를 '새겨'주는 데 이런 사실 정보들이 유용하기 때문이다. 예를 들어 9장에서, "미국에서만 지난 20년 사이에 사용된 나무 판자의 총 길이는 지구에서 화성까지 다리를 놓을 수 있을만큼 길다"라고 한 부분(115페이지)은 미국 상무성 발표 자료(1995년부터 2010년 사이에 8050억 피트의 판자가 사용되었다는)와 나사에서 보고한 지구와 화성 사이의 평균 거리(1억 4000만 마일, 즉 7390억 피트)를 비교한 것이다. 이 책에 실린 사실과 통계들은 미국 인구 조사국U.S. Census Bureau, 삼림청U.S. Forest Service, 농무성, 국립 보건 통계 센터National Center for Health Statistics 그리고 유엔식량농업기구 등에서 얻었다.

한 식물에 대한 각종 측정치를 다른 종의 식물과 비교했을 때 항상 엄청난 차이가 있다는 사실은 이런 계산의 결과물들을 《랩걸》을 통해 정확하게 소개하려는 의도를 더 어렵게 만들곤 했다. 무슨 말이냐면, 1부 3장에서 한창 자라고 있는 식물들에 비해 움트기를 기다리고 있는 씨앗들이 얼마나 많은지를 설명하기 위해 나는 낙엽수림에 서 있는 장면을 상상해서, 매 걸음마다 내 발에 밟히는 흙 속에 500개의 씨앗이 잠자고 있을 것이라고 계산했다. 그러나, 만약 초지대를 걷는 장면을 상상했다면 각 걸음마다 밟히는 5,000개 이상의 씨를 떠올렸을 거란 말이다. 풀의 씨가 나무의 씨보다 훨씬, 훨씬 더 작기 때문에, 숫자는 큰 차이가 난다. 그래서 《랩걸》을 쓰면서 나는 다음과 같은 원칙에 따랐다. 이런 종류의 선택이 주어지면 덜 극단적인 결과를 얻는 쪽을 선택하자는 것. 따라서 식물에 대해 내가 하는 이야기들이 아주 인상적이고 대단하게 느껴진다 하더라도 늘 상당히 절제된 것이라는 점을 잊지 말아주었으면 한다.

2부 5장에서 "수수하고 눈에 띄지 않는" 나무를 설명하면서 나온 계산 결과도 내게 익숙하고, 내 마음속에 소중하게 자리 잡은 실제 존재하는 나무를 토대로 한 것이다. 바로 외양과 기능이 평범한 단풍나무와 매우 흡사한 작은 쿠쿠이나무*Aleurites moluccanus*이다. 그 작은 쿠쿠이나무는 하와이 대학교에 있는 내 실험실 바로 밖에 있는 마당에서 자라고 있다. 나는 수년간 '토양학적 관점에서의 지구생물학'이라는 강의를 했다. 수업이 끝날 무렵마다 학생들과 함께 밖으로 나가 그 쿠쿠이나무를 실제 예로 사용해서 그날 수업 내용을 되새겨봤다. 그 강좌에서 나간 숙제 중의 하나는 학생들과 내가 생장철마다 그 나무가 필요로 하는 물, 당분, 영양분이 얼마 정도인지를 계산하기 위해 나무의 여러 가지 측면(키, 나뭇잎의 빽빽한 정도, 탄소 함유율 등등)을 측정하는 것이었다. 바로 이 수치들이 173~175쪽에서 내가 사용한 정보다.

2부 5장, "호기심에 이끌려서 하는 연구"에 관한 연방 정부 기금에 대해 이야기한 부분(175~179쪽)에서는 2013년 회계연도 정보를 사용했다. 다수의 정부 기관을 망라하는 광범위한 정보 중 가장 최근 현황을 반영한다고 판단했기 때문이다. 그러나 사실 어느 해의 수치를 썼다 해도 별 상관은 없다. 미국 국립 과학 재단에 할당된 연방 예산은 10년 이상 거의 인상되지 않았기 때문이다. 이와 마찬가지로 177쪽의 "방위산업과 관련이 없는 분야의 연구에 책정된 미국의 연간 예산은 완전히 동결되어 있었다"라는 주장도 미국 과학 진흥 협회에서 모은 자료를 기초로 한 것이다. 이 자료에 따르면 1983년 이후 과학 연구에 들어간 총 지출은 미국 연방 예산의 3퍼센트 선에서 내내 변하지 않고 유지됐다.

식물을 연구함으로써, 나는 놀라울 정도로 창의적이고 지적으로 왕성한 과학자들로 가득 찬 분야에서 일하는 행운을 얻었다. 그래서 동료들의 연구 결과를 읽는 시간은 더할 나위없이 즐겁다. 이 책에는 그중 내가 제일 좋아하는 세 편의 연구가 실려 있다. 이 자리를 빌려 그 연구들을 고안하고 실험한 과학자들을 밝히고 감사의 인사를 하고 싶다.

240~241쪽에 나오는 시트카의 버드나무에 대한 실험 논문은 원래 1983년 D. F. 로즈D. F. Rhoades가 발표했다. 그로부터 20년이 지난 2004년에야 G. 아리무라G. Arimura와 그의 공저자들은 한 식물이 분비한 휘발성 유기 화합물이 거기에 노출된 다른

식물의 유전자에 영향을 줄 수 있다는 것을 증명해서 버드나무들 사이의 의사소통 메커니즘을 보여줬다.

328쪽에 나오는 '수압승강기'라고 부르는 현상, 즉 "가장 소중한 자원인 물을 땅속 깊은 곳에서부터 길어 올려 약한 어린 나무들에게 나눠주는 것"은 설탕단풍나무*Acer saccharum*에서 이것을 관찰한 도슨Dawson(1993)에 의해 처음 알려졌다.

독일가문비*Picea abies*가 추웠던 자신의 유년기를 기억한다는 사실(330쪽)을 처음 증명한 것은 크바알렌Kvaalen과 욘센Johnsen(2008)이다. 이들은 배아들을 서로 다른 온도에서 배양시켜 수년간 같은 온실에서 함께 키워 어린 나무들로 기른 다음 그것들을 비교해서 이 같은 결론을 냈다.

마지막으로, 우리를 둘러싼 초록 생명들에 대해 더 알고 싶은 독자들에게 나는 P. A. 토머스P. A. Thomas의 저서 《Trees: Their Natural History》(2000)를 추천한다. 이 책은 명확한 어조로 쓰인 흥미로운 정보로 가득 찬 입문서다. 삼림 파괴 혹은 세계적 환경 변화에 관해 더 알고 싶은 사람들에게 나는 항상 이해하기 쉬운 《바이탈 사인Vital Sign》 시리즈를 권하곤 한다. 이 시리즈는 1974년 설립된 후, 미국에너지정보국과 국제에너지에이전시, 세계보건기구, 세계은행, 유엔개발계획UNDP, 유엔식량농업기구 등에서 매년 나오는 데이터에서 관찰되는 변화와, 경향, 세계적 패턴 등을 분석하는 일을 하는 비정부, 독립 연구기관인 월드워치인스티튜트Worldwatch Institute(www.worldwatch.org)에서 매년 펴내고 있다.

인용 문헌

Arimura, G., D. P. Huber, and J. Bohlmann. 2004. Forest tent caterpillars (*Malacosoma disstria*) induce local and systemic diurnal emissions of terpenoid volatiles in hybrid poplar (*Populus trichocarpa×deltoides*): cDNA cloning, functional characterization, and patterns of gene expression of (−)-germacrene D synthase, PtdTPS1. *Plant Journal* 37 (4):603–16.

Dawson, T. E. 1993. Hydraulic lift and water use by plants: Implications for water balance, performance and plant-plant interactions. *Oecologia* 95 (4):565–74.

Kvaalen, H., and Ø. Johnsen. 2008. Timing of bud set in *Picea abies* is regulated by a memory of temperature during zygotic and somatic embryogenesis. *New Phytologist* 177 (1):49–59.

Rhoades, D. F. 1983. Responses of alder and willow to attack by tent caterpillars and webworms: Evidence for pheromonal sensitivity of willows. In *Plant resistance to insects*, ed. P. A. Hedin, 55–68. Washington, D.C.: American Chemical Society.

Thomas, P. A. 2000. *Trees: Their natural history*. Cambridge and New York: Cambridge University Press.

랩걸

1판 1쇄 펴냄 2017년 2월 16일
1판 60쇄 펴냄 2024년 9월 5일

지은이 호프 자런
옮긴이 김희정
펴낸이 안지미
표지그림 신혜우

펴낸곳 (주)알마
출판등록 2006년 6월 22일 제2013-000266호
주소 04056 서울시 마포구 신촌로4길 5-13, 3층
전화 02.324.3800 판매 02.324.3232 편집
전송 02.324.1144

전자우편 alma@almabook.by-works.com
페이스북 /almabooks
트위터 @alma_books
인스타그램 @alma_books

ISBN 979-11-5992-096-7 03400

알마출판사는 다양한 장르간 협업을 통해 실험적이고 아름다운 책을 펴냅니다.
삶과 세계의 통로, 책book으로 구석구석nook을 잇겠습니다.

이 책은 아리따 글꼴을 사용하여 디자인 되었습니다.